机电类专业系列丛书

互联网+创新型“十四五”精品教材

数控技术及其应用

（微课版）

主　编◎张登成　刘宗顺　张国武

副主编◎梅光庆　史　磊　韩冰阳

哈爾濱工程大學出版社

Harbin Engineering University Press

内 容 简 介

本书以项目任务式体例模式编写而成。全书共8个项目，主要包括数控技术基础、计算机数控系统、数控技术轨迹控制原理、数控机床伺服驱动系统、数控机床及位置检测装置、数控加工程序编制、数控加工工艺编制、数控技术的应用。

本书结构清晰，语言简洁，既拥有先进性又具备实用性，既有理论又有实例，既可以作为应用型本科院校、职业院校相关专业的教材，也可以作为从事机床数控相关工作的技术人员的参考书。

图书在版编目（CIP）数据

数控技术及其应用 / 张登成，刘宗顺，张国武主编.
哈尔滨 ： 哈尔滨工程大学出版社，2025. 1. -- ISBN
978-7-5661-4673-1

Ⅰ. TP273

中国国家版本馆CIP数据核字第2025LH2922号

数控技术及其应用
SHUKONG JISHU JIQI YINGYONG

选题策划 张林峰
责任编辑 田 婧

出版发行 哈尔滨工程大学出版社
社　　址 哈尔滨市南岗区南通大街145号
邮政编码 150001
电　　话 0451-82519989
经　　销 新华书店
印　　刷 廊坊市广阳区九洲印刷厂
开　　本 787 mm×1 092 mm 1/16
印　　张 16
字　　数 410千字
版　　次 2025年1月第1版
印　　次 2025年1月第1次印刷
书　　号 ISBN 978-7-5661-4673-1
定　　价 49.80元

http://www.hrbeupress.com
E-mail:heupress@hrbeu.edu.cn

前　言

党的二十大报告中指出，育人的根本在于立德，要全面贯彻党的教育方针，落实立德树人的根本任务，培养德、智、体、美、劳全面发展的社会主义建设者和接班人。报告中的内容为我国新时代的教育事业指明了清晰且坚定的方向，也为我们提供了思想指引和行动指南。

数控技术是通过计算机用数字化信息控制生产过程的自动化技术，它综合了计算机、自动控制、自动检测、精密测量和精密机械等高新技术，由各种技术相互交叉、渗透、有机结合而成的一门综合科学，是自动化机械系统、机械人、柔性制造系统（flexible manufacturing system，FMS）、计算机集成制造系统（computer integrated manufacturing system， CIMS）、CAD/CAM 等高新技术的基础。数控技术的水平和普及的程度，已经成为衡量一个国家综合国力和工业现代化水平的重要标志。因此为适应这种形势，需要培养大批熟练掌握数控技术的工程技术人才。

本书以对数控机床的应用为主线，以数控工艺的制订到数控程序的编制为重点，从易到难，由浅至深，循序渐进。通过对实际应用的介绍，加深学生对理论知识的理解和掌握，从而培养学生的实践能力、系统思维、工程意识、质量与标准意识及创新意识。本书内容丰富，图文并茂，逻辑性强，便于学生自主学习。

本书在编写形式上，将理论融于应用，突出实践；在编写风格上，力求图文并茂，便于学生自学，提升自主学习意识和能力；在编写内容上，注重先进性、科学性、系统完整性和实用性，以数控编程作为重点，培养学生对数控机床的应用能力。

本书由张登成、刘宗顺、张国武担任主编；由梅光庆（阳新县职业教育中心），史磊、韩冰阳（南阳科技职业学院）担任副主编。本书的相关资料和售后服务可扫封底微信二维码或登录 www.bjzzwh.com 下载获得。

由于编者水平有限，书中难免存在疏漏和不当之处，敬请各位专家及读者批评指正。

编　者

前 言

目　录

CONTENTS

项目1　数控技术基础知识

项目导读

数控技术是通过计算机用数字化信息控制生产过程的自动化技术，综合了计算机、自动控制、自动检测、精密测量和精密机械等高新技术，由各种技术相互交叉、渗透、有机结合而成的一门综合学科。本项目主要介绍数控技术的基础知识。

学习目标

◆ **知识目标**

- 了解数控技术的定义、工作原理和适用范围。
- 了解数控技术的发展趋势。

◆ **技能目标**

- 能够按照不同的分类方式对数控机床进行分类。
- 能够准确描述数控机床的适用范围。

◆ **素质目标**

- 在学习和实践中，锻炼学生对知识的严谨性和准确性，注重细节和精确度。
- 在团队协作中，培养学生积极参与讨论，分享知识和经验，以及共同解决问题的能力。

思政目标

- 培养学生掌握扎实的专业基础知识，具备熟练的专业技术与技能，具有良好的职业素质和创新能力。
- 将专业核心素养中的必备品格和关键能力与人才培养方案有机融入，注重学生知识、能力、素质协调发展，落实细化到人才培养方案的各个方面。

任务1 数控技术概述

任务描述

本任务旨在全面介绍数控技术的基本概念、数控机床的加工原理及其适用范围，同时探讨数控技术的发展历程。

任务分析

通过本任务的学习，读者需要掌握数控技术的基本概念，理解数控机床的加工原理及其各组成部分的功能，包括数控加工程序、数控装置、伺服系统、测量反馈系统、机床主体及辅助装置等。此外，读者还需了解数控机床的适用范围以及数控技术的发展历程和主要技术革新。

任务重点与实施

1.1.1 数控技术

数字控制(numerical control，NC)技术简称为数控技术，顾名思义就是以数字的形式实现控制的一门技术。如果一种设备的操作命令是以数字的形式来描述，工作过程是按照规定的程序自动进行，那么这种设备就称为数控设备。数控机床、数控火焰切割机、数控绘图机、数控冲剪机等都是属于这个范围内的自动化设备。数控设备的一般形式如图1-1所示。

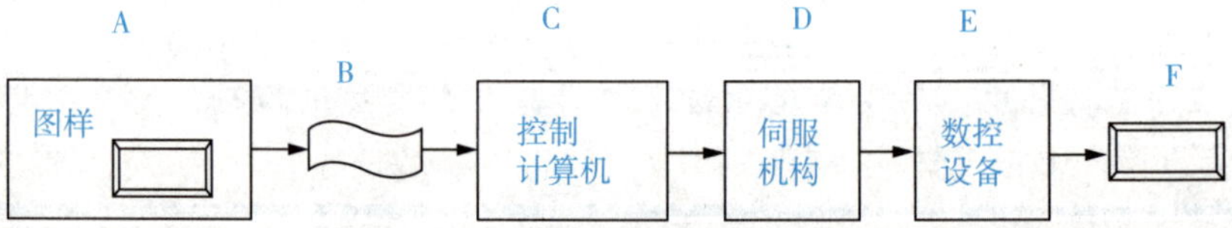

图1-1 数控设备的一般形式

图1-1中A为被加工物的图样，其上的数据大致分几何数据和工艺数据两类。这些数据是指示给数控设备命令的原始依据(简称“指令”)。B为控制介质，通常用纸带或磁带作为记载指令的控制介质。C为数据处理和控制的电路，一般由一台控制计算机组成，原始数据经过它处理后，变成伺服机构能够接受的位置指令和速度指令。D为伺服机构，如果把C控制计算机比拟为人的“大脑”，那么伺服机构相当于人的“手”和“足”，要求伺服机构无条件地执行“大脑”的意志。E为数控设备。F为加工后的物体。

1.1.2　数控机床及其加工原理

数字控制机床(numerical control machine tools，NCMT)，简称数控机床，这是一种应用数字计算控制技术的机床。它把机械加工过程中的各种控制信息用代码化的数字表示，通过信息载体输入数控装置。经运算处理由数控装置发出各种控制信号控制机床的动作，按图样要求的形状和尺寸自动地将零件加工出来。数控机床较好地解决了复杂、精密、小批量、多品种的零件加工问题，是一种柔性的、高效能的自动化机床，代表了现代机床控制技术的发展方向，是一种典型的机电一体化产品。数控机床的加工过程如图1-2所示。

数控机床及其加工原理

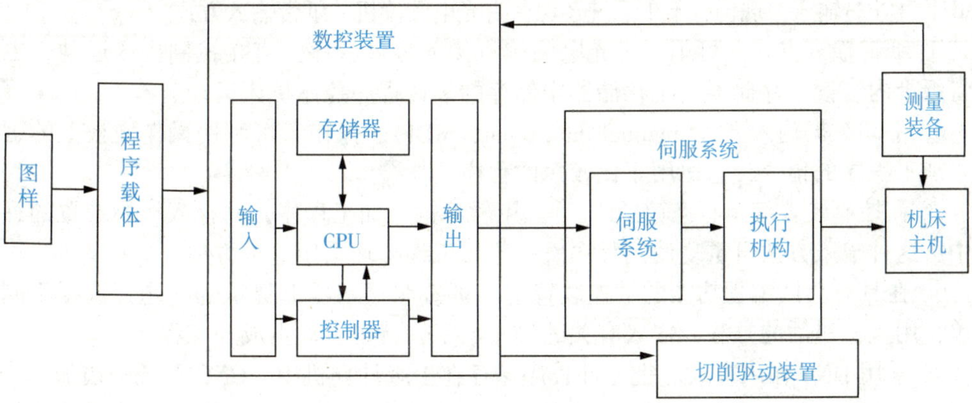

图1-2　数控机床的加工过程

在数控机床上加工工件时，首先要根据被加工零件的图样与工艺方案，用规定的格式编写程序单，并且记录在程序载体上；把程序载体上的程序通过输入装置输入到数控装置中；数控装置将输入的程序经过运算处理后，向机床各个坐标的伺服系统发出信号；伺服系统根据数控装置发出的信号，通过伺服执行机构(如步进电动机、直流伺服电动机、交流伺服电动机)，经传动装置(如滚珠丝杠螺母副等)，驱动机床各运动部件，使机床按规定的动作顺序、速度和位移量进行工作，从而制造出符合图样要求的零件。

由上述数控机床的工作过程可知，数控机床的基本组成包括数控加工程序、数控装置、伺服系统和测量反馈系统、机床主体和数控机床的辅助装置。

1. 数控加工程序

数控加工程序是数控机床进行自动加工的指令序列。数控加工程序包括机床上刀具和工件的相对运动轨迹、工艺参数(进给量、主轴转速等)和辅助运动等。将零件加工程序用一定的格式和代码，存储在一种程序载体上，如穿孔纸带、盒式磁带、软磁盘等，通过数控机床的输入装置，将程序信息输入到计算机数控(computer numerical control，CNC)单元。

2. 数控装置

数控装置是数控机床的核心。现代数控装置均采用 CNC 装置，这种装置一般使用多个微处理器，以程序化的软件形式实现数控功能，因此又称软件数控(Software NC)。CNC 系统是一种位置控制系统，它是根据输入数据插补出理想的运动轨迹，然后输出到执行部件加工出所需要的零件。因此，数控装置主要由输入、处理和输出 3 个基本部分构成。而所有这些工作都由计算机的系统程序进行合理地组织，使整个系统协调地进行工作。

(1)输入装置将数控指令输入数控装置，根据程序载体的不同，具有不同的输入装置。目前主要有键盘输入、磁盘输入、计算机辅助设计和制造(computer aided desing/manufacturing，CAD/CAM)系统直接通信方式输入和连接上级计算机的直接数控(distributed numerical cantral，DNC)输入，现仍有不少系统还保留有光电阅读机的纸带输入方式。

① 纸带输入方式。可用纸带光电阅读机读入零件程序，直接控制机床运动，也可以将纸带内容读入存储器，用存储器中储存的零件程序控制机床运动。

② 手动数据输入方式(manual data input，MDI)。操作者可利用操作面板上的键盘输入加工程序的指令，它适用于比较短的程序。

③ 在控制装置编辑状态(EDIT)下，用软件输入加工程序，并存入控制装置的存储器中，这种输入方法可重复使用程序。一般手工编程均采用这种方法。

④ 在具有会话编程功能的数控装置上，可按照显示器上提示的问题，选择不同的菜单，用人机对话的方法，输入有关的尺寸数字，就可自动生成加工程序。

⑤ 采用 DNC 输入方式。把零件程序保存在上级计算机中，CNC 系统一边加工一边接收来自计算机的后续程序段。DNC 输入方式多用于采用 CAD/CAM 软件设计的复杂工件并直接生成零件程序的情况。

(2)输入装置将加工信息传给 CNC 单元编译成计算机能识别的信息，由信息处理部分按照控制程序的规定逐步存储并处理，通过输出单元发出位置和速度指令给伺服系统和主运动控制部分。CNC 系统的输入数据包括：零件的轮廓信息(起点、终点、直线、圆弧等)、加工速度及其他辅助加工信息(如换刀、变速、切削液开关等)。数据处理的目的是完成插补运算前的准备工作。数据处理程序还包括刀具半径补偿、速度计算及辅助功能的处理等。

(3)输出装置与伺服机构相连，根据控制器的命令接收运算器的输出脉冲，并送到各坐标的伺服控制系统，经过功率放大，驱动伺服系统，从而控制机床按规定要求运动。

3. 伺服系统和测量反馈系统

伺服系统是数控机床的重要组成部分，用于实现数控机床的进给伺服控制和主轴伺服控制。伺服系统的作用是接收来自数控装置的指令信息，经功率放大、整形处理后，转换成机床执行部件的直线位移或角位移运动。由于伺服系统是数控机床的最后环节，其性能将直接影响数控机床的精度和速度等技术指标。因此，对数控机床的伺服驱动装置，要求具有良好的快速反应性能，准确而灵敏地跟踪数控装置发出的数字指令信号，并能忠实地执行来自数控装置的指令，提高系统的动态跟随特性和静态跟踪精度。

伺服系统包括驱动装置和执行机构两大部分。驱动装置由主轴驱动单元、进给驱动单元和主轴伺服电动机、进给伺服电动机组成。步进电动机、直流伺服电动机和交流伺服电动机是常用的驱动装置。

测量元件将数控机床各坐标轴的实际位移值检测出来并经反馈系统输入到数控机床的数控装置中，数控装置对反馈回来的实际位移值与指令值进行比较，并向伺服系统输出达到设定值所需的位移量指令。

4. 机床主体

数控机床的主体包括床身、底座、立柱、横梁、滑座、工作台、主轴箱、进给机构、刀架及自动换刀装置等机械部件。它是在数控机床上自动完成各种切削加工的机械部分。与传统的机床相比，数控机床主体具有如下结构特点。

(1)采用具有高刚度、高抗振性及较小热变形的机床新结构。通常用提高结构系统的静刚度、增加阻尼、调整结构件质量和固有频率等方法来提高机床主机的刚度和抗振性，使机床主体能适应数控机床连续自动地进行切削加工的需要。采取改善机床结构布局、减少发热、控制温升及采用热位移补偿等措施，可减少热变形对机床主机的影响。

(2)广泛采用高性能的主轴伺服驱动和进给伺服驱动装置，使数控机床的传动链缩短，简化机床机械传动系统的结构。

(3)采用高传动效率、高精度、无间隙的传动装置和运动部件，如滚珠丝杠螺母副、塑料滑动导轨、直线滚动导轨、静压导轨等。

5. 数控机床的辅助装置

辅助装置是保证充分发挥数控机床功能所必需的配套装置，常用的有气动、液压装置，排屑装置，冷却、润滑装置，回转工作台，数控分度头，防护和照明等装置。

1.1.3　数控机床的适用范围

数控机床是一种可编程的通用加工设备，但是因设备投资费用较高，还不能完全替代其他类型的设备，所以有一定的适用范围。数控机床最适宜加工以下类型的零件。

数控机床的适用范围

(1)生产批量小的零件(100 件以下)。

(2)需要进行多次改型设计的零件。

(3)加工精度要求高、结构形状复杂的零件，如箱体类零件，曲线、曲面类零件。

(4)需要精确复制和尺寸一致性要求高的零件。

(5)价值昂贵的零件。这种零件虽然生产量不大，但是如果加工中因出现差错而报废，将产生巨大的经济损失。

1.1.4　数控技术的发展

自从美国帕森公司(Parsons Co.)和麻省理工学院(MIT)于 1952 年合作研制成第一台三坐标数控铣床以来，数控系统无论是在内部结构还是在外观上都发生了极大的变化。它的发展已经历了五代，第一代采用电子管、继电器；第二代采用晶体管分立元件；第三代采用集成电路；第四代采用小型机数控；直到 1974 年出现了第一台微处理器数控而进入第五代。

据统计，1976 年与 1966 年相比，数控装置在功能范围方面扩大了一倍，体积缩小到原来的 1/20，而价格也降到了原来的 1/4。20 世纪 80 年代初，国际上又出现了柔性制造单元(flexible manufacturing cell，FMC)及柔性制造系统(flexible manufacturing system，FMS)，它们被认为是实现计算机集成制造系统(computer integrated manufacturing system，CIMS)的基础。当前数控技术正朝着以下几个方面发展。

1. 计算机数控

计算机数控也包括微型机或微处理机数控(minicomputer/microprocessor namerical control，MNC)。它的数控功能是由系统程序决定的(对微处理机则可将程序直接固化到可擦除可编程只读存储器(erascble programmable read only memory，EPROM)中，改变系统程序即可改变数控功能，因此具有很大的通用性。同时 CNC 系统易于设立各种诊断程序，进行故障的预检及自动查找。CNC 系统能使用阴极射线管(cocthode ray tube，CRT)编程，简化程序编制，并方便对其输入的系统加工程序及时修改。此外对输出部分，CNC 系统能方便地实现数字伺服控制及配用可编程序控制器(programmable logical controller，PLC)进行程序控制。CNC 的优点是明显的，尤其是廉价的 MNC 的出现，很快占领了数控领域，得到迅速发展。

2. 计算机直接数控

DNC 系统也称为计算机群控系统，它可以理解为一台计算机直接管理和控制一群数控设备的系统。在这个系统中，产品加工程序都由一台计算机储存与管理，并根据设备的需要分时地把加工程序分配给各台设备。此外，计算机还对各数控设备的工作情况进行管理与统计(如打印报表等)，并处理操作者的指令以及提出对加工程序进行编辑、修改的要求。

3. 以模块概念为基础的柔性制造系统

柔性制造系统是将一群数控设备与工件、工具及切屑的自动传输线相配合，并由计算机统一管理与控制，组成了计算机群控自动线。这样整个系统的加工效率高，对加工产品改变有较强的适应性。FMS 不仅实现了生产过程中信息流的自动化，还实现了传递各种物质流(物质材料)的自动化。

4. 计算机集成制造系统

计算机集成制造系统是用于制造业工厂的综合自动化系统。它在计算机网络和分布式数据库的支持下，把各种局部的自动化子系统集成起来，实现信息集成和功能集成，走向全面自动化，从而缩短产品开发周期、提高质量、降低成本。它是工厂自动化的发展方向，也是未来制造业工厂的模式。后面的项目还会提到，集成不是现有生产系统的计算机化，而原有的生产系统的集成很困难，独立的自动化系统异构化非常复杂，所以要考虑实施 CIMS 计划时的收益和支出。

任务评价

评价内容	评价标准	分值	自评	师评
数控技术	了解数控技术的基本概念	10		

（续表）

评价内容	评价标准	分值	自评	师评
数控机床及其加工原理	掌握数控加工程序	20		
	能够列举数控机床的辅助装置	30		
数控机床的适用范围	了解数控机床的适用范围	20		
数控技术的发展	了解数控技术的发展过程	20		
总分		100		

任务2 数控机床的特点及分类

任务描述

本任务将全面探讨数控机床的特点、分类及其发展趋势。读者需深入了解数控机床在自动化、加工精度、生产效率等方面的优势，掌握按工艺用途、运动方式、控制方式和功能水平的分类方法，并关注数控机床和数控系统的高速、高精度化、智能化等发展趋势。

任务分析

要完成此任务，读者需通过查阅资料和实地参观等方式，深入学习数控机床的特点和分类；同时，关注行业动态，了解最新的数控机床和数控系统技术进展。

任务重点与实施

1.2.1 数控机床的特点

数控机床与普通机床相比较，具有以下6个特点。

1. 自动化程度高

数控机床对零件进行加工，是输入按图样事先编制好的加工程序，全部加工过程都由机床自动完成。操作者除了操作键盘、装卸零件、安装刀具、完成关键工序的中间测量及观察机床的运行之外，无须进行繁重的重复性手工操作，所以劳动强度下降，自动化程度高。

数控机床的特点

2. 加工精度高

数控机床由精密机械和自动化控制系统组成，因此有较高的加工精度，且不受零件复杂程度限制。数控机床是按所编程序进行自动加工的，消除了操作者的人为误差，提高了同批零件尺寸的一致性，使加工质量稳定。

3. 生产率高

数控机床在一次装夹中能够完成较多表面的加工，省去了划线、多次装夹、检测等工序。空行程时采用快速进给，生产率高。采用加工中心，实现自动换刀，利用转台自动换位，使一台机床上实现多道工序加工，缩短半成品周转时间，生产率明显提高。

4. 对加工对象适应性强

在数控机床上改变加工对象时，只要重新编写输入该零件的加工程序，除了相应更换刀具和解决工件装夹方式外，不必对数控机床做任何复杂的调整，便可自动加工出新的零件，为新产品的研制开发及产品的改进、改型提供了方便。

5. 易于建立计算机通信网络

由于数控机床使用数字信息，所以易于与计算机辅助设计和制造系统联接，形成计算机辅助设计、辅助制造与数控机床紧密结合的一体化系统。

6. 有利于生产管理的现代化

利用数控机床能准确地计算零件的加工工时，并且有效地简化检验、工夹具和半成品的管理工作，易于构成柔性制造系统(FMS)和计算机集成制造系统(CIMS)。

1.2.2 数控机床的分类

数控机床的品种规格很多，通常按以下 4 种方法进行分类。

数控机床的分类

1. 按工艺用途分类

(1)金属切削类数控机床。金属切削类数控机床与传统的普通金属切削机床一样，有数控车、铣、镗、钻、磨床等。其中，每一类又有很多品种，如数控铣床中还有立铣、卧铣、工具铣、龙门铣等。

(2)金属成型数控机床。金属成型类数控机床有数控折弯机、数控组合冲床、数控弯管机和数控回转头压力机等。

(3)数控特种加工机床。数控特种加工机床有数控电火花加工机床、数控线切割机床、数控火焰切割机和数控激光切割机床等。

2. 按运动方式分类

(1)点位控制数控机床。点位控制数控机床的加工移动部件只能实现从一个位置到另一个位置的精确移动，在移动途中不进行加工。为了在精确定位基础上有尽可能高的生产率，两相关点之间的移动先是以快速移动接近定位点，然后降速 1～3 级再慢慢靠近，以保证加工精度。图 1-3(a)为点位控制示意图，主要应用于数控坐标镗床、数控钻床、数控冲床、数控测量机和数控电焊机等。

(2)点位直线控制数控机床。点位直线控制数控机床的加工移动部件不仅要实现从一个位置到另一个位置的精确移动，还要能实现平行于坐标轴的直线切削加工运动及沿坐标轴成 45°的直线切削加工，但不能沿任意斜率的直线进行切削加工。图 1-3(b)为点位直线控制示意图，主要应用于数控车床、数控镗铣床等。

(3)轮廓控制数控机床。轮廓控制数控机床能够同时控制 2～5 个坐标轴联动，加工形状复杂的零件，它不但控制机床移动部件的起点与终点坐标，而且控制整个加工过程中每一点的速度与位移量。例如，在铣床上进行曲线圆弧切削及复杂曲面切削时，就需要用这种控制方式。图 1-3(c)为轮廓控制示意图，主要应用于数控铣床、数控凸轮磨床。

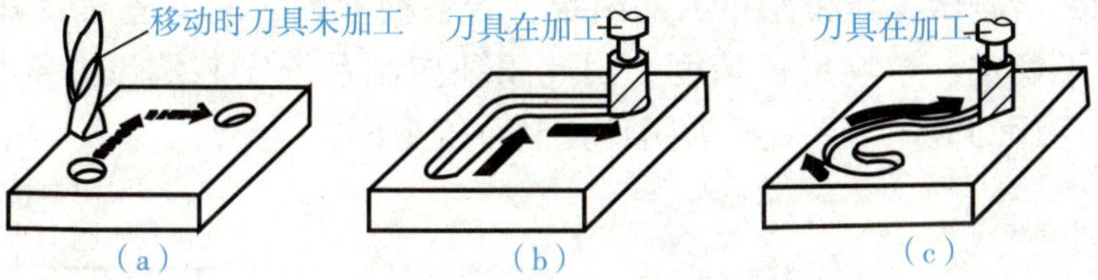

图 1-3　数控系统控制方式

3. 按控制方式分类

(1)开环控制系统。开环控制系统是不带反馈装置的控制系统，通常使用步进电机或功率步进电机作为执行机构，数控装置输出的脉冲通过环形分配器和驱动电路，不断改变供电状态，使步进电机转过相应的步距角，再经过减速齿轮带动丝杠旋转，最后转换为移动部件的直线位移。移动部件的移动速度与位移量是由输入脉冲的频率和脉冲数所决定的。图 1-4 为典型的开环控制系统框图。

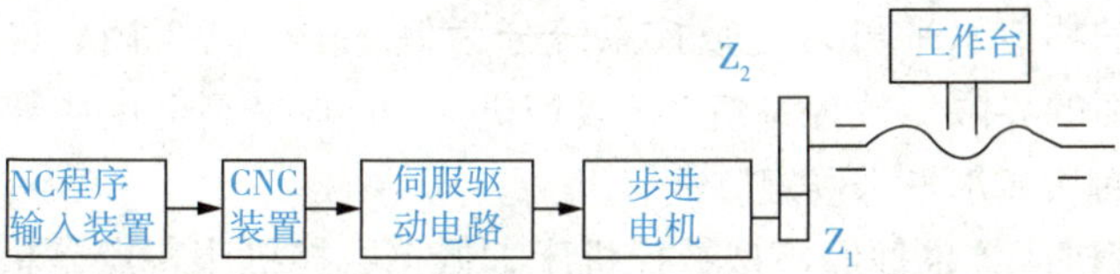

图 1-4　典型的开环控制系统框图

由于没有反馈装置，开环系统的步距误差及机械部件的传动误差不能校正补偿，所以控制精度较低。但开环系统结构简单、运行平稳、成本低、价格低廉、维修方便，可广泛应用于精度要求较低的经济型数控系统中。

(2)半闭环控制系统。半闭环控制系统是在伺服电机输出端或丝杠轴端装有角位移检测装置(如感应同步器或光电编码器等)，通过测量角位移，间接地检测移动部件的直线位移，然后反馈到数控装置中。由于角位移检测装置比直线位移检测装置结构简单，安装方便，因此配有精密滚珠丝杠和齿轮的半闭环系统应用比较广泛。图 1-5 为半闭环控制系统框图。

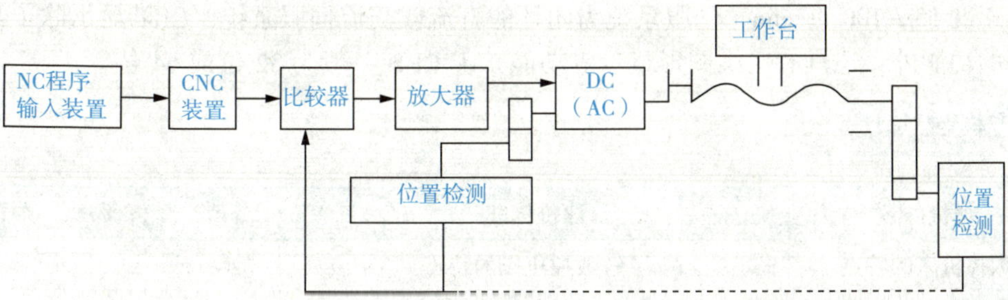

图 1-5　半闭环控制系统框图

(3)闭环控制系统。闭环控制系统是在数控机床移动部件上直接安装直线位置检测装置，将测量到的实际位移值反馈到数控装置中，与输入指令的位移值进行比较，用差值进行补偿，使移动部件按实际需要的位移量运动，最终实现移动部件的精确定位。

从理论上讲，闭环系统的运动精度主要取决于检测装置的精度，而与传动链的误差无关。但由于系统受进给丝杠的拉压刚度、扭转刚度、摩擦阻尼特性和间隙等非线性因素的影响，给测试工作带来很大的困难，若各种参数匹配不适当会引起系统振荡，造成系统工作不稳定，影响定位精度。因此闭环控制系统安装调试非常复杂，一定程度上限制了更广泛的应用。图 1-6 为闭环控制系统框图。

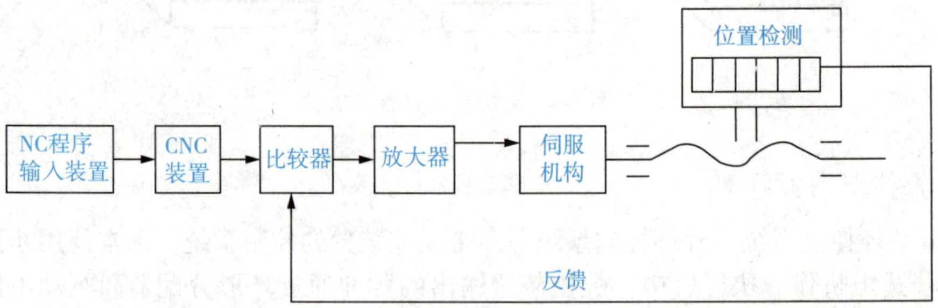

图 1-6　闭环控制系统框图

4. 按数控系统的功能水平分类

按数控系统的功能水平可以把数控系统分为低、中、高 3 档。这种分类方法没有明确的定义和确切的界限。数控系统(或数控机床)的水平高低由主要技术参数、功能指标和关键部件的功能水平来确定。

(1)低档数控机床，也称经济型数控机床。低档数控机床特点是根据实际的使用要求，合理地简化系统，以降低产品价格。目前我国把由单片机或单板机与步进电机组成的数控系统和功能简单、价格低的系统称为经济型数控系统，主要用于车床、线切割机床及旧机床的数控化改造等。

这类机床的技术指标通常是：脉冲当量 0. 01 ~ 0. 005 mm，快进速度 4 ~ 10 m/min，开环控制，步进电机驱动，用数码管或简单 CRT 显示，主 CPU 一般为 8 位或者 16 位。

(2)中档数控机床。中档数控机床技术指标常是：脉冲当量 0. 005 ~ 0. 001 mm，快进速度 15 ~ 24 m/min，伺服系统为半闭环直流或交流伺服系统，有较齐全的 CRT 显示，可以显示字符和图形，人机对话，自诊断等，主 CPU 一般为 16 位或 32 位。

(3)高档数控机床。高档数控机床技术指标常是：脉冲当量 0. 001 ~ 0. 000 1 mm，快进速度 15 ~ 100 m/min，伺服系统为闭环的直流或交流伺服系统，CRT 显示除了具备中档的功能外，还具有三维图形显示等功能，主 CPU 一般为 32 位或 64 位。

任务评价

评价内容	评价标准	分值	自评	师评
数控机床的特点	了解数控机床的特点	20		

（续表）

评价内容	评价标准	分值	自评	师评
数控机床的分类	初步了解分类方法	20		
	熟练掌握各类数控机床的特点和适用范围	20		
	能够清晰、准确地讲解数控机床的分类	40		
总分		100		

任务3　数控机床的发展

任务描述

本任务将全面深入探究数控机床的发展方向，通过对相关资料的研读，全面了解随着先进生产技术的进步，现代数控机床在高速、高精度、开放式、智能化、复合化、高可靠性、多种插补功能以及友好人机界面等方面的发展方向与具体表现。

任务分析

要完成此任务，学生需要对文本中关于数控机床各发展方向的技术参数和专业术语进行准确理解，如高速化中的高速主轴、高动态刚度，高精度化中的高进给分辨率、重复定位精度等。其次，需要对各发展方向的相关技术原理进行深入分析，例如自适应控制技术在智能化中的应用原理，复合化加工中多轴联动的工作机制等。再者，要学会从大量文字中提取关键信息，梳理出各发展方向的核心要点，如开放式体系结构的特点、高可靠性数控系统的实现方式等。最后，学生还需具备一定的归纳总结能力，将各部分内容整合，从而可以全面地阐述数控机床的发展。

任务重点与实施

数控机床和数控系统的发展

随着先进生产技术的发展，现代数控机床需要向高速度、高精度、高可靠性、智能化和更完善的功能方向发展。

1. 高速化、高精度化

高速化指数控机床的高速切削和高速插补进给，目标是在保证加工精度的前提下，提高加工速度。这不仅要求数控系统的处理速度快，同时还要求数控机床具有大功率和大转矩的高速主轴、高速进给电动机、高性能的刀具、稳定的高动态刚度。

高精度化包括高进给分辨率、高定位精度和重复定位精度、高动态刚度、高性能闭环交流数字伺服系统等。

数控机床由于装备有新型的数控系统和伺服系统，使机床的分辨率和进给速度达到0.1 μm(24 m/min)，1 pm(100～240 m/min)，现代数控系统已经逐步由16位CPU过渡到32位CPU。日本产的FANUC 15系统开发出64位CPU系统，能达到最小移动单位0.1 pm时，最大进给速度为100 m/min。FANUC 16和FANUC 18采用简化与减少控制基本指令的精简指令计算机(reduced instruction set computer，RISC)，能进行更高速度的数据处理，使一个程序段的处理时间缩短到0.5 ms，连续1 mm移动指令的最大进给速度可达到120 m/min。

2. 开放式

要求新一代数控机床的控制系统是一种开放式、模块化的体系结构。系统的构成要素应是模块化的，同时各模块之间的接口必须是标准化的；系统的软件、硬件构造应是“透明的”和“可移植的”；系统应具有“连续升级”的能力。为满足现代机械加工的多样化需求，新一代数控机床机械结构更趋向于“开放式”。机床结构按模块化、系列化原则进行设计与制造，以便缩短供货周期，最大限度地满足用户的工艺需求。数控机床的很多部件的质量指标不断提高，品种规格逐渐增加，机电一体化内容更加丰富，因此专门为数控机床配套的各种功能部件已完全商品化。

3. 智能化

智能化数控系统是指具有拟人智能特征的智能数控系统通过对影响加工精度和效率的物理量进行检测、建模、提取特征，自动感知加工系统的内部状态及外部环境，快速做出实现最佳目标的智能决策，对进给速度、背吃刀量、坐标移动、主轴转速等工艺参数进行实时控制，使机床的加工过程处于最佳状态。

(1)在数控系统中引进自适应控制技术。数控机床中因工件毛坯余量不匀、材料硬度不一致、刀具磨损、工件变形、润滑或切削液等因素的变化将直接或间接影响加工效果。自适应控制是在加工过程中不断检查某些能代表加工状态的参数，如切削力、切削温度等，通过评价函数计算和最佳化处理，对主轴转速、刀具(或工作台)进给速度等切削用量参数进行校正，使数控机床能够始终在最佳的切削状态下工作。

(2)设置故障自诊断功能。数控机床在工作过程中出现故障时，控制系统能自动诊断，并立即采取措施排除故障，以适应在无人环境下长时间正常运行的要求。

(3)具有人机对话自动编程功能。可以把自动编程机具有的功能，装入数控系统，使零件的程序编制工作可以在数控系统上在线进行，用人机对话方式，通过CRT彩色显示和手动操作键盘的配合，实现程序的输入、编辑和修改，并在数控系统中建立切削用量专家系统，从而达到提高编程效率和降低操作人员技术水平的要求。

(4)应用图像识别和声控技术。由机床自己辨别图样，并自动进行数控加工的智能化技术和根据人的语言声音对数控机床进行控制的智能化技术。

4. 复合化

复合化加工即在一台机床上工件一次装夹便可以完成多工种、多工序的加工，通过减少装卸刀具、装卸工件、调整机床的辅助时间，实现一机多能，最大限度地提高机床的开机率和利用率。20世纪60年代初期，在一般数控机床的基础上开发了数控加工中心(machining center，MC)，即自备刀库的自动换刀数控机床。在加工中心机床上，工件一次装夹后，机床的机械手可自动更换刀具，连续地对工件的各加工面进行多种工序加工。目前加工中心的刀库容量可多达120把左右，自动换刀装置的换刀时间为1~2 s。加工中心中除了镗铣类加工中心和车削类车削中心外，还出现了集成型车/铣加工中心、自动更换电极的电火花加工中心及带有自动更换砂轮装置的内圆磨削加工中心等。

随着数控技术的不断发展，打破了原有机械分类的工艺性能界限，出现了相互兼容，扩大工艺范围的趋势。复合加工技术不仅是加工中心、车削中心等在同类技术领域内的复合，而且正向不同类技术领域内的复合发展。

多轴同时联动是衡量数控系统重要指标，现代数控系统的控制轴数可多达16轴，同时联动轴数已达到6轴。高档次的数控系统，还增加了自动上下料的轴控制功能，有的在PLC里增加位置控制功能，以补充轴控制数的不足，这将会进一步扩大数控机床的工艺范围。

5. 高可靠性

高可靠性的数控系统是提高数控机床可靠性的关键，通过选用高质量的印制电路板和元器件，对元器件进行严格地筛选，建立稳定的制造工艺及产品性能测试等一整套质量保证体系实现。在新型的数控系统中采用大规模、超大规模集成电路实现三维高密度插装技术，把典型的硬件结构进一步集成化制成专用芯片，以提高系统的可靠性。

现代数控机床均采用CNC系统，数控系统的硬件由多种功能模块制成，对于不同功能的模块可根据数控机床功能的需要选用，并可自行扩展，组成需要的数控系统。在CNC系统中只要改变一下软件或控制程序，就能制成适应各类机床不同要求的数控系统。

现代数控机床都装备有各种类型的监控、检测装置，以及具有故障自动诊断与保护功能。能够对工件和刀具进行监测，发现工件超差，刀具磨损、破裂，能及时报警给予补偿，或对刀具进行调换，具有故障预报和自恢复功能，保证数控机床长期可靠地工作。数控系统一般能够对软件、硬件进行故障自诊断，能自动显示故障部位及类型，以便快速排除故障。此外系统中注意增强保护功能，如行程范围保护功能、断电保护功能等，以避免损坏机床和工件报废。

6. 多种插补功能

数控机床除具有直线插补、圆弧插补功能外，有的还具有样条插补、渐开线插补、螺旋插补、极坐标插补、指数曲线插补、圆柱插补、假想坐标插补等功能。

7. 友好的人机界面

(1)现代数控机床具有丰富的显示功能。多数系统都具有实时图形显示、PLC梯形图显示和多窗口的其他显示功能。

(2)丰富的编程功能。除会话式自动编程功能、图形输入自动编程功能外，有的还具有 CAD/CAM 功能。

(3)方便的操作。有引导对话方式帮助用户熟悉操作，并设有自动工作和手动参与功能。

(4)根据加工的要求，各系统都设置了多种方便编程的固定循环。

(5)系统具有多种管理功能，包括刀具及其寿命的管理、故障记录、工作记录等。

(6)PLC 程序编制方法的增加。目前有梯形图编程方法、步进顺序流程图编程方法。现在越来越广泛地应用 C 语言编写 PLC 程序。

(7)帮助功能。系统不但显示报警内容，而且能指出解决问题的方法。

任务评价

评价内容	评价标准	分值	自评	师评
数控机床和数控系统的发展	全面了解发展趋势	50		
数控机床的应用	全面阐述数控机床的应用	50		
总分		100		

项目小结

本项目主要介绍了数控技术相关知识，首先介绍了数控技术的发展过程；其次介绍了数控机床的特点和分类；最后介绍了数控机床和数控系统的发展。通过对本项目的学习，读者能了解数控机床的适用范围，以及数控技术从诞生至今的发展历程，为后面的学习提供全貌性的概览。

项目习题

1. 数控机床由哪几部分组成？简述数控机床各组成部分的作用。
2. 什么是点位控制、直线控制、轮廓控制数控机床？分别有何特点及应用？
3. 数控机床有哪些分类方法和类型？各类数控机床各有哪些特点？
4. 简述开环、闭环、半闭环伺服系统的区别。
5. 什么是 FMS？由哪几部分组成？
6. 什么是 CIMS 系统？

项目2 计算机数控系统

项目导读

计算机数控系统是20世纪70年代发展起来的新型机床数控系统，它用一台计算机代替先前硬件数控，所以它是一种包含计算机在内的数控系统。本项目主要介绍CNC系统的组成、工作过程、硬件与软件结构，以及数控用可编程控制器的核心知识点。

学习目标

◆ 知识目标

- 了解CNC系统的组成及其工作过程。
- 熟悉速度计算和加减速控制的基本原理。

◆ 技能目标

- 掌握速度计算和加减速控制的方法，并能根据实际需求进行调整。
- 能够准确描述CNC系统的硬件和软件体系结构的组成部分和特点。

◆ 素质目标

- 培养学生对CNC系统软件和硬件结构的兴趣和好奇心，激发其探索精神。
- 提高学生解决实际问题的能力，培养其创新思维和实践能力。

思政目标

- 培养学生责任意识、职业道德和工程素养，从而激发学生的创新意识。
- 培养学生家国情怀，提升学生实践能力和创新意识、全面提高人才培养质量。

任务1 计算机数控系统概述

任务描述

本任务旨在全面介绍CNC系统的组成及其工作过程，使读者能够深入理解CNC系统的核心要素及其运行逻辑。通过此任务，读者将掌握CNC系统的基本构成，以及从输入到诊断的整个工作流程。

任务分析

要完成此任务，读者需要掌握CNC(计算机数控)系统的组成及其工作过程，其中CNC系统的组成，包括其主要硬件和软件部分，而CNC系统的工作过程，具体包括输入(接收加工程序)、译码(将程序转换为机器语言)、数据处理(对程序进行优化和预处理)、插补(计算刀具路径)、位置控制(控制机床运动)、I/O处理(输入输出信号管理)、显示(系统状态和用户界面)、诊断(系统故障检测和定位)。

任务重点与实施

计算机数控
CNC装置概述

计算机数控系统根据计算机存储器中存储的控制程序，执行部分或全部数字控制功能。所以CNC又称为存储程序数字控制或软件数字控制。它是由一台专用计算机代替以前由机床控制单元(machinc control unit，MCU)所实现的某些或全部硬件功能，即CNC是用一台计算机控制一台数控设备。

计算机数控系统由硬件和软件两部分组成。计算机数控系统本体称为硬件，而与之相对应的数控系统控制程序称为控制软件。硬件和软件的关非常密切，两者缺一不可：没有硬件，软件就不能成立；没有软件，硬件便无法工作。因此高性能的数控系统必须具备高性能的硬件和高性能的软件。

2.1.1 CNC系统的组成

CNC数控系统由程序、输入输出设备、CNC装置、PLC、主轴控制单元和速度控制单元组成。图2-1为CNC系统框图。

CNC系统原理是根据计算机存储的控制程序执行数控功能。数控系统分为点位控制和轮廓控制系统，点位控制系统比较简单(如钻、镗)，轮廓控制系统比较复杂、功能齐全，有的还包括了点位控制功能的内容。

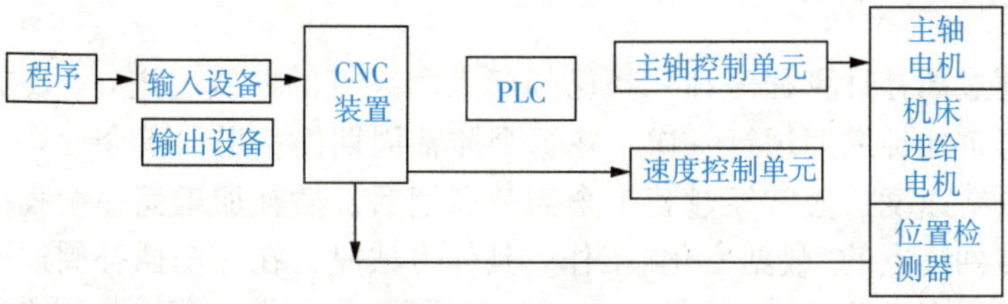

图 2-1　CNC 系统框图

数控系统的核心是计算机数控装置。随着半导体技术、计算机和计算技术的发展，现代数控装置以微型计算机数控装置 MNC 为主体(统称为 CNC 装置)。使用微处理机和微型计算机后，使得 CNC 装置的性能和可靠性不断提高，成本不断下降，其优越的性能价格比，推动了数控机床的发展。

2.1.2　CNC 系统的工作过程

CNC 装置以存储程序方式工作，它在硬件支持下执行软件的全过程工作。下面简要说明 CNC 装置的工作情况。

1. 输入

输入 CNC 装置的有零件加工程序、控制参数和补偿数据。输入的方式有阅读机纸带输入、键盘手动输入、磁盘输入、光盘输入、通信接口(串口)，输入以及连接上级计算机的 DNC(直接数控)接口输入。CNC 装置在输入过程中还要完成校验和代码转换等工作。输入的全部信息存放到 CNC 装置的内部存储器中。

2. 译码

在输入的零件加工程序中，含有零件的轮廓信息(线型、起点终点坐标)、加工速度(F 代码)和其他的辅助信息(MST 代码等)。CNC 装置以按一个程序段为单位，根据一定的语言规则翻译成计算机能够识别的数据形式，并以一定的数据格式存放在指定的内存专用区间，在译码过程中还要完成对程序段的语法检查等工作，发现错误立即报警。

3. 数据处理

数据处理包括刀具补偿、速度计算，以及辅助功能的处理等。

(1)CNC 装置的零件加工程序通常是以零件轮廓轨迹来编程的，刀具补偿分刀具长度补偿和刀具半径补偿两种。刀具补偿的作用是把零件轮廓轨迹转换成刀具中心轨迹。现代 CNC 装置中，刀具补偿工作还包括程序段之间的自动转接和过切削判断。

(2)速度计算是按编程所给的合成进给速度计算出各坐标轴运动方向的分速度。另外对机床允许的最低速度和最高速度的限制进行判别并处理。在有些 CNC 装置中，软件的自动加减速也是在这里处理。

辅助功能如换刀、主轴启停、冷却液开闭等大部分都是开关量信号，这里的主要工作是识别、存储、设标志，在程序执行时发出信号让机床相应部件执行这些动作。

4. 插补

插补是通过插补计算程序在一条已知起点和终点的曲线上进行“数据点的密化”。插补程序在每个插补周期运行一次，在每个插补周期内，根据指令计算出一个微小直线数据段的进给速度。通常经过若干个插补周期后，插补加工完一个程序段，即完成从程序段起点到终点的“数据密化”工作。具体方法是，在一个插补周期内计算出一个微小数据段的各坐标分量(如 Δx, Δy)，经过若干插补周期，可以计算出从起点到终点之间的若干个微小直线数据段。每个插补周期所计算出的微小直线段都应足够小，以保证轨迹精度。

目前在一般的CNC装置中，仅能对直线、圆弧和螺旋线进行插补计算。在一些专用的或较高档的CNC装置中还能完成对椭圆、抛物线、正弦线和一些特殊曲线的插补计算。插补计算实时性很强，要尽量缩短一次插补运算的时间，以便更好地处理其他工作，并使进给的最大速度得以提高。

5. 位置控制

位置控制可以由软件来实现，也可以由硬件完成。它的主要任务是在每个采样周期内，将插补计算的理论位置与实际反馈位置相比较，用其差值去控制电机。在位置控制中，还要完成位置回路的增益调整、各坐标方向的螺距误差补偿和反向间隙补偿，以提高机床的定位精度。

6. I/O 处理

I/O 处理主要是处理CNC装置与机床之间的强电信号的输入。

7. 显示

CNC装置的显示主要是为操作者提供方便，通常有零件加工程序的显示、参数显示、刀具位置显示、机床状态显示、报警显示等，高档CNC装置中还有刀具加工轨迹的静、动态图形显示以及在线编程时的图形显示等。

8. 诊断

现代CNC装置都具有联机和脱机诊断能力。联机诊断是指CNC装置中的自诊断程序，这种自诊断程序融合在各个部分中，随时检查不正常的事件。脱机诊断是指系统运转但不工作条件下的诊断，一般的CNC装置配备有各种脱机诊断程序纸带，以检查存储器、外围设备、I/O接口等。脱机诊断还可以采用远程通信方式进行，即把CNC装置通过电话线与远程通信诊断中心的计算机相连，由诊断中心的计算机对CNC装置进行诊断、故障定位和修复。

任务评价

评价内容	评价标准	分值	自评	师评
CNC系统的组成	能够列举并解释CNC系统的主要组成部分	30		
CNC系统的工作过程	能够概述CNC系统从输入到输出的基本流程	70		
总分		100		

任务 2　CNC 系统的硬件体系结构

任务描述

本任务旨在全面介绍 CNC 系统的硬件体系结构，包括单微处理器结构和多微处理器结构，以便理解它们在经济型 CNC 与高档 CNC 装置中的应用及其功能特点。

任务分析

要完成此任务，读者需要深入了解单微处理器 CNC 装置的组成部分及其特点，同时掌握多微处理器 CNC 装置的组成及其高级功能，以便区分二者在数控机床性能和功能上的差异。

任务重点与实施

CNC 系统的硬件体系结构

CNC 装置由软件和硬件两大部分组成，硬件按其结构的不同通常分为单微处理器结构和多微处理器结构两种。单微处理器结构多用于早期的 CNC 装置或现有的经济型 CNC 装置中；而多微处理器结构则多用于高档的、全功能型的 CNC 装置中，可实现数控机床的高进给速度、高加工精度和复杂功能的要求。

2.2.1　单微处理器 CNC 装置的结构

单微处理器结构是采用一个微处理器来集中控制，分时处理数控的各个任务。单微处理器的 CNC 装置内一般只有一个中央处理器(central processing unit，CPU)，有的 CNC 装置内虽然有多个 CPU，但只以一个 CPU 为核心，由它控制总线和访问主存储器，其他的 CPU 只是辅助的专用智能部件。这种 CNC 装置也被归为单微处理机结构一类。

单微处理器的 CNC 装置由计算机部分、位置控制部分、数据输入/输出等各种接口及外围设备组成。

计算机部分由微处理器及存储器等组成。微处理器执行系统程序。首先读取加工程序，对加工程序段进行译码的预处理计算等，然后根据处理后得到的指令，对该程序段实时插补和控制机床的位置。它还将辅助动作指令通过可编程控制器(PLC)发给机床，同时接收由 PLC 返回的机床各部分信息并予以处理，以决定下一步的操作。

位置控制部分又分为位置控制和速度控制两个单元。位置控制单元接收经插补运算得到的每一个坐标轴在单位时间间隔内的位移量，并产生伺服电动机速度指令发往速度控制单元。速度控制单元接收速度指令和速度反馈信号，用两者的差值来控制伺服电动机，使其以恒定速度运转。位置控制单元根据接收到的实际位置反馈信号，修正速度指令，实现机床运动准确控制。

数据输入/输出接口与外围设备是数控系统与操作者之间信息交换的桥梁。

CNC 装置的单微处理器结构一般具有以下特点。

(1)CNC 装置内只有一个微处理器或只以一个微处理器为中心，存储、插补运算、输入/输出控制、CRT 显示等功能均由它集中控制分时处理。

(2)微处理器通过总线与存储器、输入/输出控制等各种接口相连构成 CNC 装置。

(3)结构简单，容易实现。

单微处理器结构的 CNC 装置中，不仅包括微型计算机系统的微处理器和总线、I/O 接口、存储器、串行接口和 CRT/MDI 接口等基本结构，还包括数控技术中的控制单元部件和接口电路，如位置控制单元、PLC、主轴控制单元、手动输入接口、穿孔机和纸带阅读机接口以及其他选件接口等，如图 2-2 所示。

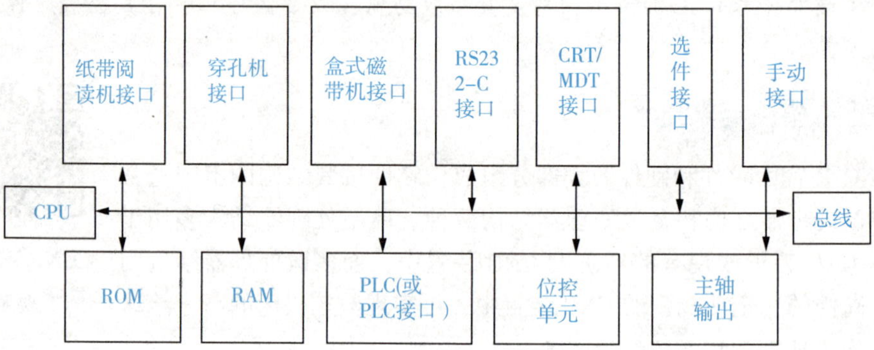

图 2-2　单微处理器结构

2.2.2　多微处理器 CNC 装置的结构

随着数控系统功能的增加和机床切削速度的提高，单微处理器结构已不能满足要求，因此许多 CNC 装置采用了多微处理器结构，以适应机床向高精度、高速度和智能化方向发展的要求，以及适应并入计算机网络、形成 FMS 和 CIMS 的更高要求，使数控系统向更高层次发展。

在多微处理机结构中，由两个或两个以上的微处理器构成处理部件。各处理部件之间通过一组公用地址和数据总线进行连接，每个微处理器共享系统公用存储器或 I/O 接口，每个微处理器分担系统的一部分工作，从而将在单微处理器的 CNC 装置中顺序完成的工作转变为多微处理器并行、同时完成的工作，因而大大提高了整个系统的处理速度。因此多微处理机 CNC 装置与单微处理机的相比，具有如下特点。

(1)性能价格比高。多微处理机 CNC 装置中的每一个 CPU 都可以独立执行程序，完成系统中指定的一部分功能，且具有较高的计算处理速度。因此在多轴控制、高进给速度、高精度、高效率的数控机床中应用较多。由于系统共享资源，性能价格比也较高。

(2) 良好的适应性和扩展性。多微处理机 CNC 装置大多采用模块化结构，硬件模块和软件模块形成一个个特定的功能单元，称为功能模块，功能模块间有明确定义的接口。这些接口是固定的，可以作为工厂标准或工业标准，彼此之间还可以进行信息交换，因此这种积木式的 CNC 装置比单微处理机 CNC 装置具有设计简单、适应性和扩展性好、试制周期短、调整维护方便等特点。

(3) 可靠性高。多微处理机 CNC 装置采用模块化结构，如果某个功能模块出现故障，其他模块仍可照常工作，而且排除故障及更换模块方便迅速。又由于硬件模块在一般情况下都是通用的，开发不同的软件就可构成不同的 CNC 装置，对其硬件组织规模生产可使产品的质量大大提高。因此多微处理机 CNC 装置比单微处理机的具有更高的可靠性。

随着 CNC 装置的功能和结构的不同，功能模块的划分和多少也不同。如果要扩充功能，就得增加相应的模块。图 2-3 为多 CPU 共享总线结构框图。

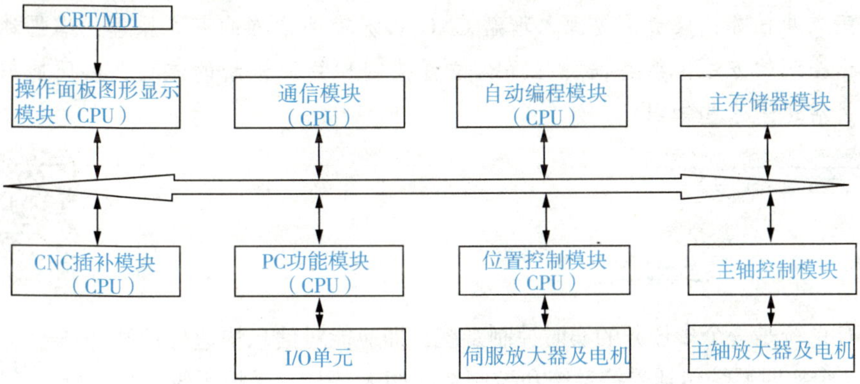

图 2-3　多 CPU 共享总线结构框图

任务评价

评价内容	评价标准	分值	自评	师评
单微处理器 CNC 装置的结构	掌握单微处理器的组成部分和特点	50		
多微处理器 CNC 装置的结构	掌握多微处理器的组成部分和特点	50		
总分		100		

任务 3　CNC 系统的软件结构

任务描述

本任务旨在全面介绍 CNC 系统的软件结构，包括多任务并行处理、实时中断处理、速度计算和加减速控制、插补程序、位置控制和故障诊断等关键组成部分。

任务分析

要完成此任务，读者需要深入理解 CNC 系统软件结构的基本原理，掌握速度计算和加减速控制的方法，熟悉插补程序、位置控制和故障诊断的流程，以便能够在实际应用中灵活运用这些知识。

任务重点与实施

CNC 系统的软件结构

2.3.1　CNC 系统概述

CNC 系统是一个多任务的实时控制系统，即应能对信息快速处理和响应。一个实时系统包括受控系统和控制系统两大部分。受控系统由硬件设备组成，如电动机及驱动机构；控制系统（这里为 CNC 装置）由软件及其支持的硬件组成，共同完成数控功能。

在 CNC 装置中，数控的基本功能由多个功能模块执行。在许多情况下，某些功能模块必须同时运行，这是由具体的加工控制要求所决定的。CNC 系统软件分为管理软件和控制软件两大部分，这两大部分经常是同时工作的。图 2-4 为 CNC 装置各个功能模块之间的并行处理关系，具有并行处理的两个模块之间用双向箭头表示。

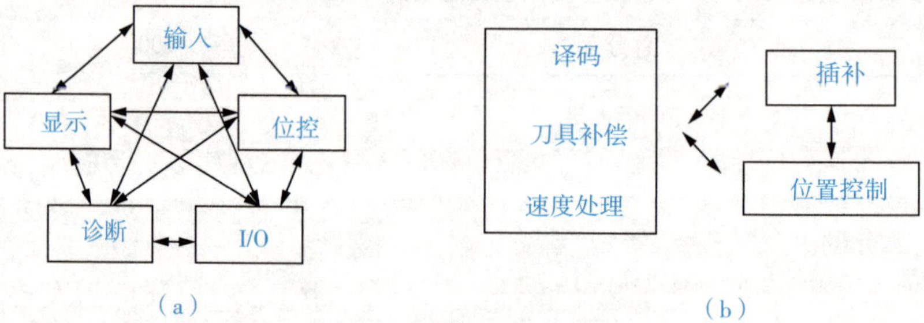

图 2-4　任务的并行处理

2.3.2　CNC 装置软件结构

CNC 装置的软件是为完成 CNC 系统的各项功能而专门设计和编制的专用软件，也称为系统软件。不同的系统软件可使硬件相同的 CNC 装置具有不同的功能。CNC 装置的系统软件包括管理软件和控制软件两大部分。管理软件包括：输入、I/O 处理、通信、显示、诊断和零件加工程序的编制管理等软件。控制软件包括：译码、刀具补偿、速度处理插补和位置控制等软件。CNC 装置的软件结构，无论其硬件是单微处理机结构，还是多微处理机结构，都具有多任务并行处理和实时中断两个特点。下面对多任务并行处理和实时中断进行讲述，并用经济型数控系统软件结构举例说明。

1. 多任务并行处理

在数控加工的过程中，CNC 装置要完成许多任务，而在多数情况下，管理和控制的某些工作又必须同时进行，例如，为使操作人员能及时地了解 CNC 装置的工作状态，管理软件中的显示模块必须与控制软件同时运行；在插补加工运行时，管理软件中的零件加工程序输入模块必须与控制软件同时运行；当控制软件运行时，自身中的一些处理模块也必须同时运行。图 2-5 为 CNC 装置的软件任务分解图，反映了 CNC 装置的多任务性。

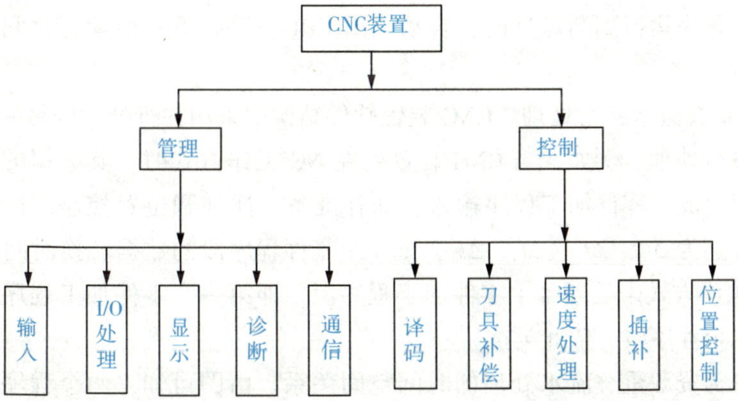

图 2-5　CNC 装置的软件任务分解图

所谓并行处理是指计算机在同一时刻或同一时间间隔内完成两种或两种以上性质相同或不同的工作。并行处理的最大优点是提高了运算速度。在 CNC 装置的软件结构中，主要采用两种并行处理方法：资源分时共享和资源重叠流水。资源分时共享是使多个用户按时间顺序使用同一套设备；资源重叠的流水处理是使多个处理过程在时间上互相错开，轮流使用同一套设备的几个部分。

(1)资源分时共享并行处理。在单微处理机 CNC 装置中，其资源分时共享主要采用 CPU 分时共享的原则来实现多任务的并行处理。各任务何时占用 CPU 及占用 CPU 时间的长短，首先要解决的是时间分配问题。

在 CNC 装置中，各任务何时占用 CPU 是通过循环轮流和中断优先相结合的方法来解决的。图 2-6 为 CNC 装置各任务分时共享 CPU 的时间分配图，系统在完成初始化任务后自动地进入时间分配循环中，在环中依次轮流处理各任务，对于系统中某些实时性强的任务则按优先级排队，分别处在不同中断优先级上作为环外任务，环外任务可以随时中断环内各任务的执行。

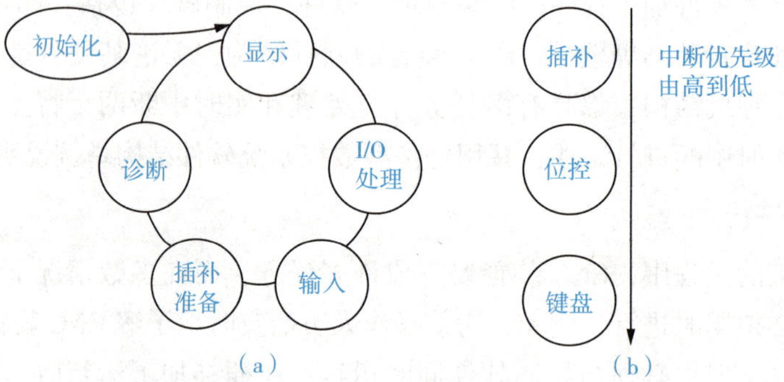

图 2-6　CNC 装置各任务分时共享 CPU 的时间分配图

在 CNC 装置中，各任务占用 CPU 时间的长短受到一定限制，可以通过设置断点的方法来解决，如对于占有 CPU 时间较多的插补准备等任务，就可以在其中的某些地方设置断点，当程序运行到断点处时，自动让出 CPU，等到下一个运行时间自动跳到断点处继续执行。

(2)资源重叠流水并行处理。CNC 装置软件结构中采用并行处理的另一种方法是资源重叠流水并行处理。例如，当 CNC 装置处在 NC 工作方式时，其数据的转换过程将由 4 个子过程组成：零件加工程序输入、插补准备、插补和位置控制。设每个子过程的处理时间分别为 Δt_1、Δt_2、Δt_3、Δt_4，则一个零件程序段的数据转换时间 $t=\Delta t_1+\Delta t_2+\Delta t_3+\Delta t_4$，以顺序方式来处理每个零件加工程序段，即第一个零件加工程序段处理完以后再处理第二个程序段，依此类推。

图 2-7(a)为资源重叠流水处理的时间空间关系。由图可知，两个程序段的输出之间有一个时间间隔，这种时间间隔反映在电机上就是电机的时转时停，反映在刀具上就是刀具的时走时停，这在工艺上是不被允许的。消除这种间隔的有效方法就是用流水处理技术，采用流水处理后的时间空间关系如图 2-7(b)所示。流水处理的关键是时间重叠，即在一段时间间隔内不是处理一个子过程，而是处理两个或更多个子过程。由图 2-7(b)可知，经流水处理后，从时间 Δt_4 开始每个程序段的输出之间不再有间隔，从而保证了电机运转和刀具移动的连续性。此外，流水处理要求处理每个子过程所用时间应该相等，但实际 CNC 装置中每个子过程的处理时间各不相等，解决的办法是取最长的子过程处理时间作为流水处理时间间隔。这样在处理时间较短的子过程时，当处理完成后就进入等待状态。

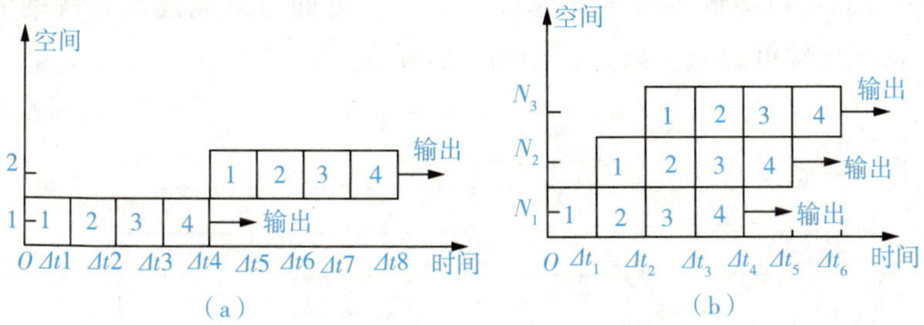

图 2-7 资源重叠流水处理

2. 实时中断处理

CNC 装置软件结构的另一特点是实时中断处理。CNC 装置的多任务性和实时性决定了中断成为整个 CNC 系统不可缺少的重要组成部分。CNC 系统的中断管理主要靠硬件完成，而系统的中断结构决定了软件结构。下面简要介绍 CNC 系统的中断类型和中断结构模式。

(1)CNC 系统的中断类型共有 4 种：外部中断、内部定时中断、硬件故障中断和程序性中断。

① 外部中断主要有 3 种：纸带光电阅读器中断、外部监控中断(如紧急停、量仪到位等)和键盘操作面板输入中断。

② 内部定时中断主要有两种：插补周期定时中断和位置采样定时中断。也可以将这两种中断合二为一，但在处理时总是先处理位置控制再处理插补运算。

③ 硬件故障中断是各硬件故障检测装置发出的中断。硬件故障如存储器出错、定时器出错、插补运算超时等。

④ 程序性中断是程序中出现异常情况的报警中断。异常情况如各种溢出、除零等。

(2)CNC 系统的中断结构模式有两种：前后台软件结构中的中断模式和中断型软件结构中的中断模式。

① 前后台软件结构中的中断模式。前后台软件结构的特点是前台程序是一个中断服务程序，用以完成全部的实时功能。后台程序是一个循环运行程序(背景程序)，管理软件和插补准备在这里完成。后台程序运行时，实时中断程序不断插入，前后台程序相配合，共同完成零件的加工任务。图 2-8 为实时中断程序与背景程序的关系。

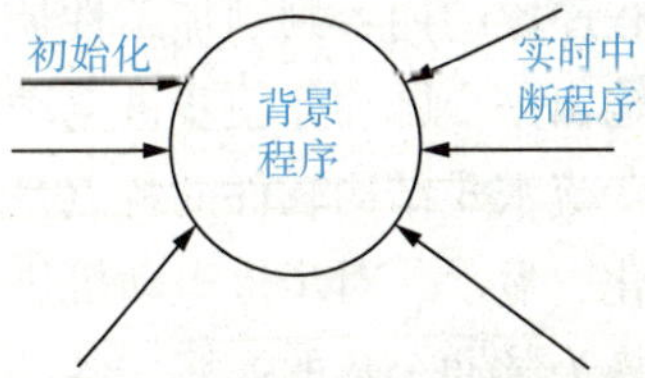

图 2-8 实时中断程序与背景程序

② 中断型软件结构中的中断模式。中断型软件结构的特点是整个系统软件，除初始化程序外，各任务模块分别安排在不同级别的中断服务程序中，即整个软件就是一个庞大的中断系统，其管理功能主要是通过各级中断服务程序之间的相互通信来完成。

(3)经济型数控系统软件结构。在经济型数控系统中，尽可能用软件来实现大部分数控功能，一方面可以降低系统的研制成本，另一方面也可以提高系统的可靠性。一个开环 CNC 系统软件可分为 3 部分，如图 2-9 所示。

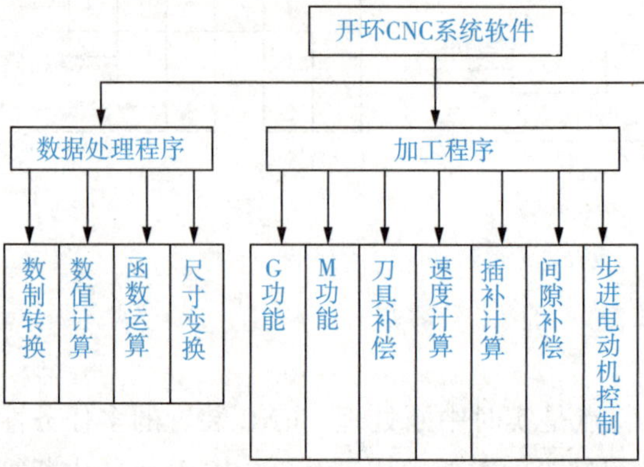

图 2-9　开环 CNC 系统软件组成

① 监控程序包括操作程序和编译程序。操作程序有键盘程序、指令的输入输出程序、显示程序、面板控制程序及应急处理程序。编译程序的任务是解释零件加工程序并给予适当的处理。

② 数据处理程序的功能是进行数制和数学运算。

③ 加工程序是 CNC 软件的关键程序，包括本系统所能实现的全部 G 功能和 M 功能，具体有各坐标轴的驱动控制程序、插补和速度控制程序、刀具补偿程序及传动间隙补偿程序，其中插补程序是核心。

经济型数控软件结构常见的有两种，第一种是中断式结构，把插补安排在中断服务程序中，将准备工作放在后台程序中处理。第二种是流水式结构，按加工顺序安排软件流程。

中断式结构的整个程序以加工子程序为中心。主程序的主要任务是在执行了初始化程序之后调用加工子程序。在加工子程序中将插补分为直线、圆弧等处理模块，根据程序段的内容判别加工性质并分别处理。中断服务程序安排在插补程序中，中断一次输出一个脉冲，使步进电动机运行一步，因此中断周期决定了进给速度。

流水式结构软件的特点是按照加工流程安排软件的先后顺序。整个程序由系统初始化、显示、对步进电动机进给方向的判定、对步进电动机进行速度的判定、进给量变换为脉冲个数的换算、各种加工类型的判别与处理等程序组成。

2.3.3　速度计算和加减速控制

1. 进给速度计算

进给速度的计算因系统不同，计算方法有很大差别。在开环系统中，坐标轴运动速度通过控制向步进电机输出脉冲的频率实现，速度计算的方法是根据编程的 F 值来确定该频率值。在半闭环和闭环系统中，采用数据采样方法进行插补加工，速度计算

根据编程的 F 值，将轮廓曲线分割为采样周期的轮廓步长。

(1)开环系统进给速度的计算。在开环系统中，每输出一个脉冲，步进电机就转过一定的角度，驱动坐标轴进给一个脉冲对应的距离(称为脉冲当量)，插补程序根据零件轮廓尺寸和编程进给速度的要求，向各个坐标轴分配脉冲，脉冲的频率决定了进给速度。进给速度 F(mm/min)与进给脉冲频率 f 的关系为

$$F=\delta f\times 60 \tag{2-1}$$

式中　δ——脉冲当量，mm。

则

$$f=\frac{F}{60\delta} \tag{2-2}$$

两轴联动时，各坐标轴速度为

$$u_x=60f_x\delta \tag{2-3}$$

$$u_y=60f_y\delta \tag{2-4}$$

式中　u_x、u_y——x 轴、y 轴方向的进给速度；

f_x、f_y——x 轴、y 轴方向的进给脉冲频率。

合成速度(即进给速度)v 为

$$v=\sqrt{v_x^2+v_y^2} \tag{2-5}$$

进给速度要求稳定，故要选择合适的插补算法(原理)并采取稳速措施。

(2)半闭环和闭环系统进给速度的计算。在半闭环和闭环系统中，速度计算的任务是计算一个采样周期的轮廓步长和各坐标轴的进给步长。

① 直线插补。首先求出刀补后一个直线段(程序段)在 x 和 y 坐标上的投影 L_x 和 L_y(图 2-10)

$$L_x=x'_e-x'_0 \tag{2-6}$$

$$L_y=y'_e-y'_0 \tag{2-7}$$

式中　x'_e、y'_e——刀补后直线段终点坐标值；

x'_0、y'_0——刀补后直线段起点坐标值。

接着计算直线段的方向余弦

$$\cos\alpha=\frac{L_x}{L} \tag{2-8}$$

$$\cos\beta=\frac{L_y}{L} \tag{2-9}$$

一个插补周期的步长为

$$\Delta L=\frac{1}{60}F\Delta t \tag{2-10}$$

式中　F——编程给出的合成速度，mm/min；

Δt——插补周期，ms；

ΔL——每个插补周期小直线段的长度，μm。

各坐标轴在一个采样周期中的运动步长为

$$\Delta x = \Delta L\cos\alpha = \frac{F\cos\alpha\Delta t}{60} \tag{2-11}$$

$$\Delta y = \Delta L\sin\alpha = \frac{F\sin\alpha\Delta t}{60} \tag{2-12}$$

或

$$\Delta y = \Delta L\cos\beta = \frac{F\cos\beta\Delta t}{60} \tag{2-13}$$

② 圆弧插补。因采用的插补原理不同，插补算法不同，将算法步骤分配在速度计算中还是插补计算中也不相同。图 2-11 中，坐标轴在一个采样周期内的步长为

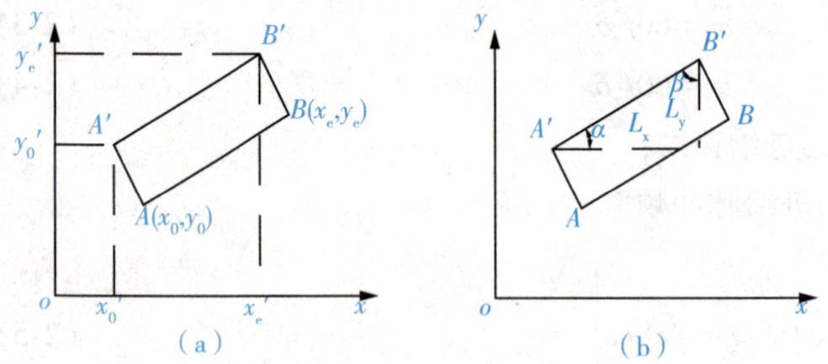

图 2-10 速度处理

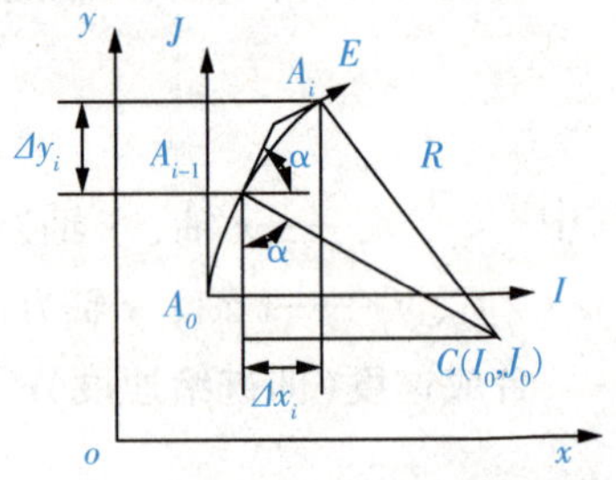

图 2-11 速度计算

$$\Delta x_i = F\cos\alpha_i\Delta t/60 = \frac{F\Delta tJ_{i-1}}{60R} = \lambda_d J_{i-1} \tag{2-14}$$

$$\Delta y_i = F\sin\alpha_i\Delta t/60 = \frac{F\Delta tI_{i-1}}{60R} = \lambda_d I_{i-1} \tag{2-15}$$

式中 R——圆弧半径，mm；

I_{i-1}、J_{i-1}——圆心相对于第 i-1 点的坐标；

α_i——第 i 点和第 i-1 点连线与 x 轴的夹角(即圆弧上某点切线方向、进给速度方向与 x 轴夹角)；

λ_d——步长分配系数(也叫速度系数)，它与圆弧上一点的 I、J 值的乘积，可以确定下一插补周期的进给步长。

λ_d 还可表示为

$$\lambda_d = \frac{1}{60}F_{RN}\Delta t \tag{2-16}$$

$$F_{RN} = \frac{F}{R} \tag{2-17}$$

式中 F_{RN}——进给速率表示的速度代码，直线插补时，$F_{RN} = \frac{F}{L}$。

2. 进给速度控制

进给速度与加工精度、表面粗糙度和生产率有密切关系，要求进给速度稳定，有

一定的调速范围。在CNC装置中，可用软件或软件与接口硬件配合来实现进给速度控制，常用的方法有程序计时法、时钟中断法等。

(1)程序计时法。程序计时法又称为程序延时法，先根据系统要求的进给频率，计算出两次插补运算之间的时间间隔，用CPU执行延时子程序的方法控制两次插补之间的时间。改变延时子程序的循环次数，即可改变进给速度。

(2)时钟中断法。时钟中断法是指每隔规定的时间向CPU发出中断请求，在中断服务程序中进行一次插补运算并发出一个进给脉冲。因此改变中断请求信号的频率，就等于改变了进给速度。中断请求信号可通过F指令设定的脉冲信号产生，也可通过可编程计数器或定时器产生。如采用Z80CTC作定时器，由程序设置时间常数，每到定时就向CPU发中断请求信号，改变时间常数T就可以改变中断请求脉冲信号的频率。所以，进给速度计算与控制的关键就是如何给定CTC的时间常数。

3. 数据采样系统的CNC装置加减速控制

在CNC装置中，为了保证机床在启动或停止时不产生冲击、失步、超程或振荡，必须对进给电机进行加减速控制。加减速控制多采用软件实现，这样给系统带来很大的灵活性。加减速控制可以在插补前进行，也可以在插补后进行。在插补前进行的加减速控制称为前加减速控制；在插补后进行的加减速控制称为后加减速控制。

前加减速控制是对合成速度——编程指令速度F进行控制，所以它的优点是不影响实际插补输出的位置精度。前加减速控制的缺点是需要预测减速点，而这个减速点要根据实际刀具位置与程序段终点之间的距离来确定，这种预测工作需要完成的计算量较大。

后加减速控制是对各运动轴分别进行加减速控制，不需要预测减速点，在插补输出为零时开始减速，并通过一定的时间延迟逐渐靠近程序段终点。后加减速控制的缺点是，由于它对各运动坐标轴分别进行控制，实际的各坐标轴的合成位置就可能不准确。但这种影响仅在加减速过程中才会存在，当系统进入匀速状态时，这种影响就不存在了。

(1)前加减速控制

进行前加减速控制，首先要计算出稳定速度和瞬时速度。所谓稳定速度，就是系统处于稳定进给状态时，每插补一次(一个插补周期)的进给量。在数据采样系统中，零件加工程序段中速度命令(或快速进给)的F值(mm/min)需要转换成每个插补周期的进给量。另外，为了调速方便，设置了快速和切削进给两种倍率开关。稳定速度的计算公式如下

$$v_g = \frac{TKF}{60 \times 100} \tag{2-18}$$

式中 v_g——稳定速度，mm/min；

T——插补周期，ms；

F——编程指令速度，mm/min；

K——速度系数，包括快速倍率、切削进给倍率等。

稳定速度计算完之后，进行速度限制检查，如果稳定速度超过由参数设定的最高速度，则取限制的最高速度为稳定速度。

瞬时速度，即系统在每个插补周期的进给量。当系统处于稳定进给状态时，瞬时速度 $v_i=v_g$；当系统处于加速(或减速)状态时，$v_i>v_g$(或 $v_i<v_g$)。

① 线性加减速处理。当机床启动、停止或在切削加工中改变进给速度时，系统自动进行加减速处理，常用的有指数加减速、线性加减速和钟形加减速等。现以线性加减速为例说明其计算方法。

加减速率分为快速进给和切削进给两种，它们必须由机床参数预先设定好。设进给速度为 F(mm/min)，加速到 F 所需要的时间为 t(ms)，则加减速度 a 可按下式计算

$$a=1.67\times10^{-2}\,\frac{F}{t} \tag{2-19}$$

加速时，系统每插补一次都要进行稳定速度、瞬时速度和加减速处理。当计算出的稳定速度 v_g 大于原来的稳定速度 v_g 时，则要加速。每加速一次，瞬时速率为

$$v_{i+1}=v_i+aT \tag{2-20}$$

新的瞬时速度 v_{i+1} 参加插补计算，对各坐标轴进行分配。图 2-12 为加速处理框图。

减速时，系统每进行一次插补计算，都要进行终点判别，计算出离开终点的瞬时距离 S_i，并根据本程序的减速标志，检查是否已到达减速区域 S，若已到达则开始减速。当稳定速度 v_g 和设定的加减速度 a 确定后，减速区域 S 可由下式求得

$$S=\frac{v_g^2}{2a} \tag{2-21}$$

若本程序段要减速，其 $S_i\leqslant S$，则设置减速状态标志，开始减速处理。每减速一次，瞬时速度为

$$v_{i+1}=v_i-aT$$

新的瞬时速度 v_{i+1} 参加插补运算，对各坐标轴进行分配。一直减速到新的稳定速度或减速到 0。若要提前一段距离开始减速，将提前量 ΔS 作为参数预先设置好，由下式计算

$$S=\frac{v_g^2}{2a}+\Delta S \tag{2-22}$$

图 2-13 为减速处理框图。

② 终点判别处理。在每次插补运算结束后，系统都要根据求出的各轴的插补进给量来计算刀具中心离开本程序段终点的距离 S_i，然后进行终点判别。在即将到达终点时，设置相应的标志。若本程序段要减速，则还需要检查是否已到达减速区域并开始减速。

直线插补时 S_i 的计算应用公式如下

$$x_i=x_{i-1}+\Delta x \tag{2-23}$$

$$y_i = y_{i-1} + \Delta y \tag{2-24}$$

计算其各坐标分量值，取其长轴(如 x 轴)，则瞬时点 A 离终点 P 的距离 S_i 为

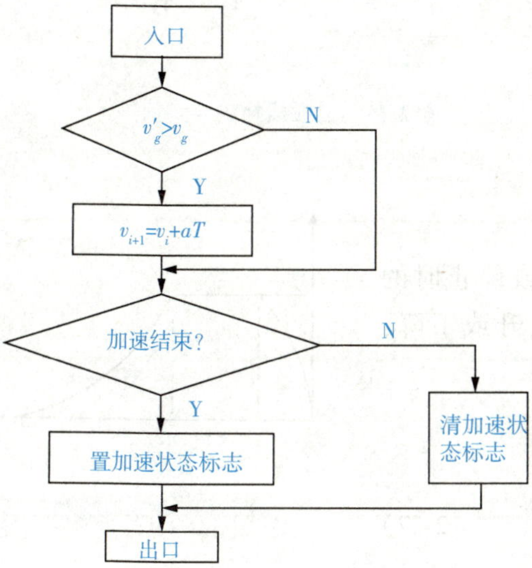

图 2-12　加速处理框图

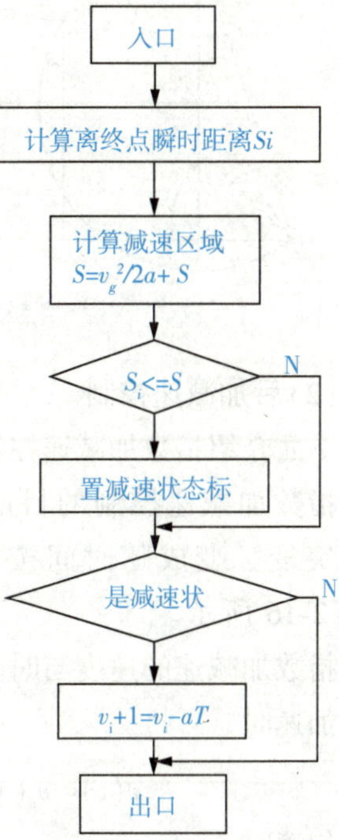

图 2-13　减速处理框图

$$S_i = |x - x_i| \cdot \frac{1}{\cos\alpha} \tag{2-25}$$

式中　α——x 轴(长轴)与直线的夹角，如图 2-14 所示。

圆弧插补时，S_i 的计算分圆弧所对应圆心角小于 π 和大于 π 两种情况。

小于 π 时，瞬时点离圆弧终点的直线距离越来越小，如图 2-15(a)所示。$A(x, y)$为顺圆插补时圆弧上某一瞬时点，$P(x, y)$为圆弧的终点；AM 为 A 点在 x 方向上离终点的距离，$|AM| = |x - x_i|$；MP 为 A 点在 y 方向上离终点的距离，$|MP| = |y - y_i|$，$|AP| = S_i$。以 MP 为基准，则 A 点离终点的距离为

$$S_i = |MP| \cdot \frac{1}{\cos\alpha} = |y - y_i| \cdot \frac{1}{\cos\alpha} \tag{2-26}$$

大于 π 时，设 A 点为圆弧 AD 的起点，B 点为离终点的弧长所对应的圆心角等于 π 时的分界点，C 点为插补到离终点的弧长所对应的圆心角小于 π 的某一瞬时点，如图 2-15(b)所示。显然，此时瞬时点离圆弧终点的距离 S_i 的变化规律是：当从圆弧起点 A 开始插补到 B 点时，S_i 越来越大，直到 S_i 等于直径；当插补越过分界点 B 后，S_i 越来越小，与图 2-15(a)的情况相同。为此，计算 S_i 时首先要判别 S_i 的变化趋势。S_i 若是变大，则不进行终点判别处理，直到越过分界点；若 S_i 变小，再进行终点判别处理。

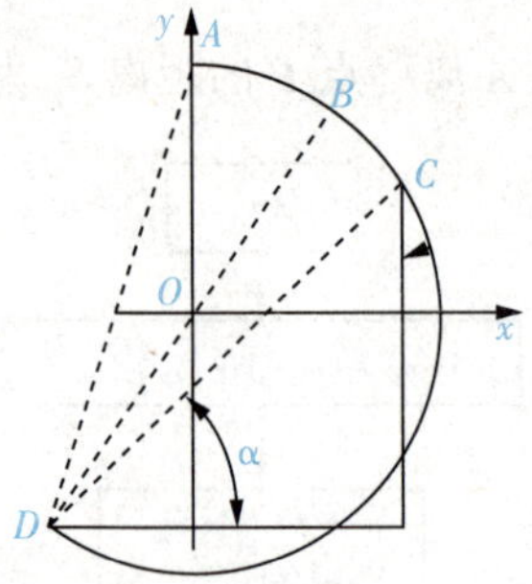

图 2-14　直线插补终点判别

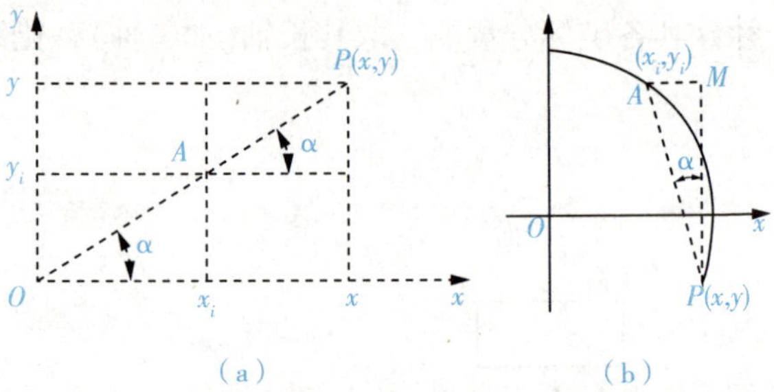

图 2-15　圆弧插补终点判别

(2)后加减速控制

下面介绍指数加减速控制算法。

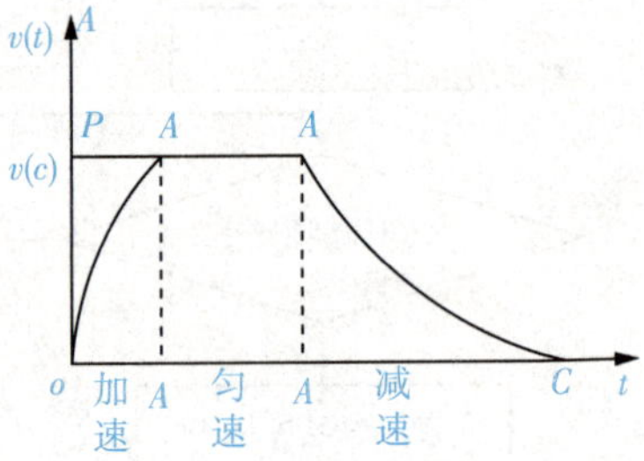

图 2-16　指数加减速

指数加减速控制的目的是将启动或停止时的速度突变，变成随时间按指数规律上升或下降，如图 2-16 所示。

指数加减速的速度与时间的关系为

加速时

$$v(t)=v_c(1-e^{\frac{-1}{T}}) \quad (2\text{-}27)$$

匀速时

$$v(t)=v_c \quad (2\text{-}28)$$

减速时

$$v(t)=v_c e^{\frac{-1}{T}} \quad (2\text{-}29)$$

式中　T——时间常数；

v_c——稳定速度。

图 2-17 为指数加减速控制算法的原理。其中 Δt 表示采样周期，它在算法中的作用是对加减速运算进行控制，即对每个采样周期进行一次加减运算。误差寄存器 E 的作用是对每个采样周期的输入速度 v 与输出速度 v_c 之差(v_c-v)进行累加；累加结果一方面保存在误差寄存器中，另一方面与 $1/T$ 相乘，乘积作为当前采样周期加减速控制的输出 v_0，同时 v 又反馈到输入端，准备下一个采样周期重复以上过程。上述过程可以用迭代公式来实现

$$E_i=\sum_{k=0}^{i=1}(v_c-v_k)\Delta t \quad (2\text{-}30)$$

$$v_i=E_i\frac{1}{T} \quad (2\text{-}31)$$

式中　迭代初值 v_0、E 为 0。

E_i——第 i 个采样周期误差寄存器中的值；

V_i——第 i 个采样周期误差寄存器中输出速度值。

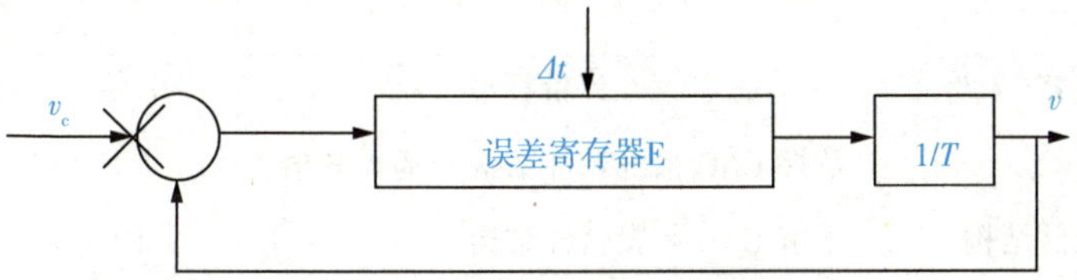

图 2-17　指数加减速控制算法的原理

2.3.4　插补程序、位置控制和故障诊断

1. 插补程序

插补程序是实时性很强的程序，它的任务是在轮廓轨迹经过刀补处理，得到已知起点和终点的刀具中心轨迹曲线上进行“数据点的密化”。插补程序在每个插补周期运行一次，在每个插补周期内，根据进给速度计算的微小直线段，算出一个微小直线的各坐标分量 Δx 和 Δy。经过若干个插补周期，可以计算出从起点到终点之间的若干个微小直线数据段(Δx_1，Δy_1)，(Δx_2，Δy_2)，…，(Δx_n，Δy_n)，每个插补周期所计算出的微小直线数据段都足够小，与逼近轮廓的误差在允许范围内，以保证轨迹的精度。

2. 位置控制

位置控制处在伺服系统的位置环上，如图 2-18 所示。这部分工作可以由软件来完成，也可以由硬件完成。位置控制软件主要任务是在每个采样周期内，将插补计算出的理论位置与实际反馈位置相比较，用其差值去控制电机。在位置控制中，通常还要完成位置回路的增益调整、各坐标方向的螺距误差补偿和反向间隙补偿，以提高机床的定位精度。

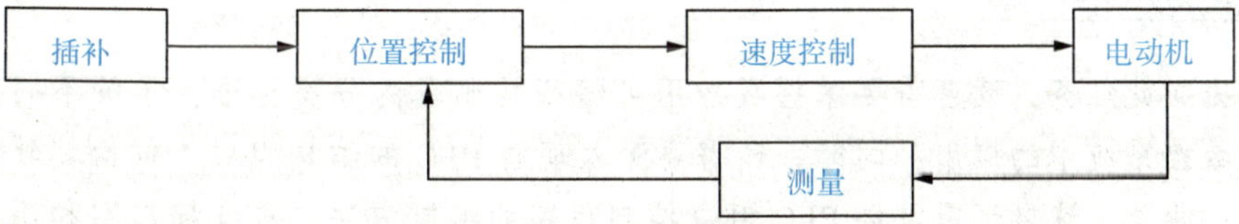

图 2-18　位置控制

3. 故障诊断

CNC 装置的故障诊断利用装置中的计算机进行，通过软件来实现。诊断程序可以包含在系统程序中，在系统运行过程中进行检查和诊断；也可以作为服务性程序，在系统运行前或故障停机后进行诊断，查找故障部位；还可以通信诊断，由通信诊断中心运行诊断程序，指示操作者进行某些试运行从而进行诊断。

任务评价

评价内容	评价标准	分值	自评	师评
概述	掌握 CNC 系统软件结构的基本概念	10		
CNC 装置软件结构	了解 CNC 装置软件结构	10		
速度计算和加减速控制	掌握速度计算和加减速控制的方法	30		
	熟悉速度计算和加减速控制的基本原理	25		
插补程序、位置控制和故障诊断	了解插补程序、位置控制和故障诊断的基本流程	25		
总分		100		

任务 4　数控用可编程控制器

任务描述

本任务旨在全面介绍数控用可编程控制器(PLC)的类型、结构、用户控制程序的编制方法以及其工作过程和程序执行特点。

任务分析

要完成此任务，读者需要掌握数控用可编程控制器的分类标准，了解不同类型的 PLC 在数控系统中的应用；同时，还需要深入理解 PLC 的结构组成，包括其硬件和软件部分；此外，读者还需掌握 PLC 用户控制程序的编制方法，包括梯形图和语句表的使用；最后，了解 PLC 的工作过程和程序执行特点也是必不可少的，这将有助于读者更好地理解和应用 PLC。

任务重点与实施

数控用可编程控制器

随着技术的进步，PLC 在原来的基础上与先进的微机控制技术相结合而发展成一种崭新的工业控制器，其控制功能已远远超出逻辑控制的范畴，因而又被命名为可编程序控制器(programmable controller，PC)。但为了区别于个人计算机(personal computer，PC)，其简称仍沿用 PLC。

国际电工委员会(International Electrotechnical Commission，IEC)1987 年颁布的可编程控制器国际标准草案，对 PLC 定义如下：“可编程控制器是一种专为在工业环境下应用而设计的数字运算操作的电子系统。它采用可编程序的存储器，用来在其内部存储执行逻辑运算、顺序控制、定时、计数和算术运算等操作的指令，并通过数字式、模拟式的输入和输出，控制各种类型的机械设备和生产过程，可编程控制器及其有关设备，都应按易于与工业控制系统连成一个整体，易于扩充其功能的原则设计。”

2.4.1　可编程控制器的类型

可编程控制器按其 I/O 接点数的多少、存储器容量的大小、指令多少及其功能的强弱，大致可分为微、小、中、大等几类。

所谓大小的界限是相对的，不同的时期划分的标准也会有所不同。按数控机床 CNC 系统中所用的结构，PLC 又分为内装型和独立型两类。

1. 按 I/O 总点数分类

(1)微型 PLC。I/O 总点数为 20 ~ 128 点。

(2)小型 PLC。I/O 总点数为 128 ~ 512 点。

(3)中型 PLC。I/O 总点数为 512 ~ 1 024 点。

(4)大型 PLC。I/O 总点数为 1 025 ~ 8 192 点。

(5)超大型 PLC。I/O 总点数大于 8 192 点。

2. 按机床 CNC 系统中所用 PLC 的结构分类

(1)内装型 PLC。内装型 PLC 是指 PLC 包含在 CNC 系统中，它从属于 CNC 系统，与其装于一体，成为集成化不可分割的一部分。内装型 PLC 与一般的工业控制 PLC 相比，有其特殊之处。因此，在数控机床的研究开发和生产中，又作为一个独立的分支。内装型 PLC 的特点有以下 4 个方面。

① 内装型 PLC 与 CNC 的其他电路同装在一个机箱内，共同使用一个电源和地线，有时采用一块单独的附加印制电路板，有时与 CNC 同时制作在一块大印制电路板上，其所用的 CPU 也有自己单独占有或与 CNC 共用两种形式。

② 内装型 PLC 对外没有单独配置的输入/输出电路，使用 CNC 系统的输入/输出电路。

③ 内装型 PLC 的性能指标是依赖于所从属的 CNC 系统的性能、规格来确定的，它的硬件和软件要与 CNC 系统的其他功能统一考虑、统一设计，要求结构紧凑，对所适配的数控机床适应性强，以提高可靠性和可操作性。

④ 采用内装型 PLC 扩大了 CNC 内部直接处理的通信窗口功能，可以使用梯形图编辑和传送等高级控制功能，且造价便宜，提高了 CNC 系统的性能价格比。

很多国家采用内装型 PLC 的数控系统，内装型 PLC 与 CNC 机床的关系如图 2-19 所示。

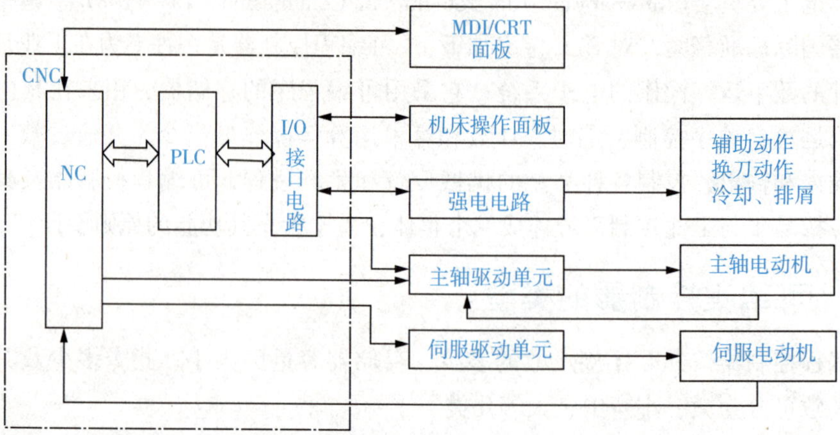

图 2-19　内装型 PLC 与 CNC 机床的关系

(2)独立型 PLC。机床用独立型 PLC，一般采用模块化结构，装在插板式笼箱内。它的 CPU、系统程序、用户程序、输入/输出电路、通信等均设计成独立的模块。

独立型 PLC 主要用于 FMS、CIMS 形式中的 CNC 机床，具有较强的数据处理、通信和诊断功能，成为 CNC 与上级计算机联网的重要设备。独立型 PLC 与 CNC 机床的关系如图 2-20 所示。

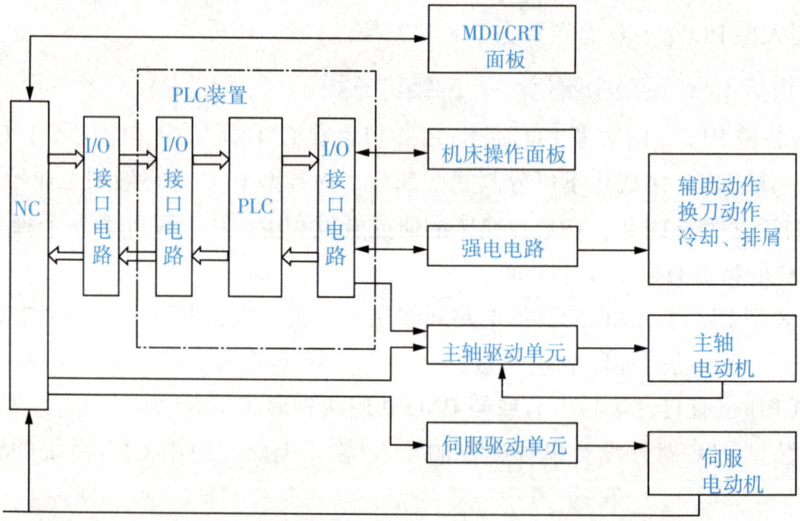

图 2-20　独立型 PLC 与 CNC 机床的关系

2.4.2　可编程控制器的结构

图 2-21 为通用的 PLC 结构框图，主要由 CPU、内存 RAM 和系统程序存储器 EPROM、用户程序存储器 EPROM、输入/输出模块及电源等组成，其各部分均采用总线结构连接。

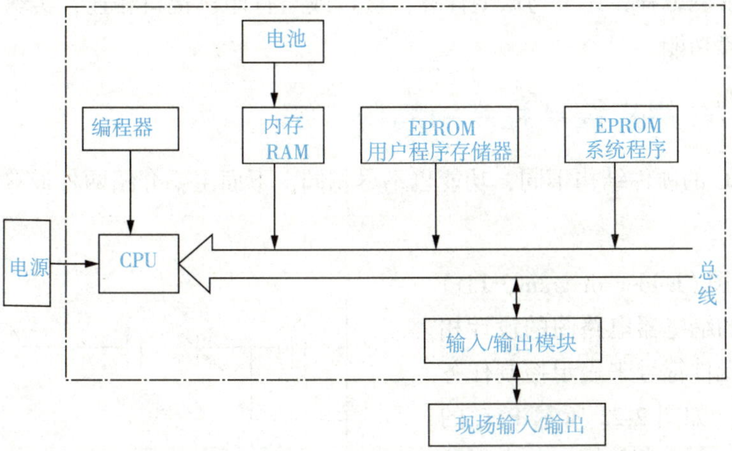

图 2-21　通用的 PLC 结构框图

（1）CPU。CPU 是 PLC 的控制核心，它按系统程序赋予的功能，接收并存储从编程器输入的用户程序和数据，用扫描方式查询现场输入装置的各种信号状态或数据，并存入输入状态寄存器或数据寄存器中。在诊断了电源、PLC 内部电路及编程语句无误后，PLC 进入运行状态。CPU 作为指挥中枢，控制 PLC 内部各功能部件，完成用户程序所规定的各种控制任务，再经输出状态寄存器或数据寄存器实现输出控制、数据通信等。

（2）存储器。PLC 存储器一般有随机存储器（random access memory，RAM）和只读存储器 ROM 两种类型。在 RAM 存储器内，主要存放 PLC 的参数设定值、定时器/计数器设定值数据表的数据、保持存储器的数据以及必须保存的输入/输出状态。PLC 的只读存储器采用 EPROM，用来存放 PLC 的系统程序和用户程序。系统程序主要有检查程序、键盘输入处理程序、编译程序、信息程序、信息传递程序及监控程序等，由 PLC 制造商固化到 EPROM 中。用户程序是指 PLC 用户（如数控机床制造厂）对被控对象（数控机床）的各种动作顺序和逻辑控制要求。它按规定指令编制控制程序，经现场调试确认各项动作都符合，由用户固化到 EPROM 中。

（3）输入/输出模块。输入/输出模块是 PLC 与现场 I/O 装置或其他外部设备的连接部件。常见的现场输入信号是各种开关、按钮等的开关量信号或各种传感器输出的开关量或模拟量信号。这些信号经接口电路接入 PLC 后，还要经过抗强电干扰的光电耦合、消抖动回路、滤波电路才能送到 PLC 输入数据寄存器。PLC 的输出形式通常有继电器、双向晶闸管和晶体管 3 种，因此提供了各种操作电子、驱动能力以及不同功能的 I/O 模块供用户选用。

（4）编程器。编程器是 PLC 的主要附件。用户程序的编辑、调试、监视、修改及输入 PLC 都经过编程器来实现，同时可通过编程器键盘调用和显示 PLC 的内部状态和参数。简易编程器只能将其与 PLC 接口进行在线编程，而智能图形编程器可在线也可脱线编程。后者有许多不同的应用程序软件包，功能齐全适应的编程语言也较多，并可直接用梯形图编程，还可与微型计算机接口或与打印机接口相连，实现程序的存储、打印、通信等功能。

2.4.3 PLC 用户控制程序的编制方法

由于 PLC 的硬件结构不同，功能也不尽相同，下面主要介绍两种最常用的编程法。

1. 梯形图

用梯形图（ladder diagram，LD）编程与传统的继电器电路图的设计相似，用电路元件符号来表示控制任务直观易理解。如图 2-22 所示 PLC 的接点梯形图由表示常开接点、常闭接点和继电器线圈的相应符号及地址构成，它们按一定的逻辑关系组成了一个顺序控制程序。

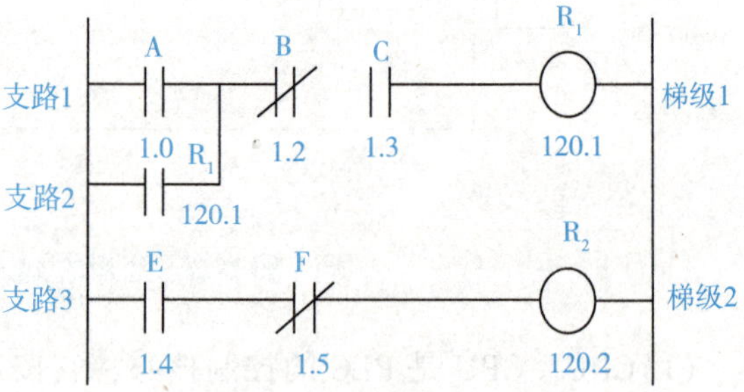

图 2-22　PLC 的接点梯形图

2. 语句表

语句表也称指令表（instruction list，IL）。用指令语句编程时，要理解每条指令的功能和用法。每一个语句含有一个操作码和一个操作数部分。操作码表示要执行的功能类型，操作数表示到哪里去操作。

2.4.4 PLC 的工作过程和程序执行特点

PLC 的基本工作方式是对用户程序的循环扫描并顺序执行。循环扫描与顺序执行是指 PLC 接通电源，CPU 就对用户存储器的程序进行扫描，即从第一条用户程序开始顺序执行，直到用户程序的最后一条，形成一个扫描周期，周而复始。用梯形图形象地说就是从上至下，从左至右，逐行扫描执行梯形图所描述的逻辑功能。每扫描一个周期，CPU 进行输入点状态采用户程序逻辑解算、相应输出状态的更新和 I/O 执行。当有编程器接入 PLC 时，CPU 还要对编程器的在线输入信号进行响应，并更新显示。CPU 还要对自身的硬件进行快速自检，并对监视扫描用的定时器进行复位。完成自检后，CPU 又从首地址重新开始扫描运行。

PLC 对用户程序的扫描执行过程可分为 3 个阶段，即输入采样、程序执行和输出刷新。输入采样阶段是以扫描方式，顺序读取所有输入端的开关状态，并存入映像寄存器中。接着转入程序执行阶段，即按梯形图逻辑从左至右，从上至下，对每条指令进行扫描，并从输入映像区读入相应输入状态，进行逻辑运算，运算结果送入输出映像寄存器。当指令全部执行完毕，即新状态。此时，CPU 将输出映像寄存器的状态转至输出锁存电路，再驱动相应的输出继电器线圈接通或断开，实现了对外界执行元件的控制。

任务评价

评价内容	评价标准	分值	自评	师评
可编程控制器的类型	了解数控技术中 PLC 的分类	10		
可编程控制器的结构	掌握 PLC 的结构组成，包括硬件和软件	20		
	能够根据实际需求选择合适的 PLC 结构	30		
PLC 用户控制程序的编制方法	了解梯形图和语句表的基本使用	20		
PLC 的工作过程和程序执行特点	了解 PLC 的工作流程及其程序执行特点	20		
总分		100		

任务 5　开放式数控系统的结构与特点

任务描述

本任务的核心目标是全面且深入地介绍开放式数控系统的主要特点和应用。其中开放式数控系统作为现代制造业中的重要组成部分，其灵活性和可扩展性对于提高生产效率、降低成本以及适应多样化加工需求具有重要意义。

任务分析

要完成此任务，读者首先需要掌握开放式数控系统的主要特点，如软件化内核带来的柔性和开放性、现场总线技术在数控系统与驱动及数字 I/O 连接中的应用，以及网络化对数控系统提出的必然要求。

任务重点与实施

传统的数控系统采用专用计算机系统，软硬件对用户都是封闭的，主要存在以下问题。

(1)由于传统数控系统的封闭性，各数控系统生产商的产品软硬件不兼容，使得用户投资安全性受到威胁，购买成本和产品生命周期内的使用成本高。同时专用控制器的软硬件的主流技术远远地落后于PC技术，系统无法“借用”日新月异的PC技术升级。

(2)系统功能固定，不能充分反映机床制造厂的生产经验，不具备某些机床或工艺特征需要的性能，用户无法对系统进行重新定义和扩展，也很难满足最终用户的特殊要求。作为机床生产厂都希望生产的数控机床有自己的特色以区别于竞争对手的产品，以利于在激烈的市场竞争中占有一席之地，而传统的数控系统是做不到的。

(3)传统数控系统缺乏统一有效和高速的通道与其他控制设备和网络设备进行互联，信息被锁在“黑匣子”中，每一台设备都成为自动化的“孤岛”，对企业的网络化和信息化发展是一个障碍。

(4)传统数控系统人机界面不灵活，系统的培训和维护费用昂贵。许多厂家花巨资购买高档数控设备，面对几本甚至十几本沉甸甸的技术资料不知从何下手。由于缺乏使用和维护知识，购买的设备不能充分发挥其作用，一旦出现故障，面对“黑匣子”束手无措，维修费用十分昂贵。有的设备由于不能正确使用以至于长期处于瘫痪状态，花巨资购买的设备非但不能发挥作用反而成了企业的沉重包袱。

在计算机技术飞速发展的今天，商业和办公自动化的软硬件系统开放性已经非常完善，如果计算机的任何软硬件出了故障，都可以很快从市场上买到并加以解决，而这在传统封闭式数控系统中是做不到的。为克服传统数控系统的缺点，数控系统正朝着开放式数控系统的方向发展，目前其主要形式是基于PC的NC，即在PC的总线上插上具有NC功能的运动控制卡完成实时性要求高的NC内核功能，或者利用NC与PC通信改善PC的界面和其他功能。这种形式的数控系统的开放性、功能、购买和使用总成本，以及人机界面等方面较传统数控有很大的改善，但它还包含有专用硬件，扩展不方便。国内外现阶段开发的开放式数控系统大都是这种结构形式的。这种PC化的NC还有专有化硬件，因此还不是严格意义上的开放式数控系统。

开放式数控系统是制造技术领域的革命性飞跃，其硬件、软件和总线规范都是对外开放的，由于有充足的软、硬件资源可被利用，系统软硬件可随着PC技术的发展而升级，不但使数控系统制造商和用户进行的系统集成得到有力的支持，而且针对用户的二次开发也带来方便，促进了数控系统多档次、多品种的开发和广泛应用，既可通过升档或裁剪构成各种档次的数控系统，又可通过扩展构成不同类型的数控系统，开发周期大大缩短。

2000年，国家经贸委和机械工业局组织进行“新一代开放式数控系统平台”的研究开发。2001年6月完成了在OSACA的基础上编制《开放式数控系统技术规范》，建立了开放式数控系统软、硬件平台，并通过了国家级验收。此外还有一些学校、企业也在进行开放式数控系统的研究开发。

2.5.1 开放式数控系统所具有的主要特点

1. 软件化数控系统内核扩展了数控系统的柔性和开放性，降低了系统成本

随着计算机性能的提高和实时操作系统的应用，软件化 NC 内核将被广泛接受。它使数控系统具有更大的柔性和开放性，方便系统的重构和扩展，降低系统的成本。数控系统的运动控制内核要求有很高的实时性(伺服更新和插补周期为几十微秒到几百微秒)，其实时性实现有两种方法：硬件实时和软件实时。

(1)在硬件实时实现上，早期 DOS 系统可直接对硬中断进行编程来实现实时性，通常采用在 PC 上插 NC I/O 卡或运动控制卡。由于 DOS 是单任务操作系统非图形界面，因此在 DOS 下开发的数控系统功能有限、界面一般、网络功能弱、有专有硬件，只能算是基于 PC 化的 NC，不能算是真正的开放式数控系统，如华中 I 型，航天 CAS-NUC901 系列，四开 SKY 系列等。Windows 系统推出后，由于其不是实时系统，要达到 NC 的实时性，只有采用多处理器，常见的方式是在 PC 上插一块基于 DSP 处理器的运动控制卡，NC 内核实时功能由运动控制卡实现，称为 PC 与 NC 的融合。这种方式给 NC 功能带来了较大的开放性，通过 Windows 的 GUI 可实现友好的人机界面，但是运动控制卡仍属于专有硬件，各生产商产品不兼容增加成本(1 ~2 万元)，且 Windows 系统工作不稳定，不适合于工业应用(WindowsNT 工作较稳定)。目前大多宣称为开放式的数控系统属于这一类，如功能非常强大的 MAZAK 的 Mazatrol Fusion 640、美国的 A2100、Advantage 600、华中 HNC-2000 数控系统等。

(2)在软件实时实现上，只需一个 CPU，系统简单成本低，但必须有一个实时操作系统。实时系统根据其响应时间可分为硬实时(hard real time，小于 100 ms)，严格实时(firm real time，小于 1 ms)和软实时(soft real time，毫秒级)，数控系统内核要求硬实时。现有两种方式：一种是采用单独实时操作系统如 QNX、Lynx、VxWorks 和 Windows CE 等，这类实时操作系统比较小，对硬件的要求低，但其功能相对 Windows 等较弱，如美国 Clesmen 大学采用 QNX 研究的 Qmotor 系统；另一种是在标准的商用操作系统上加上实时内核，如 Windows NT 加 VenturCOM 公司的 RTX、Linux 加 RTLinux 等，这种组合形式既满足了实时性要求，又具有商用系统的强大功能。Linux 系统具有丰富的应用软件和开发工具，便于与其他系统实现通讯和数据共享，可靠性比 Windows 系统高，Linux 系统可以 3 年不关机，这在工业控制中是至关重要的。目前制造系统在 Windows 下的应用软件比较多，为解决 Windows 应用软件的使用，可以通过网络连接前端 PC 扩展运行 Windows 应用软件，既保证了系统的可靠性又做到了已有软件资源的应用。WindowsNT+RTX 组合的应用较成功的有美国的 OpenCNC 和德国的 PA 公司(自己开发的实时内核)，这两家公司均有产品推出，另外德国 SIEMENS 公司的 SINUMERIK 840Di 也是一种采用 NT 操作系统的单 CPU 的软件化数控系统。Linux 和 RTLinux 是源代码开放的免费操作系统发展迅猛。

2. 数控系统与驱动和数字 I/O(PLC 的 I/O)连接的发展方向是现场总线

传统数控系统驱动和 PLC I/O 与控制器是直接相连的，一个伺服电动机至少有 11 根线，当轴数和I/O 点较多时布线相当多。由于线长有限(一般为 3 ~5 m)，不易扩展，可靠性低，维护困难，特别是采用软件化数控内核后通常只有一个 CPU，出于可靠性考虑，控制器一般在操作面板端，离控制箱(放置驱动器等)不能太远，这给工程实现带来困难，所以一般 PC 数控系统多采用一体化机箱，但又不为机床生产厂和用户所接受。而现场总线用一根通信线或光纤将所有的驱动和 I/O 级连起来，传送各种信号，以实现对伺服驱动的智能化控制。这种方式连线少、可靠性高、扩展方便、易维护、易于实现重配置，是数控系统的发展方向。

现在数控系统中采用的现场总线标准有 PROFIBUS(传输速率 12 Mbps)，如 Siemens 802D 等；光纤现场总线 SERCOS(最高为 16 Mbps，但目前大多系统为 4 Mbps)，如 Indramat System 2000 和北京机电院的 CH-2010/S；CAN 现场总线，如华中数控和南京的四开系统等。北京和利时公司也研究了 SERCOS 接口的演示系统但目前基于 SERCOS 和 PROFIBUS 的数控系统都比较贵。而 CAN 总线传输速率慢，最大传输速率为 1 Mbps 时，传输距离为 40 m。

3. 网络化是基于网络技术的 E-Manufacturing 对数控系统的必然要求

传统数控系统缺乏统一、有效和高速的通道，与其他控制设备和网络设备互联，信息被锁在“黑匣子”中，每一台设备都成为自动化的“孤岛”，对企业的网络化和信息化发展是一个障碍。CNC 机床作为制造自动化的底层基础设备，应该能够双向高速地传送信息，实现加工信息的共享、远程监控、远程诊断和网络制造，基于标准 PC 的开放式数控系统可利用 Internet 技术实现强大的网络功能，实现控制网络与数据网络的融合，实现网络化生产信息和管理信息的集成以及加工过程监控、远程制造、系统的远程诊断和升级；在网络协议方面，制造自动化协议(manufacturing automation protocol，MAP)，由于其标准包含内容太广泛，应用层未定义，难以开发硬件和软件，每个站需有专门的 MAP 硬件，价格昂贵，缺乏广泛的支持而逐渐淡出市场。现在广为大家接受的是 TCP/IP 协议，美国 HAAS 公司的 Creative Control Group 将这一 Internet 的数控网络称为直接计算机数控网络(direct cnc networking，DCN)。数控系统网络功能方面，日本 MAZAKA 公司的 Mazatrol Fusion 640 系统有很强的网络功能，可实现远程数据传输、管理和设备故障诊断等。

2.5.2 开放式结构数控系统应用

1. 系统组成

开放式结构数控系统是一个基于标准 PC 硬件平台和 Linux 与 RTLinux 结合的软件平台之上，设备驱动层采用现场总线互联、与外部网络或 Intranet 采用 Internet 联接，形成一个可重构配置的纯软件化结合多媒体和网络技术的高档开放式结构数控系统平台。

该平台数控系统运行于没有运动控制卡的标准 PC 硬件平台上，软件平台采用 Linux 和 RTLinux 结合，一些时间性要求严格的任务，如运动规划、加减速控制、插补、现场总线通信、PLC 等由 RTLinux 实现，而其他一些时间性不强的任务在 Linux 中实现。

基于标准 PC 的控制器与驱动设备和外围 I/O 的连接采用磁隔离的高速 RS-422 标准现场总线，该总线每通道的通信速率为 12 Mbps 时，采用普通双绞线通信距离可达 100 m。主机端为 PCI 总线卡，有 4 个通道(实际只用两个通道：一个通道连接机床操作面板，另一个通道连接设备及 I/O)，设备端接口通过 DSP 芯片转换成标准的电动机控制信号。每个通道的控制节点可达 32 个，每个节点可控制一根轴(通过通信协议中的广播同步信号使各轴间实现同步联动)或一组模拟接口(测量接口，系统监控传感器接口等)或一组 PLC I/O(最多可达 256 点)，PLC 的总点数可达 2 048 点。

2. 系统主要特点

(1)控制器具有动态地自动识别系统接口卡的功能，系统可重新配置以满足不同加工工艺的机床和设备的数控要求，驱动电动机可配数字伺服、模拟伺服和步进电动机。

(2)网络功能。通过 Internet(价格昂贵缺乏广泛的支持 MAP 协议)实现数控系统与车间网络或 Intranet/Internet 的互联，利用 TCP/IP 协议开放数控系统的内部数据，实现与生产管理系统和外部网络的高速双向数据交流。具有常规 DNC 功能(采用百兆网的速率比传统速率为 112 Kbps 的 232 接口 DNC 快将近 1 000 倍)、生产数据和机床操作数据的管理功能、远程故障诊断和监视功能。

(3)系统除具有标准的并口、串口(RS-232)、PS2(键盘、鼠标口)、USB 接口、Internet 接口外，还配有高速现场总线接口(RS-422)、PCMCIA IC Memory Card(Flash ATA)接口、红外无线接口(配刀具检测传感器)。

(4)显示屏幕采用 12.1 英寸 TFT-LCD。采用统一用户操作界面风格，通过水平和垂直两排共 18 个动态软按键满足不同加工工艺机床的操作要求，用户可通过配置工具对动态软按键进行定义。垂直软按键可根据水平软按键的功能选择而改变，垂直菜单可以多页。

(5)将多媒体技术应用于机床的操作、使用、培训和故障诊断，提高机床的易用性和易维护性，降低使用成本。多媒体技术提供使用操作帮助、在线教程、故障和机床维护向导。

(6)具有三维动态加工仿真功能，利用 OpenGL 技术提供三维加工仿真功能和加工过程刀具轨迹动态显示。

(7)具有 Nurbs 插补和 Look ahead 自适应功能，实现任意曲线、曲面的高速插补。输出电动机控制脉冲频率最高可达 4 MHz(采用直接数字合成 DDS IC 实现)，当分辨率为 0.1 μm 时快进速度可达 24 m/s(如有需要可输出更高的频率)，适合于高速、高精度加工。

(8)伺服更新可达 500 μs(控制 6 轴，PⅢ以上 CPU)，PLC 扫描时间小于 2 ms。

(9)PLC 编程符合国际电工委员会《可编程控角器—第 3 部分：编程语言》(DIE ENIEC61131—3)规范，提供梯形图和语句表编程。

(10)采用高可靠性的工控单板机(single board computer，SBC)，加强软硬件可靠性措施，保证数控系统的平均无故障时间(mean time between failure，MTBF)达到20 000 h。

(11)符合欧洲电磁兼容标准(Directive 89/336/EEC)4级要求。

(12)数控系统本身的价格(不包括伺服驱动和电动机)可为现有同功能的普及型和高档数控系统的1/2。

任务评价

评价内容	评价标准	分值	自评	师评
开放式数控系统所具有的主要特点	了解开放式数控系统所具有的主要特点	50		
开放式结构数控系统应用	了解开放式结构数控系统组成	20		
	了解开放式结构数控系统主要特点	30		
总分		100		

项目小结

本项目主要介绍了计算机数控系统的相关知识，首先介绍了CNC系统的组成、工作过程、硬件与软件结构；其次介绍了插补程序、位置控制和故障诊断；最后介绍了PLC在CNC系统中的应用。通过本项目学习，读者能利用所学知识为未来的制造业实践提供宝贵的指导和帮助。

项目习题

1. 简述CNC装置的工作过程。
2. CNC装置的单微处理机硬件结构由几种功能模块组成？其结构有什么特点？
3. CNC装置的多微处理机硬件结构由几种功能模块组成？其结构有什么特点？
4. CNC软件结构的特点是什么？CNC装置有哪几种中断类型？
5. CNC装置的软件由哪几部分组成？
6. CNC装置的软件结构类型有哪几种？
7. 简述可编程控制器PLC构成及特点。
8. PLC编程方法有哪几种？各有何特点？
9. 开放式结构数控系统的主要特点是什么？

项目3　数控技术轨迹控制原理

项目导读

轨迹控制是数控系统的主要任务之一，其核心工作是计算并输出加工轨迹中各个中间点的坐标值，确保这些中间点的坐标与理想轨迹的误差不超过机床的分辨率。通过轨迹控制，数控系统能够实现零件加工的高精度和高效性。本项目主要介绍数控技术轨迹控制原理，包括轨迹控制的概述、主要控制方法（逐点比较法、数字积分法、数据采样法）及数控技术补偿原理（刀具半径补偿、刀具长度补偿）。

学习目标

◆ 知识目标

- 熟悉逐点比较法、数字积分法和数据采样法三种主要的插补方法。
- 掌握刀具半径补偿和刀具长度补偿的原理及实现方法。

◆ 技能目标

- 能够根据加工轮廓的特征、刀具参数等要求，选择合适的插补方法进行计算。
- 能够根据加工要求，选择合适的补偿方法，并正确设置补偿参数。

◆ 素质目标

- 培养学生在数控加工领域中的创新思维和问题解决能力。
- 提高学生在数控系统操作和维护方面的技能水平。

思政目标

- 激发学生开拓创新精神，勇攀技术高峰，积极了解国家发展战略和行业需求。
- 在收获专业理论知识的同时，增强学生职业责任感，提高民族自豪感。

任务1 插补技术概述与分类

任务描述

本任务旨在全面介绍数控系统中的插补技术，包括逐点比较法、数字积分法和数据采样法三种主要的插补方法。

任务分析

要完成此任务，读者需要掌握数控系统的基础知识，深入理解逐点比较法、数字积分法和数据采样法的原理。同时，读者还需掌握插补过程中的象限处理和坐标变换等关键技术。

任务重点与实施

插补就是机床数控系统依照一定的方法确定刀具运动轨迹的过程。一般可以从加工零件图样上知道加工轮廓的有限坐标点(直线的起点和终点，圆弧的起点、终点、圆心和半径)。数控系统在输入这些有限坐标点的情况下，根据所要加工轮廓的特征、刀具参数、进给速度和进给方向等要求，运用一定的算法在轮廓的起点和终点之间计算出若干个中间点的坐标值，从而自动地对各坐标轴进行脉冲分配，完成整个轮廓的轨迹运行，这就是插补完成的任务。

机床数控系统中完成插补工作的装置叫插补器，有硬件插补器和软件插补器两种。硬件插补器由数字电路构成，运算速度快但灵活性差，用在早期的数控系统中。软件插补器利用微处理器通过编写程序就可完成不同的插补任务，结构简单、灵活易变，但运算速度较慢。现代数控系统大多采用软件或软、硬插补相结合的插补方法。尽管插补器结构不同，但插补的运算原理基本相同，其作用都是根据给定的信息进行数字计算，在计算过程中不断地向各个坐标发出相互协调的进给脉冲，使被控机械部件按指定的路线移动。

在对加工路径数据密化的过程中，由于每个中间点计算所需的时间直接影响系统的控制速度，并且每个插补中间点的计算精度又影响到整个系统的控制精度，所以插补算法对整个数控系统的性能指标至关重要，可以说插补是整个数控系统控制软件的核心。

直线和圆弧是构成工件轮廓的基本线条，因此大多数数控系统都具有直线和圆弧的插补功能。实际的零件轮廓线可能既不是直线也不是圆弧，这时必须对零件的轮廓线进行直线或圆弧的拟合，才能进行插补加工。在高档次的数控系统中还具有抛物线、螺旋线等插补功能。本任务只讨论直线和圆弧的插补算法。

经过多年的发展，插补原理不断成熟。根据插补所采用的原理和计算方法不同，形成不同的插补方法，目前应用的插补方法分为基准脉冲插补法和数据采样插补法两大类。

基准脉冲插补法又称为脉冲增量插补法或行程标量插补法。这类插补方法的特点是每次插补结束，数控装置向每个运动坐标输出基准脉冲序列，驱动各坐标轴的电动机运动。每个脉冲代表机床移动部件的最小位移，脉冲的频率代表移动部件的速度，而脉冲的数量代表机床部件的位移量。这种插补方法有逐点比较法、数字积分法、数字脉冲乘法器、比较积分法和最小偏差法等。

数据采样插补法又称数据增量插补法或时间标量插补法。这类插补方法的特点是插补输出的不是单个脉冲，而是标准二进制数。插补运算分两步进行：第一步为粗插补，它是在给定起点和终点的线段上插入若干点，即用若干条微小直线段来逼近给定线段，粗插补在每个插补周期中计算一次；第二步为精插补，它是在粗插补计算出的每一微小直线段上再做“数据点的密化”工作。一般将粗插补运算称为插补，用软件实现，而精插补可以用软件，也可以用硬件实现。数据采样插补法常用的有逐点比较法、扩展数字积分法、直线函数法、双数字积分法等。

3.1.1　逐点比较法

逐点比较法

逐点比较法的基本原理是在刀具按要求轨迹运动加工零件轮廓的过程中，不断比较刀具与被加工零件轮廓之间的相对位置，并根据比较结果决定下一步的进给方向，使刀具向减小偏差的方向进给。也就是说，每一步都要将加工点的瞬时坐标同规定的零件轮廓相比较，决定下一步的走向。如果加工点在零件轮廓里面，则下一步就要向轮廓外面走；如果加工点在零件轮廓外面，则下一步就要向轮廓里面走，这样就能加工出一个非常接近规定零件轮廓的轨迹，最大偏差不超过一个脉冲当量。

在逐点比较法中，每进给一步都要进行偏差判别、坐标进给、新偏差计算和中点比较4个节拍的处理。工作流程如图3-1所示。

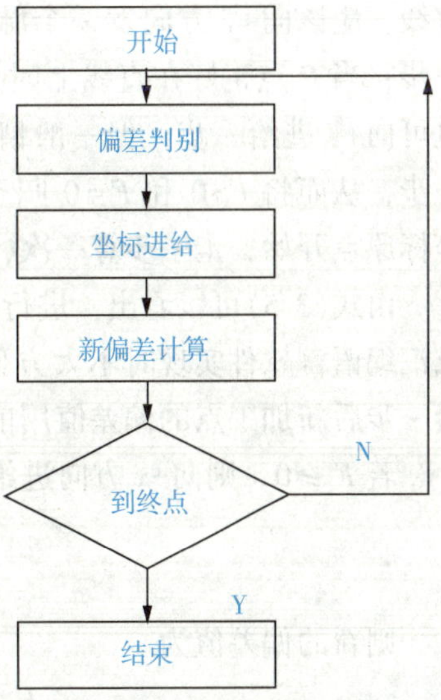

图3-1　逐点比较法工作流程图

逐点比较法既可实现直线插补，也可实现圆弧插补。其特点是运算简单，过程清晰，插补误差小，输出脉冲均匀，而且输出脉冲速度变化小，但不能实现两个以上坐标的插补，因此在两坐标数控机床中应用较为普遍。下面分别介绍逐点比较法直线插补和圆弧插补原理。

1. 逐点比较法直线插补原理

待加工零件轮廓某一段为第一象限的直线 OA，起点为坐标原点，终点 A 的坐标为 $A(x_e, y_e)$。设点 $P(x_i, y_i)$ 为加工点，如图 3-2 所示。若点 P 正好处在 OA 上时，则下式成立

$$\frac{x_i}{y_i}=\frac{x_e}{y_e} \tag{3-1}$$

即

$$x_e y_i - x_i y_e = 0 \tag{3-2}$$

若加工点 $P(x_i, y_i)$ 在直线 OA 的上方，则下式成立

$$x_e y_i - x_i y_e > 0 \tag{3-3}$$

若加工点 $P(x_i, y_i)$ 在直线 OA 的下方，则下式成立

$$x_e y_i - x_i y_e < 0 \tag{3-4}$$

由以上关系式可以看出 $(x_e y_i - x_i y_e)$ 的符号就反映了动点 P 与直线 OA 之间的偏差，为此采取函数

$$F = x_e y_i - x_i y_e \tag{3-5}$$

依此可总结出 P 点与直线的相对位置关系如下。

当 $F=0$ 时，点 $P(x_i, y_i)$ 正好处在直线上。

当 $F>0$ 时，点 $P(x_i, y_i)$ 落在直线上方。

当 $F<0$ 时，点 $P(x_i, y_i)$ 落在直线下方。

从图 3-2 可看出，对于直线 OA 来说，当点 P 在直线上方时，为了更靠拢直线，应该向 $+x$ 方向发一个脉冲，使刀具向 $+x$ 方向进给一步；当点 P 在直线下方时，为了更靠拢直线，应该向 $+y$ 方向发一个脉冲，使刀具向 $+y$ 方向进给一步；当 P 点正好在直线上时，既可向 $+x$ 方向进给一步，也可向 $+y$ 进给一步，但一般情况下，约定向 $+x$ 方向进给一步，从而将 $F>0$ 和 $F=0$ 归于一类。根据上述原则，从坐标原点开始，走一步算一次，判别 F 的符号，逐点趋向直线直至终点。

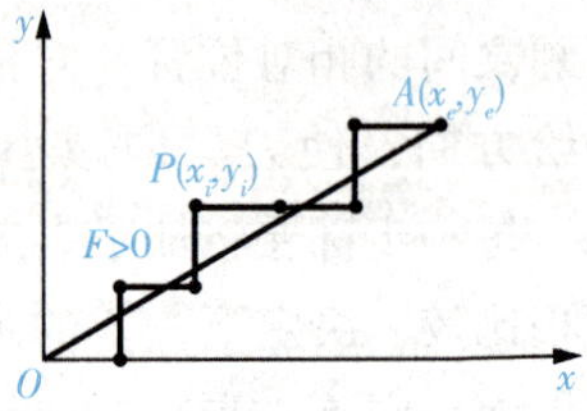

图 3-2　直线插补过程

由式(3-5)可以看出，进行偏差 F 运算时，要作乘法和减法运算，而这在使用硬件或汇编语言软件实现时不太方便，还会增加运算时间。因此通常采用递推法，即每进给一步后新加工点的偏差值用前一点的偏差递推出来。

若 $F_i \geqslant 0$，则向 $+x$ 方向进给一步，新的动点坐标为 (x_{i+1}, y_{i+1})，且

$$x_{i+1} = x_i + 1$$
$$y_{i+1} = y_i$$

则新的偏差值为

$$F_{i+1} = x_e y_{i+1} - x_{i+1} y_e = x_e y_i - x_i y_e - y_e$$

即

$$F_{i+1}=F_i-y_e \tag{3-6}$$

若 $F_i<0$，则向 $+y$ 方向前进给一步，新的动点坐标为 $(x_{i+1},\ y_{i+1})$，且

$$x_{i+1}=x_i+1$$

$$y_{i+1}=y_i+1$$

则新的偏差值为

$$F_{i+1}=x_e y_{i+1}-x_{i+1}y_e=x_e y_i-x_i y_e+x_e$$

即

$$F_{i+1}=F_i+x_e \tag{3-7}$$

由式(3-6)和式(3-7)可知，新动点的偏差完全可以用前一动点的偏差递推出来，且只与终点坐标值 x_e、y_e 有关，不涉及动点坐标 x_i、y_i 之值。

综上所述，第一象限偏差函数与进给方向的对应关系如下。

当 $F_i\geqslant 0$ 时，进给 $+x$ 方向，新动点的偏差为 $F_{i+1}=F_i-y_e$。

当 $F_i<0$ 时，进给 $+y$ 方向，新动点的偏差为 $F_{i+1}=F_i+x_e$。

在这里还要说明的是当开始加工时，一般采用人工方法将刀具移到加工起点，即所谓“对刀”，这时刀具正好处在直线上，当然也就没有偏差，所以加工开始时偏差函数的初始值为 $F_0=0$。

在插补计算、进给的同时还要进行终点判别，若已经到达终点，就不再进行插补运算，否则返回继续循环插补，一般终点判别有以下 3 种方法。

(1) 总步长法。总步长法是以两个坐标方向位移的总步数作为计数值，每插补一次，不论哪个坐标进给一步，均从总步数中减 1，当总步数减到 0 时即表示已到达终点。

(2) 投影法。投影法是以投影长度较大的坐标值作为终点判别计数值，在插补过程中，这个坐标进给一步，计数值减 1，减到 0 时已到达终点。

(3) 终点坐标法。终点坐标法是以两个方向的进给坐标值分别作为计数单元，在插补过程中，进给 x 方向，则减 1，若进给 y 方向，则减 1。当两者均减到 0 时才表示到达终点位置。

在上述推导和叙述过程中，均假设所有坐标值的单位是脉冲当量，每发一个脉冲，进给一个脉冲当量的距离。

第一象限逐点比较法直线插补计算流程如图 3-3 所示。

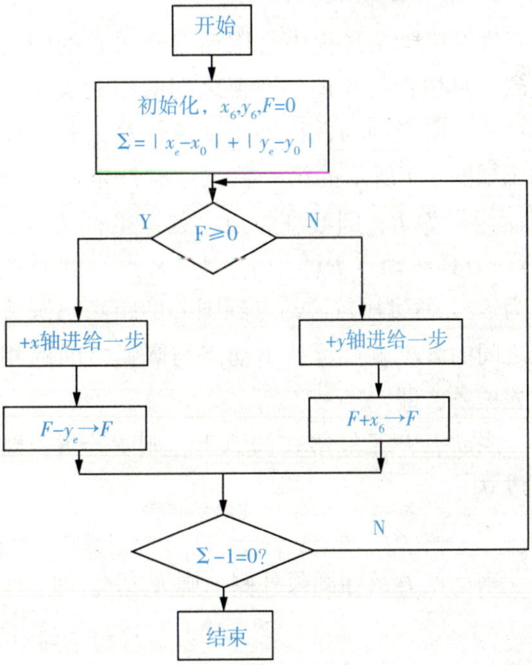

图 3-3　第一象限逐点比较法直线插补计算流程

［例］ 设欲加工第一象限直线 OA，如图 3-2 所示，其终点坐标为 $x_e=5$，$y_e=3$。试用逐点比较法对该直线进行插补，并画出插补轨迹。

［解］ 采用第一种终点判别方法，其终点判别值为 $\sum=x_e+y_e=5+3=8$，加工开始时，刀具处于直线起点，即 $F_0=0$，则插补运算过程见表 3-1。插补轨迹如图 3-2 所示。需要注意的是对于逐点比较法直线插补来说，加工起点和终点的刀具位置均落在零件轮廓上，也就是说在插补开始和结束时偏差值 $F=0$，否则说明插补过程中出现了错误。

表 3-1 插补运算过程

序号	偏差判别	进给	偏差计算	终点判别
0			$F_0=0$	$n=5+3=8$
1	$F_0=0$	$+\Delta y$	$F_1=F_0-y_e=0-3=-3$	$n=8-1=7$
2	$F_1<0$	$+\Delta x$	$F_2=F_1+x_e=-3+5=2$	$n=7-1=6$
3	$F_2>0$	$+\Delta x$	$F_3=F_2-y_e=2-3=-1$	$n=6-1=5$
4	$F_3<0$	$+\Delta y$	$F_4=F_3+x_e=-1+5=4$	$n=5-1=4$
5	$F_4>0$	$+\Delta x$	$F_5=F_4-y_e=4-3=1$	$n=4-1=3$
6	$F_5>0$	$+\Delta x$	$F_6=F_5-y_e=1-3=2$	$n=3-1=2$
7	$F_6<0$	$+\Delta y$	$F_7=F_6+x_e=-2+5=3$	$n=2-1=1$
8	$F_7>0$	$+\Delta x$	$F_8=F_7-y_e=3-3=0$	$n=1-1=0$

2. 逐点比较法圆弧插补

在圆弧加工过程中是用动点到圆心的距离来反映刀具位置与被加工圆弧之间的相对关系，现以第一象限逆圆为例推导出偏差计算公式。设要加工如图 3-4 所示的第一象限逆时针走向的圆弧 AB，半径为 R，圆心在原点，起点坐标为 $A(x_0, y_0)$，刀具在动点 $P(x_i, y_i)$处，P 点与圆心的距离为 R_P。通过比较该动点到圆心的距离与圆弧半径之间的大小就可反映出动点与圆弧之间的相对位置关系，即

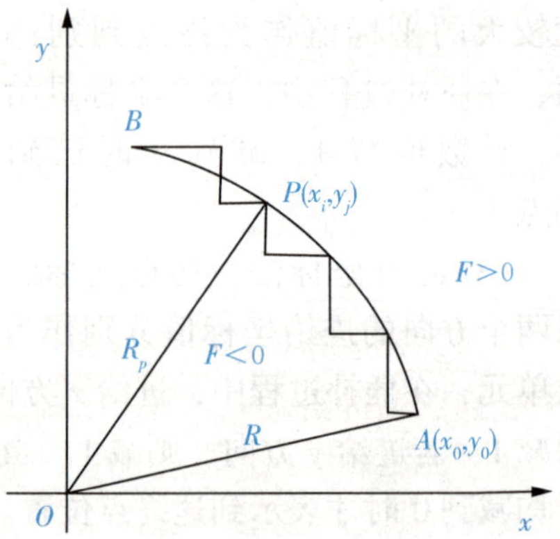

图 3-4 逐点比较法圆弧插补

当动点 P 正好落在圆弧上，则 $R_P=R$，即下式成立

$$x_i^2+y_i^2=x_0^2+y_0^2=R^2 \tag{3-8}$$

当动点 P 落在圆弧外侧，则 $R_P>R$，即

$$x_i^2+y_i^2>x_0^2+y_0^2=R^2 \tag{3-9}$$

当动点 P 落在圆弧内侧，则 $R_P<R$，即

$$x_i^2+y_i^2<x_0^2+y_0^2=R^2 \tag{3-10}$$

取偏差函数为

$$F_{i,j}=(x_i^2-x_0^2)+(y_j^2-y_0^2) \tag{3-11}$$

若点 $P(x_i, y_i)$ 在圆弧外侧或圆弧上，即满足 $F_{i,j}\geqslant 0$ 的条件时，向 x 轴发出一负向运动的进给脉冲($-\Delta x$)；若点 $P(x_i, y_i)$ 在圆弧内侧，即满足 $F_{i,j}<0$ 的条件时，则向 y 轴发出一正向运动的进给脉冲($+\Delta y$)。为了简化偏差判别式的运算，仍用递推法来推算下一步新的加工偏差。

设加工点 $P(x_i, y_i)$ 在圆弧外侧或在圆弧上，则加工偏差为

$$F_{i+1,j}=(x_i^2-x_0^2)+(y_j^2-y_0^2)\geqslant 0$$

故 x 轴须向负向进给一步($-\Delta x$)，移到新的加工点 $P(x_{i+1}, y_i)$，其加工偏差为

$$\begin{aligned}F_{i+1,j}&=(x_i-1)^2-x_0^2+y_j^2-y_0^2\\&=x_i^2-2x_i+1+y_j^2-y_0^2-x_0^2=F_{i,y}-2x_i+1\end{aligned} \tag{3-12}$$

设加工点 $P(x_i, y_i)$ 在圆弧的内侧，则 $F_{i,j}<0$，那么 y 轴须向正面进给一步($+\Delta y$)，移到新的加工点 $P(x_i, y_{i+1})$，其加工偏差为

$$\begin{aligned}F_{i,j+1}&=x_j^2-x_0^2+(y_j+1)^2-y_0^2\\&=x_i^2-x_0^2+y_j^2+y_j+1-y_0^2=F_{i,y}+2x_i+1\end{aligned} \tag{3-13}$$

根据式(3-12)及式(3-13)可以看出，新加工点的偏差值可以用前一点的偏差值递推出来。递推法把圆弧偏差运算式由平方运算化为加法和乘2运算，而对二进制来说，乘2运算是容易实现的。

圆弧插补的运算过程与直线插补的过程基本一样，不同的是，圆弧插补时动点坐标的绝对值总是一个增大另一个减小。如对于第一象限逆圆来说，动点坐标的增量公式化为

$$x_{i+1}=x_i-1$$
$$y_{j+1}=y_j+1$$

圆弧插补运算每进给一步也需要进行偏差判别、进给、偏差计算、终点判断4个工作节拍，其运算过程的流程图如图3-5所示。运算中F寄存偏差值 $F_{i,j}$；x 和 y 寄存器分别寄存 x 和 y 动点的坐标值，开始分别存放 x_0 和 y_0；则 n 寄存终点判别值

$$n=|x_e-x_0|+|y_e-y_0|$$

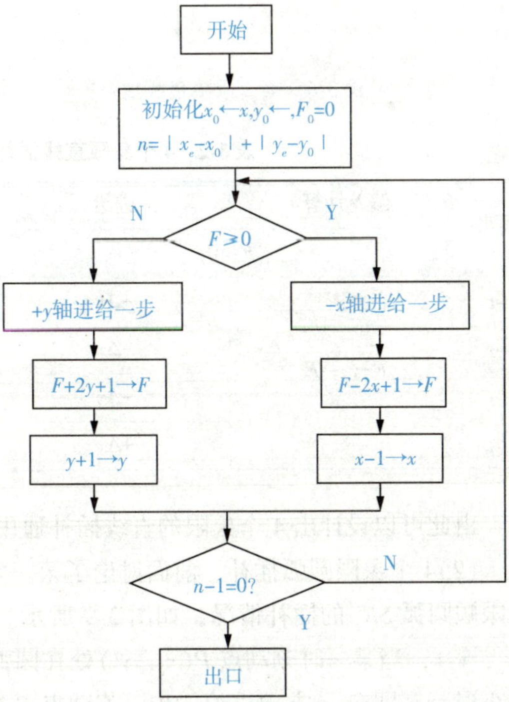

图3-5 第一象限逐点比较法逆圆弧插补流程

3. 插补象限和坐标变换

前面所讨论的关于逐点比较法直线

和圆弧插补的原理、计算公式和软件流程图，只适用于第一象限直线和第一象限逆时针圆弧这种特定的情况。对于不同象限的直线和不同象限、不同走向的圆弧来说，其插补计算公式和脉冲进给方向都是不同的，但为了处理和实现的方便起见，尽量寻找其间共同规律，以利于优化程序设计提高插补质量。

通常，用 L_1、L_2、L_3、L_4 分别表示第一、二、三、四象限的直线，而用 SR_1、SR_2、SR_3、SR_4 分别表示 4 个象限的顺圆，NR_1、NR_2、NR_3、NR_4 分别表示 4 个象限的逆圆。

(1)4 个象限直线插补。与第一象限的插补情况和进给方向比较后发现，当被插补直线处于不同象限时，其计算公式及处理过程完全一样，仅仅是进给方向不同而已。

现设有第二象限的直线如图 3-6 所示，起点在原点，终点在 A 点，仿照前面方法，推导出对应的插补公式及进给方向如下。

当 $F_i \geqslant 0$ 时，进给 x 负方向，$F_{i+1}=F_i-y_e$。

当 $F_i<0$ 时，进给 y 正方向，$F_{i+1}=F_i-x_e$。

依此可进一步总结出 L_1、L_2、L_3、L_4 的进给方向，如图 3-7 和表 3-2 所示。

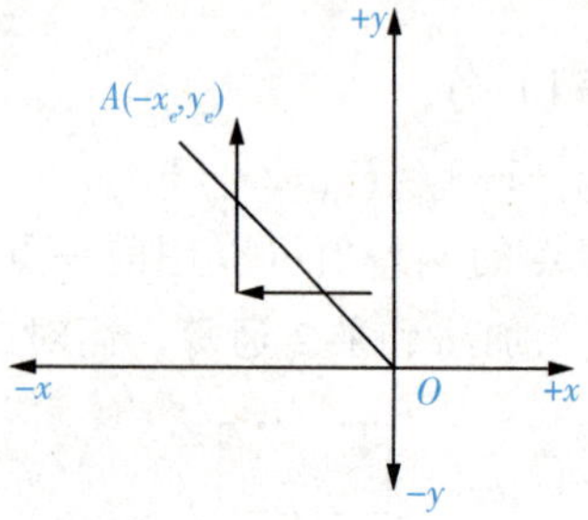

图 3-6　第二象限直线插补

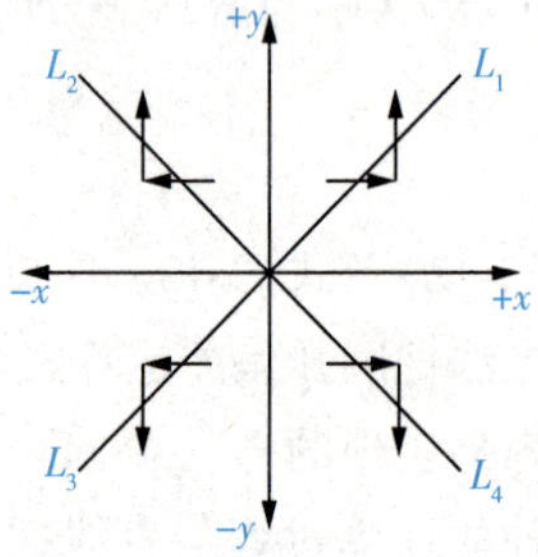

图 3-7　4 个象限直线插补进给方向

表 3-2　4 个象限直线插补进给方向和偏差计算

<table>
<tr><th rowspan="2">线型</th><th>偏差计算</th><th>进给</th><th>偏差计算</th><th>进给</th></tr>
<tr><th colspan="2">$F\geqslant 0$</th><th colspan="2">$F<0$</th></tr>
<tr><td>L_1</td><td rowspan="4">$F-y_e \to F$</td><td>$+\Delta x$</td><td rowspan="4">$F+x_e \to F$</td><td>$+\Delta y$</td></tr>
<tr><td>L_2</td><td>$-\Delta x$</td><td>$+\Delta y$</td></tr>
<tr><td>L_3</td><td>$-\Delta x$</td><td>$-\Delta y$</td></tr>
<tr><td>L_4</td><td>$+\Delta x$</td><td>$-\Delta y$</td></tr>
</table>

由此可以设计出 4 个象限的直线插补通用软件流程，如图 3-8 所示。

(2)4 个象限圆弧插补。前面讨论了第一象限逆圆弧 NR_1 的插补，现在再来看第一象限顺圆弧 SR_1 的插补情况，如图 3-9 所示。圆弧 AE 的起点为 $A(x_0, y_0)$，终点为 $E(x_e, y_e)$，当某一时刻动点 $P(x_i, y_i)$处在圆弧外侧，即 $F_i \geqslant 0$，显然应该向圆内走才能减小误差，即向 $-y$ 方向进给一步，若动点 P 在圆弧内侧，则应向圆外进给，即 $+x$ 方向进给一步。据此可得出第一象限顺圆弧 SR_1 插补时的偏差计算如下。

当 $F_i \geqslant 0$ 时，进给 $-y$ 方向一步，新动点的偏差函数为

$$F_{i+1}=x_{i+1}^2+y_{i+1}^2-R^2=x_i^2+(y_i-1)^2-R^2 \tag{3-14}$$

即

$$F_{i+1}=F_i-2y_i+1$$

当 $F_i<0$ 时，进给 $+x$ 方向一步，新动点的偏差函数为

$$F_{i+1}=x_{i+1}^2+y_{i+1}^2-R^2=(x_i+1)^2+y_i^2-R^2$$

即

$$F_{i+1}=F_i+2x_i+1 \tag{3-15}$$

比较以上几式可以看出有两点不同：其一是当 $F_i \geqslant 0$ 和 $F_i<0$ 时对应进给的方向不同；其二是插补计算公式中动点坐标的修正不同。同理还可以推导出其余 6 种情况的圆弧插补公式，现将其进给情况汇总在图 3-10 和表 3-3 中。

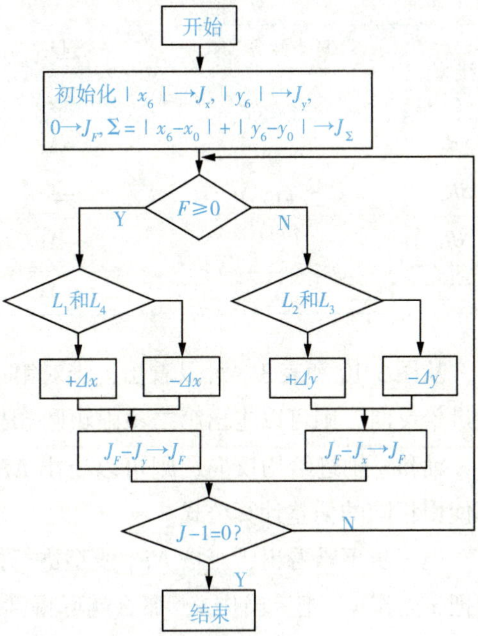

图 3-8　四个象限逐点比较法直线插补流程

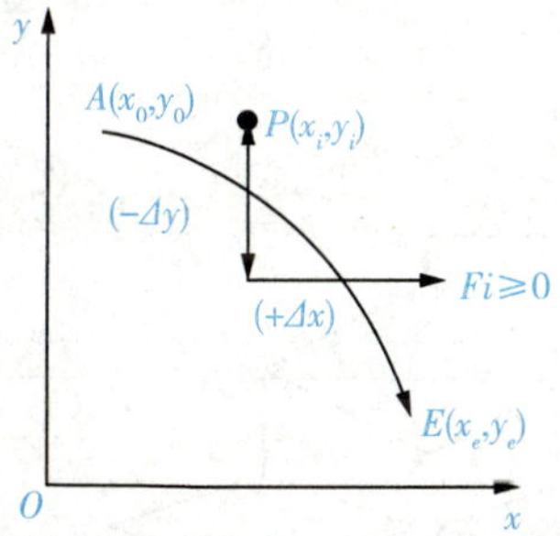

图 3-9　第一象限顺圆逐点比较法插补示意图

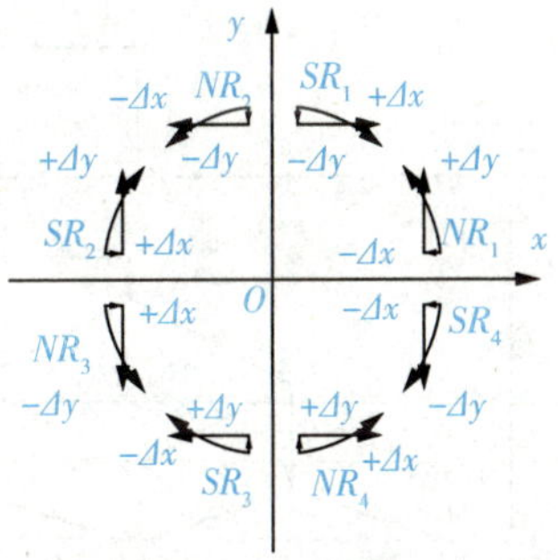

图 3-10　4 个象限圆弧插补进给方向

表 3-3　4 个象限圆弧插补进给方向和偏差计算

线型	偏差计算	进给	偏差计算	进给
	$F \geqslant 0$		$F<0$	
SR_1	$F-2y+1 \to F$ $y-1 \to y$	$-\Delta y$	$F+2x+1 \to F$ $x+1 \to x$	$+\Delta x$
SR_3		$+\Delta y$		$-\Delta x$
NR_2		$+\Delta y$		$-\Delta x$
NR_4		$-\Delta y$		$+\Delta x$

（续表）

线型	偏差计算	进给	偏差计算	进给
	$F \geq 0$		$F<0$	
SR_2	$F-2x+1 \to F$ $x-1 \to x$	$+\Delta x$	$F+2y+1 \to F$ $y+1 \to y$	$+\Delta y$
SR_4		$-\Delta x$		$-\Delta y$
NR_1		$-\Delta x$		$+\Delta y$
NR_3		$+\Delta x$		$-\Delta y$

从图 3-10 和表 3-3 可以看出，当对第一象限逆圆 NR_1 进行插补运算时，若有意将 x 轴进给反向，则可以走出第二象限顺圆 SR_2；若将 y 轴进给反向，则可以走出 SR_4；若将 x 轴和 y 轴进给均反向，则可以走出 NR_3。并且这 4 种线型（NR_1、NR_3、SR_2、SR_4）都使用相同的偏差计算公式。

进一步不难看出，当按 NR_1 线型进行插补时，若将计算公式中的坐标 x 和 y 对调，即把 x 当作 y，把 y 当作 x，那么就可得到 SR_1 的走向。类似地，通过改变进给方向的手段，应用 SR_1 的公式就可获得其余 3 种线型（SR_3、NR_2、NR_4）的走向。

由此可设计出圆弧插补 8 种线型对应的软件流程，如图 3-11 所示。

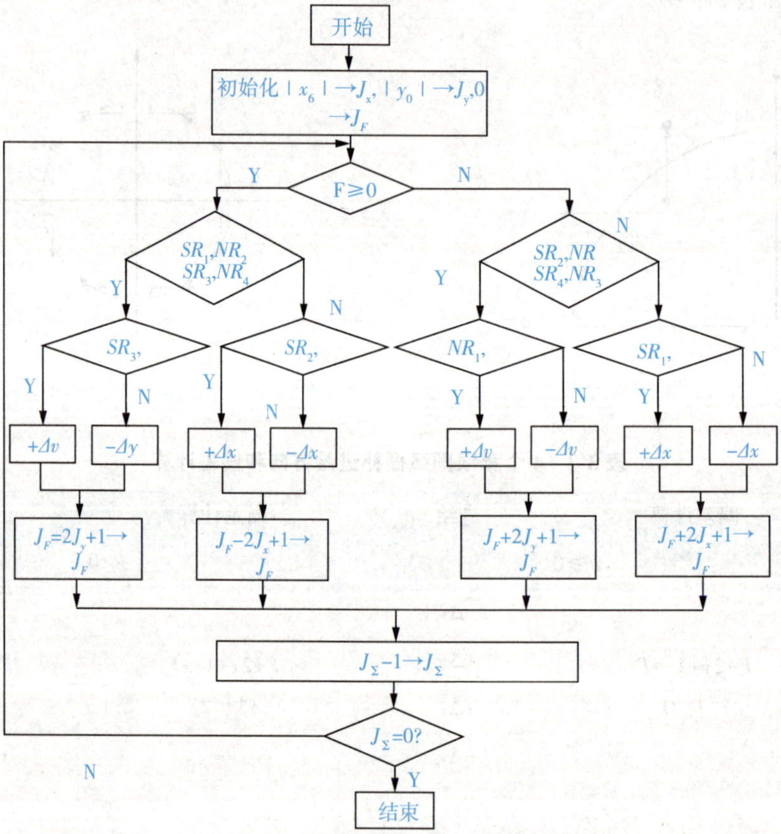

图 3-11　4 个象限圆弧插补流程

3.1.2 数字积分法

数字积分法

数字积分法又称 DDA(digital differential analyzer)法。采用数字积分法进行插补，脉冲分配均匀，易于实现多坐标轴联动的插补，也较容易实现二次曲线的插补，所以数字积分法在轮廓控制系统方面获得了相当广泛的应用。下面就对数字积分法用于直线和圆弧插补的基本原理和实现方法进行阐述。

1. 数字积分法基本原理

从几何意义上讲，求函数的积分运算就是求此函数曲线所围成的面积

$$S=\int_a^b y\mathrm{d}t=\lim\sum_{i=0}^{n-1} y(t_{i+1}-t_i) \tag{3-16}$$

若把自变量的积分区间[a，b]等分成许多有限的小区间，求面积就可以转化成求有限个小区间面积之和，即

$$S=\sum_{i=0}^{n-1}\Delta S_i=\sum_{i=0}^{n-1} y_i\Delta t \tag{3-17}$$

数学运算时，一般取最小单位“1”，即累加一次的单位时间间隔，则有

$$S=\sum_{i=0}^{n-1} y_i \tag{3-18}$$

由此可见，函数的积分运算变成了变量的求和运算。当所选取的积分间隔足够小时，则求和运算代替求积运算所引起的误差可以不超过允许值。

2. 数字积分法直线插补

设要加工第一象限直线，起点为坐标原点，终点为$E(x_e，y_e)$。假定刀具进给速度为v，则在两个坐标轴上的速度分量为v_x和v_y，在x和y方向上移动的微小位移增量和应为

$$\Delta x=v_x\Delta t \tag{3-19}$$

$$\Delta y=v_y\Delta t \tag{3-20}$$

根据几何关系，可以看出

$$\frac{v}{OE}=\frac{v_x}{x_e}=\frac{v_y}{y_e}=K \tag{3-21}$$

在Δt时间内，x和y位移量的参数方程为

$$\Delta x=v_x\Delta t=Kx_e\Delta t \tag{3-22}$$

$$\Delta y=v_y\Delta t=Ky_e\Delta t \tag{3-23}$$

动点(刀具)从原点走向终点的过程，可以看作是各坐标每经过一个单位时间间隔分别以增量Kx_e和Ky_e同时累加的结果。经过m次累加后，分别都到达终点$E(x_e，y_e)$，即下式成立

$$x=\sum_{i=1}^{m} Kx_e\Delta t=mKx_e=x_e \tag{3-24}$$

$$y=\sum_{i=1}^{m} Ky_e\Delta t=mKy_e=y_e \tag{3-25}$$

则 $mK=1$ 或 $m=1/K$。

上式表明，比例系数 K 和累加次数 m 的关系是互为倒数。因为 m 必须是整数，所以 K 一定是小数。在选取 K 时主要考虑每次增量 Δx 和 Δy 不大于1，以保证坐标轴上每次分配的进给脉冲不超过一个单位步距，即

$$\Delta x=Kx_e<1 \tag{3-26}$$

$$\Delta y=Ky_e<1 \tag{3-27}$$

式中　x_e、y_e——最大允许值受系统中相应寄存器的容量所限制。

一般情况下，若假定寄存器是 n 位，则 x_e 和 y_e 的最大允许寄存器容量应为 2^n-1，若取

$$K=\frac{1}{2^n}$$

则

$$Kx_e=\frac{1}{2^n}(2^n-1) \tag{3-28}$$

$$Ky_e=\frac{1}{2^n}(2^n-1) \tag{3-29}$$

显然，由上式决定的 Kx_e 和 Ky_e 是小于1的，这样，不但决定了系数 K，而且保证了 Δx 和 Δy 小于1的条件。因此，刀具从原点到达终点的累加次数 m 就有

$$m=\frac{1}{K}=2^n$$

也就是说，经过累加 $m=2^n$ 后，动点(刀具)将正好到达终点 E。

当 $K=\frac{1}{2^n}$ 时，对二进制来说，Kx_e 和 x_e 的差别只在于小数点位置的不同，将 x_e 的小数点左移 n 位即为 Kx_e。因此在 n 位的内存中存放 x_e 和存放 Kx_e 的数字是相同的，只是认为后者的小数点出现在最高位数 n 的前面，相当于将 x_e 缩小了 2^n 倍。

图3-12为数字积分法直线插补器，图中被积函数寄存器 J_{Vx}、J_{Vy} 分别存放终点坐标 x_e 和 y_e，J_{Rx}、J_{Ry} 分别为对应的余数寄存器。每当脉冲源发出一个控制脉冲信号，被积函数寄存器里的内容在相应的累加器中相加一次，当累加结果超出余数寄存器容量 2^n 时，就溢出一个脉冲 Δx 或 Δy，而余数仍寄存在累加器中，这样经过 m 次累加后，每个坐标轴的溢出脉冲总数就等于该坐标的被积函数值 x_e 和 y_e，从而控制刀具到达了终点 E。

数字积分法直线插补软件流程如图3-13所示。插补开始前，余数寄存器清零，被积函数寄存器分别寄存 x_e 和 y_e，终点判别计数器输入累加次数 m，每累加一次计数值减1。当累加 m 次后，计数值减为0，到达终点，插补结束。

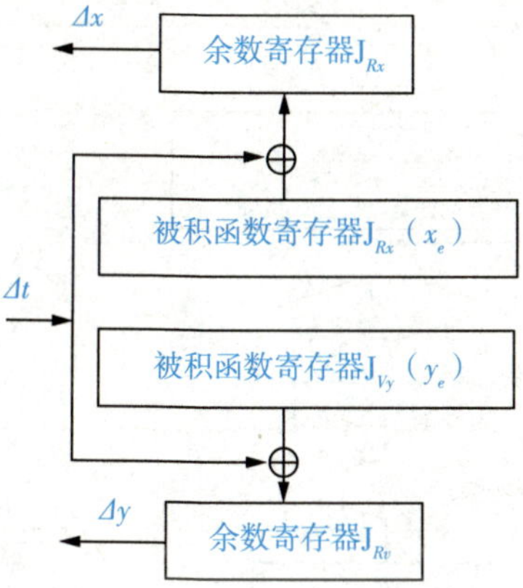

图 3-12　数字积分法直线插补器

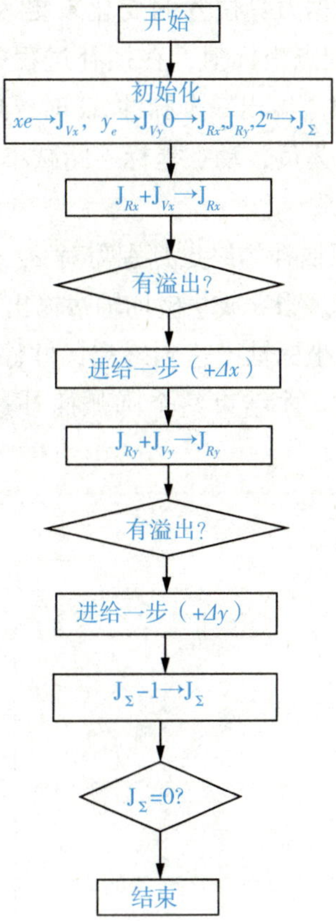

图 3-13　数字积分法直线插补软件流程

3. 数字积分法圆弧插补

以第一象限逆圆为例，设刀具沿圆弧 AB 移动。圆弧的起点为 $A(x_0,\ y_0)$，终点为 $B(x_e,\ y_e)$，半径为 R，刀具的切向速度为 v，在两坐标轴上的速度分量分别为 v_x 和 v_y，$P(x,\ y)$为动点。根据几何关系，有如下关系式

$$\frac{v}{R}=\frac{v_x}{y}=\frac{v_y}{x}=K \tag{3-30}$$

K 为比例常数。因为半径 R 为常数，切向速度 v 为匀速，所以 K 可认为是常数。

在单位时间增量 Δt 内，x 和 y 坐标上的位移增量可表示为

$$\Delta x=v_x\Delta t=Ky\Delta t \tag{3-31}$$

$$\Delta y=v_y\Delta t=Kx\Delta t \tag{3-32}$$

根据式(3-31)和式(3-32)，仿照直线插补方案用两个积分器来实现圆弧插补，如图 3-14 所示。DDA 圆弧插补与直线插补相比有很大区别：第一，坐标值 x 和 y 存入寄存器 Jv_x 和 Jv_y 的对应关系与直线不同，位置恰好对调，即 y 存入 J_{Vx}，而 x 存入 J_{Vy} 中；第二，被积函数寄存器 J_{Vx} 和 J_{Vy} 中存放的数据形式不同，直线插补时寄存的是终点坐标 x_e 和 y_e 为常数，而在圆弧插补时寄存的是动点坐标，是个变量。因此，在刀具移动

过程中必须根据刀具位置的变化来更改寄存器 J_{Vx} 和 J_{Vy} 中的内容。在起点时，J_{Vx} 和 J_{Vy} 分别寄存起点坐标值，在插补过程中，J_{Ry} 每溢出一个脉冲 Δy，寄存器 J_{Vx} 应该加 1，反之，当 J_{Rx} 溢出一个脉冲 Δx 时，J_{Vy} 应该减 1。减 1 的原因是刀具做逆圆运动时坐标的进给方向为负，动点坐标不断减小。图 3-14 中带圈的+和−表示修改动点坐标时加 1 或减 1 的关系。

DDA 圆弧插补的终点判别需对 x，y 两个坐标轴同时进行，这时可利用两个终点计数器和来实现。当 x 或 y 坐标轴每输出一个脉冲，则相应的终点计数器减 1，当减到 0 时，则说明该坐标轴已达到终点，并停止该坐标轴的累加运算，只有当两个终点计数器均减到 0 时，才结束整个圆弧插补过程。DDA 法第一象限圆弧插补流程如图 3-15 所示。

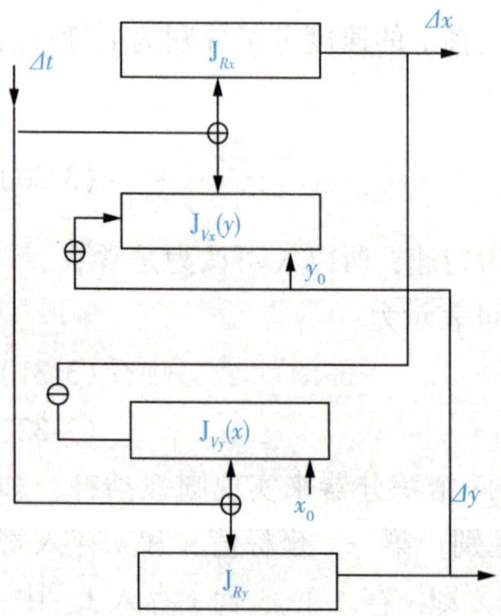

图 3-14　数字积分法圆弧插补器

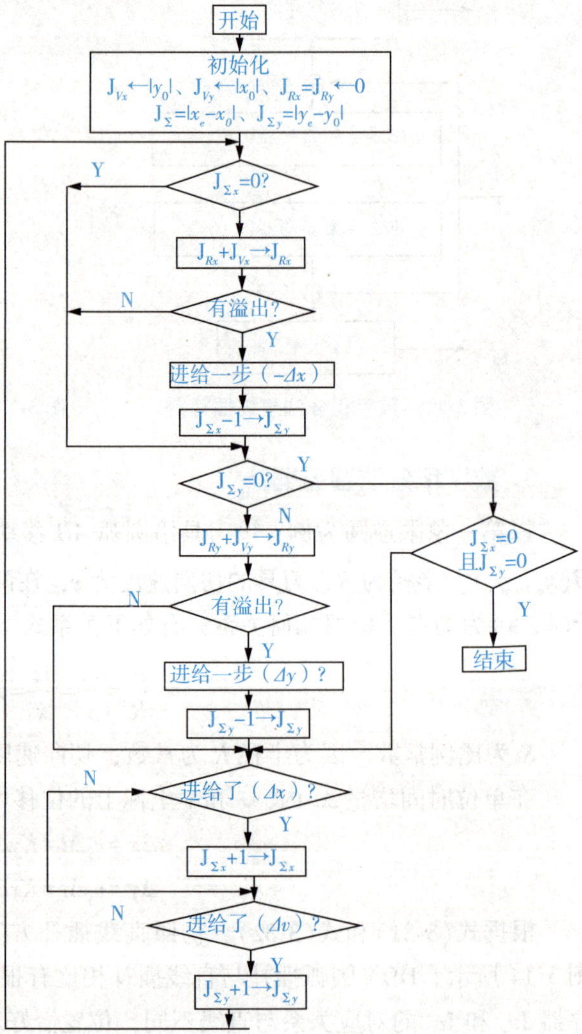

图 3-15　DDA 法第一象限圆弧插补流程

4. 数字积分法插补的象限处理

和逐点比较法插补一样，DDA 插补不同象限的直线和圆弧，或者插补不同走向的圆弧时，处理方法有所不同。当采用软件实现时，如果所有参与运算的寄存器全部采用绝对值数据，则所有 DDA 插补过程中累加方式是相同的($J_R+J_V \to J_R$)，而不同的只是进给脉冲的分配方向及圆弧插补时对动点坐标的修正方法。现将各种 DDA 插补情况总结在表 3-4 中。

表 3-4　不同象限 DDA 插补的脉冲分配和坐标修正

内　容		L_1	L_2	L_3	L_4	NR_1	NR_2	NR_3	NR_4	SR_1	SR_2	SR_3	SR_4
动点修正	J_{Vx}					+1	−1	+1	−1	−1	+1	−1	+1
	J_{Vy}					−1	+1	−1	+1	+1	−1	+1	−1
进给方向	Δx	+	−	−	−	−	−	+	+	+	+	−	−
	Δy	+	+	−	+	+	−	−	+	−	+	+	−

3.1.3　数据采样法

随着数控系统中计算机的引入，大大缓解了插补运算时间和计算复杂性之间的矛盾，特别是高性能交、直流伺服系统的广泛使用，为提高现代数控系统的综合性能奠定了物质基础。

数据采样法

数据采样法实质上就是使用一系列首尾相连的微小直线段来逼近给定曲线。由于这些微小线段是按加工时间进行分割的，所以又称为“时间分割法”。一般来讲，分割后得到的这些小线段相对于给定轮廓来讲误差仍是比较大的，为此必须进一步进行数据点的密化工作。所以也称微小直线段的分割过程是粗插补，后续的密化过程是精插补。通过两者的紧密结合即可实现高性能的轮廓插补。

1. 插补周期和采样周期

数据采样插补的一个重要问题是插补周期 T 的合理选择。在一个插补周期 T 内，计算机除了完成插补运算外，还要执行显示、监控和精插补等实时任务，所以插补周期 T 必须大于插补运算时间与完成其他实时任务时间之和，一般为 8 ~ 10 ms，现代数控系统已缩短到 2 ~ 4 ms，有的已达到零点几毫秒。此外，插补周期 T 也会影响圆弧插补的误差。

插补周期 T 应是位置反馈采样周期的整数倍，该倍数应等于对轮廓步长实时精插补时的插补点数。

2. 插补精度

(1) 直线插补时，由于坐标轴的脉冲当量很小，再加上位置检测反馈的补偿，可以认为轮廓步长 l 与被加工直线重合，不会造成轨迹误差。

(2)圆弧插补时，一般将轮廓步长 l 作为弦线和割线对圆弧进行逼近，因此存在最大半径误差 e_r，如图 3-16 所示。

如图 3-16(a)所示，采用弦线对圆弧进行逼近时，有

$$r^2-(r-e_r)^2=\left(\frac{l}{2}\right)^2$$

$$2re_r-e_r^2=\frac{l^2}{4}$$

忽略高阶无穷小 e_r^2，则

$$e_r=\frac{l^2}{8r}=\frac{(FT)^2}{8r} \tag{3-33}$$

如图 3-16(b)所示，若采用理想割线、又称内外差分弦对圆弧进行逼近，因为内外差分弦使内外半径的误差 e_r 相等，则有

$$(r+e_r)^2-(r-e_r)=\left(\frac{l}{2}\right)^2$$

得

$$e_r=\frac{l^2}{16r}=\frac{(FT)^2}{16r} \tag{3-34}$$

从以上分析可知，圆弧插补时的半径误差 e_r 与圆弧半径 r 成反比，而与插补周期 T 和进给速度 F 的平方成正比。当 e_r 给定时，可根据圆弧半径 r 选择插补周期 T 和进给速度 F。显然，当轮廓步长相等时，内外差分弦的半径误差是内接弦的 $\frac{1}{2}$。若令半径误差相等，则内外差分弦的轮廓步长 l 或角步距 δ 可以是内接弦的 $\sqrt{2}$ 倍，但由于前者计算复杂很少应用。

3. 数据采样法直线插补

(1)数据采样直线插补原理。设刀具在 xy 平面内作直线运动，起点在原点，终点为 $A(x_e, y_e)$，刀具移动速度为 F(图 3-17)。

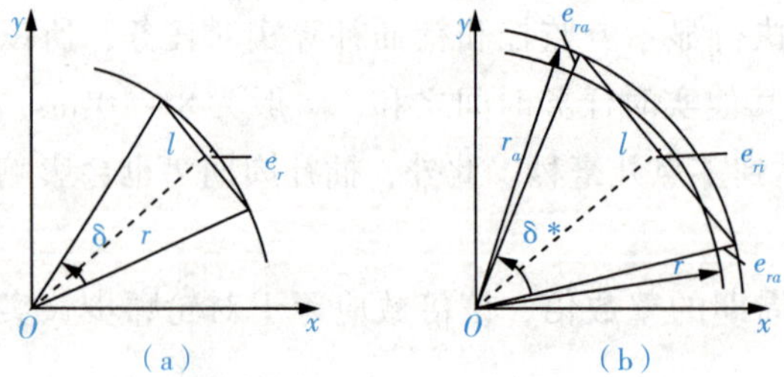

图 3-16　圆弧插补的径向误差

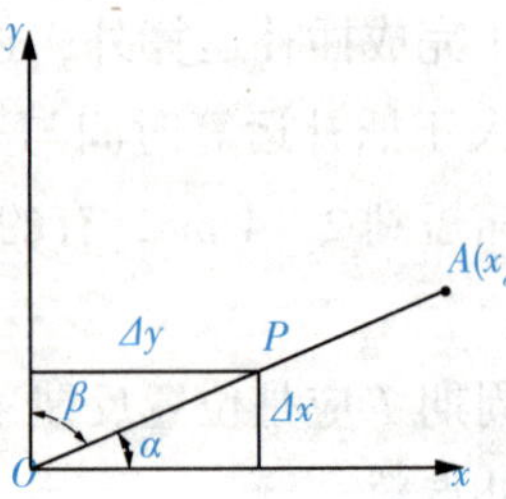

图 3-17　数据采样直线插补

设插补周期为 T，则每个插补周期的进给步长为

$$\Delta L=FT \tag{3-35}$$

各坐标轴的位移量为

$$\Delta x=\frac{\Delta L}{L}x_e=Kx_e \tag{3-36}$$

$$\Delta y=\frac{\Delta L}{L}y_e=Ky_e \tag{3-37}$$

式中　L——直线段长度；

K——系数，$K=\frac{\Delta L}{L}$。

插补动点 i 的坐标

$$x_i=x_{i-1}+\Delta x_i=x_{i-1}+Kx_e \tag{3-38}$$

$$y_i=y_{i-1}+\Delta y_i=y_{i-1}+Ky_e \tag{3-39}$$

(2)数据采样直线插补算法。CNC 装置的插补算法计算一般分为两步完成：第一步是插补准备，完成一些如 $K=\frac{\Delta L}{L}$的常数值计算，每个程序段中通常只需计算一次；第二步是插补计算，每个插补周期中进行一次，每次算出一个插补坐标(x_i，y_i)，常用算法如下。

① 进给速率数法(扩展 DDA 法)

插补准备

$$K=\frac{\Delta L}{L}=\frac{FT}{L}=T\times FRN$$

式中　FRN——进给速率数$\frac{V}{C}$，对于具体的一条直线来说 FRN 为已知常数；

V——指令进给速度，mm/min；

L——即要插补的直线长度。

插补计算

$$\Delta x_i=Kx_e$$

$$\Delta y_i=Ky_e \tag{3-40}$$

$$x_i=x_{i-1}+\Delta x_i$$

$$y_i=y_{i-1}+\Delta y_i \tag{3-41}$$

② 方向余弦法

插补准备

$$\cos\alpha=\frac{x_e}{L}$$

$$\cos\beta=\frac{y_e}{L} \tag{3-42}$$

插补计算

$$\Delta x_i=\Delta L\cos\alpha$$

$$\Delta y_i=\Delta L\cos\beta \tag{3-43}$$

$$x_i=x_{i-1}+\Delta x_i$$

$$y_i=y_{i-1}+\Delta y_i \tag{3-44}$$

③ 直接函数法

插补准备

$$\Delta x_i=\frac{x_e}{L}\Delta L$$

$$\Delta y_i=\frac{y_e}{L}\Delta L \tag{3-45}$$

插补计算

$$x_i=x_{i-1}+\Delta x_i$$

$$y_i=y_{i-1}+\Delta y_i \tag{3-46}$$

4. 数据采样法圆弧插补

圆弧插补的基本思想是在满足精度要求的前提下，用直线逼近圆弧。由于圆弧是二次曲线，用弦线或割线进行逼近，因此其插补计算要比直线插补复杂。研究插补算法遵循的原则：一是算法简单计算速度快，二是插补误差小精度高。用直线逼近圆弧的插补算法很多而且还在发展。下面简要介绍直线函数法、扩展 DDA 法及递归函数法。

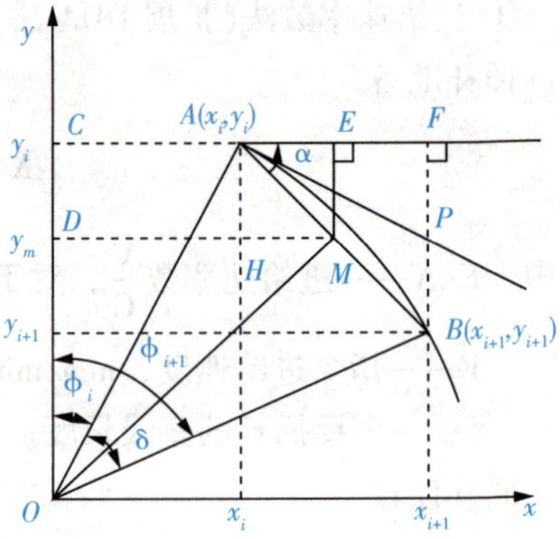

图 3-18　直线函数法圆弧插补

(1) 直线函数法也称弦线法。如图 3-18 所示，顺圆上 B 点是继 A 点之后的瞬时插补点，坐标值分别为 $A(x_i, y_i)$、$B(x_{i+1}, y_{i+1})$。为求出 B 点的坐标值，过 A 点作圆弧的切线 AP，M 是弦线 AB 的中点，AF 平行于 x 轴，而 ME、BF 平行于 y 轴。δ 是轮廓步长 AB 弦对应的角步距。$OM\perp AB$，$ME\perp AF$，E 为 AF 的中点。因为 $OM\perp AB$，$AF\perp OD$，所以有

$$\alpha=\Delta MOD=\varphi_i+\frac{\delta}{2}$$

在 ΔMOD 中，有

$$\tan\left(\varphi_i+\frac{\delta}{2}\right)=\frac{DH+HM}{OC-CD}$$

将 $DH=x_i$，$OC=y_i$，$HM=\frac{1}{2}l\cos\alpha=\frac{1}{2}\Delta x$ 和 $CD=\frac{1}{2}l\sin\alpha=\frac{1}{2}\Delta y$，代入上式，则有

$$\tan\alpha=\frac{x_i+\frac{1}{2}l\cos\alpha}{y_i-\frac{1}{2}l\sin\alpha}=\frac{x_{+}\frac{1}{2}\Delta x}{y_i-\frac{1}{2}\Delta y}\tag{3-47}$$

在式(3-47)中，sin α 和 cos α 都是未知数，难以用简单方法求解，因此采用近似计算求解 tan α，用 cos 45°和 sin 45°来取代，即

$$\tan\alpha\approx\frac{x_i+\frac{\sqrt{2}}{4}l}{y_i-\frac{\sqrt{2}}{4}l}\tag{3-48}$$

从而造成了 tan α 的偏差，使 α 变为 α'（在 0°～45°，$\alpha'<\alpha$），cos α 变大，因而影响 Δx 值使之成为 $\Delta x'$，即

$$\Delta x'=l\cos\alpha'=AF'\tag{3-49}$$

α 的偏差会造成进给速度的偏差，而在 α 为 0°和 90°附近偏差较大。为使这种偏差不会使插补点离开圆弧轨迹，y' 不能采用 $l\sin\alpha'$ 计算，而采用式(3-50)来计算，即

$$\Delta y'=\frac{\left(x_i+\frac{1}{2}\Delta x'\right)\Delta x'}{y_i-\frac{1}{2}\Delta y'}\tag{3-50}$$

则 B 点一定在圆弧上，其坐标为

$$x_{i+1}=x_i+\Delta x',\quad y_{i+1}=y_i-\Delta y'$$

采用这种近似计算引起的偏差仅是 $\Delta x\to\Delta x'$，$\Delta y\to\Delta y'$，$\Delta l\to\Delta l'$。这种计算能够保证圆弧插补的每一插补点位于圆弧轨迹上，它仅造成每次插补的轮廓步长（合成进给量）的微小变化，所造成的进给速度误差小于指令速度的 1%，这种误差在加工中是允许的，完全可以认为插补的速度仍然是均匀的。

(2)扩展 DDA 法是在 DDA 积分法的基础上发展起来的，它是将 DDA 法切线逼近圆弧的方法改变为割线逼近，从而大大提高圆弧插补的精度。

如图 3-19 所示，若加工第一象限顺时针圆弧 AD，圆心为 O 点，半径为 R，设刀具现在加工点 A_{i-1}(x_{i-1}，y_{i-1})处，线段 $A_{i-1}A_i$ 是沿被加工圆弧的切线方向的轮廓进给步长，$A_{i-1}A_i=l$。显然，刀具进给一个步长后，点 A_i 偏离所要求的圆弧轨迹较远，径向误差较大。若通过 $A_{i-1}A_i$ 线段的中点 B，作以 OB 为半径的圆弧切线 BC，并在 $A_{i-1}H$ 上截取直线段 $A_{i-1}A'_i$，使 $A_{i-1}=A_{i-1}A_i=l=FT$，此时可以证明 B 点必定在所要求圆弧 AD 之外。如果用直线段 $A_{i-1}A'_i$ 替代切线 $A_{i-1}A_i$ 进给，使径向误差大大减少。这种用割线进给

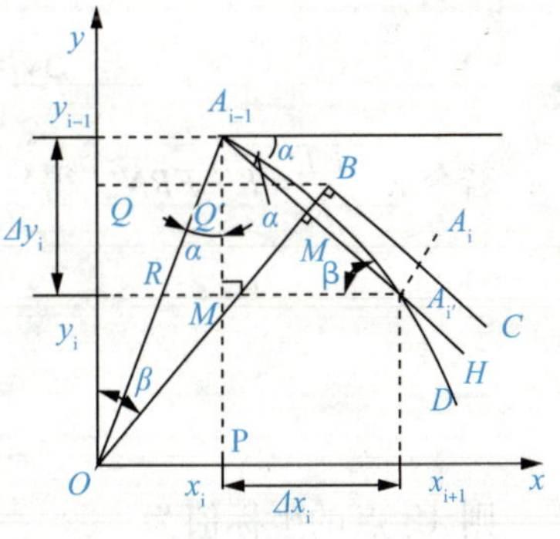

图 3-19　扩展 DDA 法圆弧插补算法

代替切线进给的插补算法称为扩展 DDA 算法。

下面推导在一个插补周期 T 内，轮廓步长 l 的坐标分量 Δx_i 和 Δy_i，据此可以很容易求出本次插补后新加工点 A'_i 的坐标位置(x_i，y_i)。

由图 3-19 可知，在直角 ΔOPA_{i-1} 中，

$$\sin\alpha=\frac{OP}{OA_{i-1}}=\frac{x_{i-1}}{R}$$

$$\cos\alpha=\frac{A_{i-1}P}{OA_{i-1}}=\frac{y_{i-1}}{R}$$

过 B 点作 x 轴的平行线 BQ 交 y 轴于 Q，并交 $Q'B=A_{i-1}B\cos\alpha=\frac{l}{2}\frac{y_{i-1}}{R}$，$QQ'=x_{i-1}$ 线段于 Q'点。由图中可知，直角 ΔOQB 与直角 $\Delta A_{i-1}MA'_i$ 相似，则有

$$\frac{MA'_i}{A_{i-1}A'_i}=\frac{OQ}{OB} \tag{3-51}$$

在图 3-18 中，$MA'_i=\Delta x_i$，$A_{i-1}A'_i=l$，在 $\Delta A_{i-1}Q'B$ 中，

$\Delta A_{i-1}Q'=A_{i-1}B\sin\alpha=\frac{1}{2}l\sin\alpha$，则

$$OQ=A_{i-1}P-A_{i-1}Q'=y_{i-1}-\frac{1}{2}l\sin\alpha$$

在直角 $\Delta OA_{i-1}B$，可得 $OB=\sqrt{(A_{i-1}B)^2+(OA_{i-1})^2}=\sqrt{\left(\frac{1}{2}l\right)^2+R^2}$，再将 OQ 和 OB 代入式(3-51)，并因为 $l\leqslant R$，略去高阶无穷小$\left(\frac{l}{2}\right)^2$，得

$$\Delta x_i\approx\frac{1}{R}(y_{i-1}-\frac{1}{2}l\frac{x_{i-1}}{R})=\frac{FT}{R}\left(y_{i-1}-\frac{1}{2}\frac{FT}{R}x_{i-1}\right) \tag{3-52}$$

在相似直角 $\Delta A_{i-1}Q'B$ 中，有 $Q'B=A_{i-1}B\cos\alpha=\frac{l}{2}\frac{y_{i-1}}{R}$，$QQ'=x_{i-1}$，且由于 $l\leqslant R$，略去$\left(\frac{l}{2}\right)^2$，则有

$$\Delta y_i=A_{i-1}M\approx\frac{1}{R}\left(x_{i-1}+\frac{1}{2}\frac{FT}{R}y_{i-1}\right) \tag{3-53}$$

若令 $K=\frac{FT}{R}=T\cdot FRN$，得

$$\begin{cases}\Delta x_1=K\left(y_{i-1}-\frac{1}{2}Kx_{i-1}\right)\\ \Delta y_1=K\left(x_{i-1}-\frac{1}{2}Ky_{i-1}\right)\end{cases} \tag{3-54}$$

则 A'_i 点的坐标值为

$$\begin{cases}x_i=x_{i-1}+\Delta x_i\\ y_i=y_{i-1}-\Delta y_i\end{cases} \tag{3-55}$$

式(3-54)和式(3-55)为第一象限顺时针圆弧插补计算公式，同理，可求出其他象限及其走向的扩展 DDA 圆弧插补计算公式。

扩展 DDA 法是比较适合于 CNC 系统的一种插补算法。由上述扩展 DDA 圆弧插补公式可知，采用该方法只需进行加法、减法及有限次的乘法运算，因而计算较方便、速度较高。此外，该法用割线逼近圆弧，其精度也比用弦线逼近的直线函数法高。

(3)递归函数采样插补是通过对轨迹曲线参数方程的递归计算实现插补的。由于它需要根据前一个或前两个已知插补点来计算本次插补点，故分为一阶递归插补和二阶递归插补。

① 一阶递归插补。要插补如图 3-20 所示的圆弧，起点为 $P_0(x_0, y_0)$，终点为 $P_e(x_e, y_e)$，圆心位于坐标原点，圆弧半径为 R，进给速度为 F。设刀具现在位置为 $P_i(x_i, y_i)$，经过一个插补周期 T 后达 $P_{i+1}(x_{i+1}, y_{i+1})$，刀具运动轨迹为 P_iP_{i+1}，每次插补所转过的圆心角(也称为步距角)为 θ，$\theta \approx \frac{FT}{R} = K$，$P_i$ 点坐标为

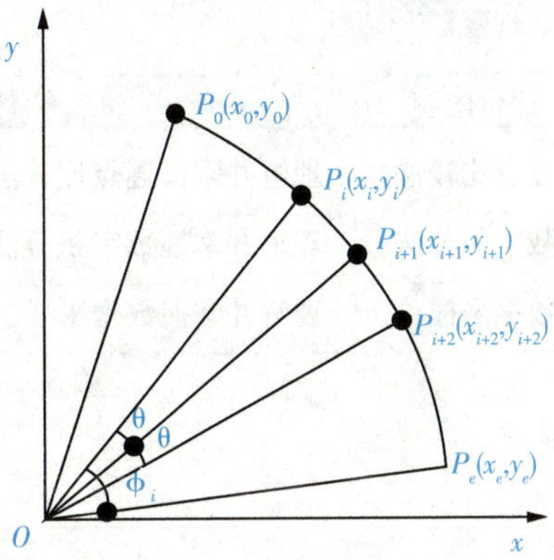

图 3-20　函数递归法圆弧插补

$$\begin{cases} x_i = R\cos\varphi \\ y_i = R\sin\varphi \end{cases}$$

插补一步后，因为 $\varphi_{i+1} = \varphi_i - \theta$，可得插补点 P_{i+1} 的坐标为

$$\begin{cases} x_{i+1} = x_i\cos\theta + y_i\sin\theta \\ y_{i+1} = y_i\cos\theta - x_i\sin\theta \end{cases} \tag{3-56}$$

式(3-56)称为一阶递归插补公式。

将式(3-56)中的三角函数 $\cos\theta$ 和 $\sin\theta$ 用幂级数展开，并进行二阶近似，即

$$\cos\theta \approx 1 - \frac{\theta^2}{2} \approx 1 - \frac{K^2}{2}$$

$$\sin\theta \approx \theta \approx K$$

代入式(3-56)，则

$$\begin{cases} x_{i+1} = x_i + K\left(y_i - \dfrac{1}{2}Kx_i\right) \\ y_{i+1} = y_i - K\left(x_i + \dfrac{1}{2i}Ky_i\right) \end{cases} \tag{3-57}$$

这个结果与扩展 DDA 法插补的结果一致(式(3-54)和式(3-55))，因此扩展 DDA 法也可称为一阶递归二阶近似插补。

② 二阶递归插补。在二阶递归插补算法中，需要两个已知插补点。若插补点 P_{i+1} 已知，则对于下一插补点 P_{i+2} 有 $\varphi_{i+2} = \varphi_{i+1} - \theta$，则

$$\begin{cases}x_{i+2}=x_{i+1}\cos\theta+y_{i+1}\sin\theta\\y_{i+2}=y_{i+1}\cos\theta-x_{i+1}\sin\theta\end{cases}\tag{3-58}$$

将式(3-57)代入式(3-58)，则有

$$\begin{cases}x_{i+2}=x_i+2y_{i+1}\sin\theta=x_i+2y_{i+1}K\\y_{i+2}=y_i-2x_{i+1}\sin\theta=y_i-2x_{i+1}K\end{cases}\tag{3-59}$$

显然，二阶递归插补计算更为简单，但需要用其他插补法计算出第二个已知的插补点 P_{i+1}，同时考虑到误差的累积影响，参与计算的已知插补点应计算得尽量精确。

任务评价

评价内容	评价标准	分值	自评	师评
逐点比较法	理解并掌握逐点比较法直线插补和圆弧插补的原理	30		
数字积分法	理解并掌握数字积分法直线插补和圆弧插补的原理	35		
数据采样法	理解并掌握数据采样法直线插补和圆弧插补的原理	35		
总分		100		

任务 2　数控技术补偿原理与实现

任务描述

本任务旨在全面介绍数控技术中的补偿原理及其实现方法，重点包括刀具半径补偿和刀具长度补偿的原理、实现步骤。

任务分析

要完成此任务，读者需要深入理解刀具半径补偿和刀具长度补偿的原理，掌握其实现方法，并能够在实际加工中应用这些补偿原理以提高加工精度和效率。

任务重点与实施

3.2.1　刀具半径补偿原理与实现

在轨迹控制中为了保证一定的精度和编程方便，通常需要有刀具位置补偿和半径

补偿功能。

在轮廓加工过程中，为了编程和加工的方便，零件加工程序是按零件的实际轮廓编制的。但实际切削加工时，数控系统是按刀具中心轨迹控制刀具与工件的相对运动，由于刀具总有一定的半径，刀具切削运动实际形成的轨迹就不是零件轮廓线，而是相对于编程轨迹偏移了一个刀具半径值。因此数控系统需要能够根据零件轮廓信息和刀具半径自动计算出刀具中心轨迹，使其自动偏移编程轨迹一个值，此功能称为刀具半径补偿功能。

刀具半径补偿功能是数控加工中的一个重要功能。刀具半径补偿有两种方法：一种是采用圆弧过渡的方法，在两段轮廓交接处采用圆弧过渡。过渡圆弧段由编程人员事先计算出来，插入原来相邻的直线或圆弧程序段之间。这种方法的刀补运算简单，但不易加工出两直线相交的尖角。另一种是C功能刀具半径补偿方法，在两段轮廓转接处采用直线过渡。在C功能刀具半径补偿中，考虑到下一段程序对本段加工轨迹的影响，在计算本程序段的刀具中心轨迹时，提前将下一程序段读入，根据它们之间转换的具体情况，做出适当的处理。

本任务采用C功能刀具半径补偿方法分析相邻两程序段轮廓轨迹的转接情况，导出计算刀具中心轨迹的交点坐标的公式。对于一般的数控系统，所能实现的轮廓控制仅限于直线和圆弧。所以前后两程序段轮廓轨迹转接情况一般有4种：直线与直线转接、直线与圆弧转接、圆弧与直线转接、圆弧与圆弧转接。根据两程序段轨迹矢量之间的夹角和刀具补偿类型的不同，可以将轨迹间的转接形式分为3类：缩短型、伸长型和插入型。经过对各种转接类型刀具补偿情况的分析计算，对其分类总结结果见表3-5。

表3-5　各种情况下转接形式分类

刀补方向	$\sin\alpha$	$\cos\alpha$	α 所在象限	转接类型
左刀补（G41）	正	正	一	缩短型
	正	负	二	缩短型
	负	负	三	插入型
	负	正	四	伸长型
右刀补（G42）	正	正	一	伸长型
	正	负	二	插入型
	负	负	三	缩短型
	负	正	四	缩短型

1. 直线与直线转接

图3-21为直线与直线的各种转接进行左刀补的情况。编程轨迹为 $OA-AF$，α_1、α_2 是矢量 OA、AF 与 X 轴正向的夹角，夹角 $\alpha=\alpha_2-\alpha_1$。刀具半径值为 $AB=AD=r$。图3-21（a）、图3-21（b）和图3-21（d）中，刀具中心轨迹为 $JC-CK$，而图3-21（c）

中，刀具中心轨迹为 $JC-CC'-C'K$。其中，求交点 C 和 C' 的坐标值是 C 功能刀具半径补偿算法的关键问题。刀具中心轨迹交点 C 坐标值的通用表达式为

$$\begin{cases} x_C = x_A + \overrightarrow{AC}_x \\ y_C = y_A + \overrightarrow{AC}_y \end{cases} \tag{3-60}$$

式中 $\overrightarrow{AC}_x$——转接矢量 $\overrightarrow{AC}$ 的 x 分量；

$\overrightarrow{AC}_y$——转接矢量 $\overrightarrow{AC}$ 的 y 分量。

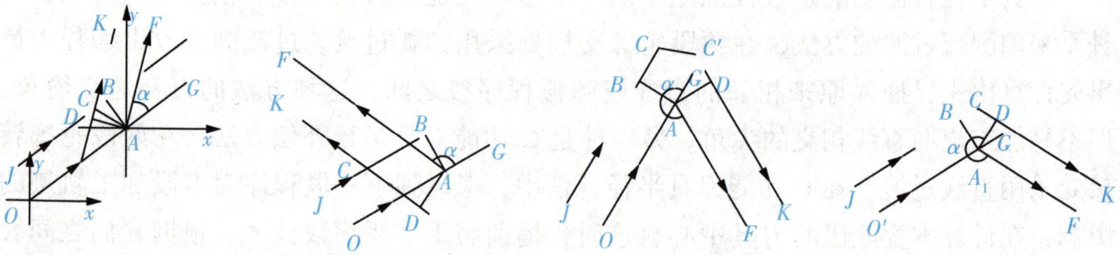

（a）缩短型转接　（b）缩短型转接　（c）插入型转接　（d）伸长型转接

图 3-21　直线与直线的转接情况(左补偿)

通过分析计算可知，缩短型和伸长型交点 C 的计算公式一样，为

$$\begin{cases} x_C = x_A - kr(\sin\alpha_1 + \sin\alpha_2)/[1+\cos(\alpha_2-\alpha_1)] \\ y_C = y_A + kr(\cos\alpha_1 + \cos\alpha_2)/[1+\cos(\alpha_2-\alpha_1)] \end{cases} \tag{3-61}$$

式中 k——刀具补偿系数，左刀补时，$k=1$；右刀补时，$k=-1$(以下同)。

对于插入型转接，可求得公式

$$\begin{cases} x_C = x_A + r(\cos\alpha_1 - k\sin\alpha_1) \\ y_C = y_a + r(\sin\alpha_1 + k\cos\alpha_1) \end{cases}$$

$$\begin{cases} x_{C'} = x_A + r(-k\sin\alpha_2 - \cos\alpha_2) \\ y_{C'} = y_A + r(k\cos\alpha_2 - \sin\alpha_2) \end{cases}$$

经过分析计算，直线与圆弧、圆弧与直线以及圆弧与圆弧转接的伸长型和插入型交点 C 的计算与直线与直线转接的计算公式相同，因此以下只需讨论缩短型交点 C 的计算公式。

2. 直线与圆弧转接

图 3-22 为直线与圆弧的缩短型转接进行左刀补的情况。编程轨迹为 $OA-AF$，α_1 是矢量 OA 与 x 轴正向的夹角，α_2 是圆弧在 A 点处的切线与 x 轴正向的夹角，夹角 $\alpha=\alpha_2-\alpha_1$。圆弧半径值为 R。

总结各种情况下直线与圆弧的缩短型转接计算公式

$$\begin{cases} x_C = x_{O'} + kf\cos\alpha_1\sqrt{(R-fr)^2-|CM|^2} + f|CM|\sin\alpha_1 \\ y_C = y_{O'} + kf\sin\alpha_1\sqrt{(R-fr)^2-|CM|^2} - f|CM|\cos\alpha_1 \\ |CM| = R\cos\alpha - fr \end{cases} \tag{3-62}$$

式中　f——圆弧方向系数，逆时针时，$f=1$；顺时针时，$f=-1$（以下同）。

3. 圆弧与直线转接

图 3-23 为圆弧与直线的缩短型转接进行左刀补的情况。编程轨迹为 $OA-AF$，α_1 是圆弧在 OA 点处的切线与 x 轴正向的夹角，α_2 是矢量 AF 与 x 轴正向的夹角，夹角 $\alpha=\alpha_2-\alpha_1$。圆弧半径值为 R。

总结各种情况下圆弧与直线的缩短型转接计算公式

$$\begin{cases} x_C=x_{O'}-kf\cos\alpha_2\sqrt{(R-fr)^2-|CM|^2}-f|CM|\sin\alpha_2 \\ y_C=y_{O'}-kf\sin\alpha_2\sqrt{(R-fr)^2-|CM|^2}+f|CM|\cos\alpha_2 \\ |CM|=R\cos\alpha+fr \end{cases} \tag{3-63}$$

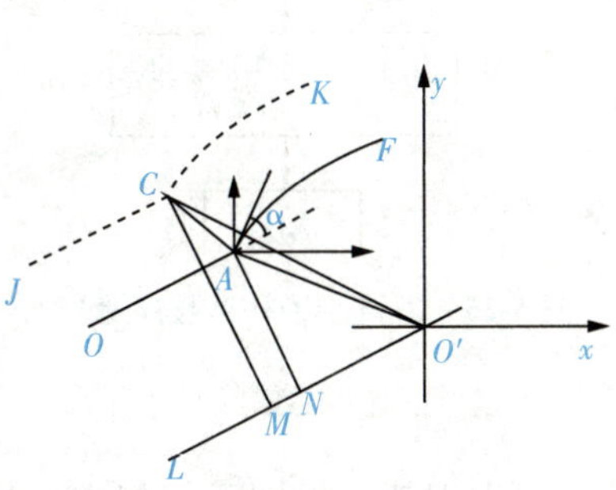

图 3-22　直线与圆弧转接

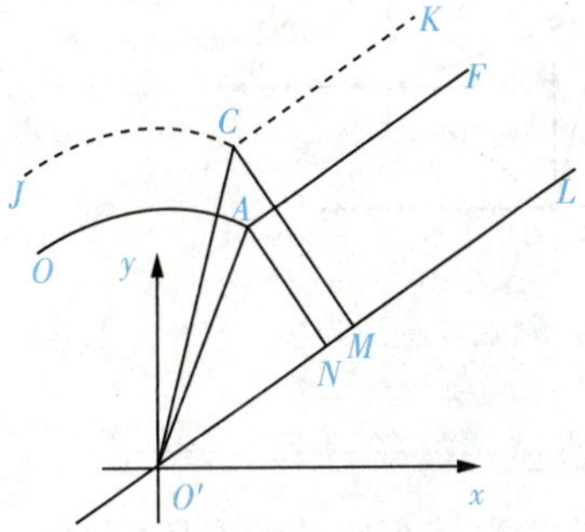

图 3-23　圆弧与直线转接

4. 圆弧与圆弧转接

图 3-24 为圆弧与圆弧转接进行左刀补的情况。编程轨迹为 $OA-AF$，α_1、α_2 是圆弧 OA、AF 在 A 点处的切线与 x 轴正向的夹角，夹角 $\alpha=\alpha_2-\alpha_1$。圆弧半径值分别为 R_1 和 R_2。

总结各种情况下圆弧与圆弧的缩短型转接计算公式

$$\begin{cases} x_C=x_A+|O_1C|(\cos\angle XO_1O_2\cos\angle CO_1O_2+\sin\angle XO_1O_2\sin\angle CO_1O_2)-R_2\sin\alpha_1 \\ y_C=y_A+|O_1C|(\sin\angle XO_1O_2\cos\angle CO_1O_2-\cos\angle XO_1O_2\sin\angle CO_1O_2)-R_1\cos\alpha_1 \end{cases} \tag{3-64}$$

刀具半径补偿算法的程序流程如图 3-25 所示。图 3-25 中准备功能 G 指令：G01、G02、G03 可以不予深究。

3.2.2　刀具长度补偿原理与实现

当采用不同尺寸的刀具加工同一轮廓尺寸的零件，或同一尺寸的刀具因换刀重调或磨损而引起尺寸变化时，为了编程方便和不改变已制备好的穿孔带（或程序），数控装置常备有刀具位置补偿机能，将变化的尺寸通过拨码开关或键盘手动输入，便能自动进行补偿。

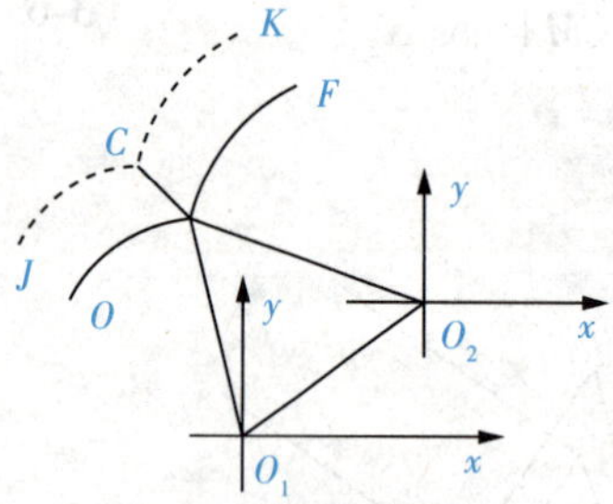

图 3-24　圆弧与圆弧转接

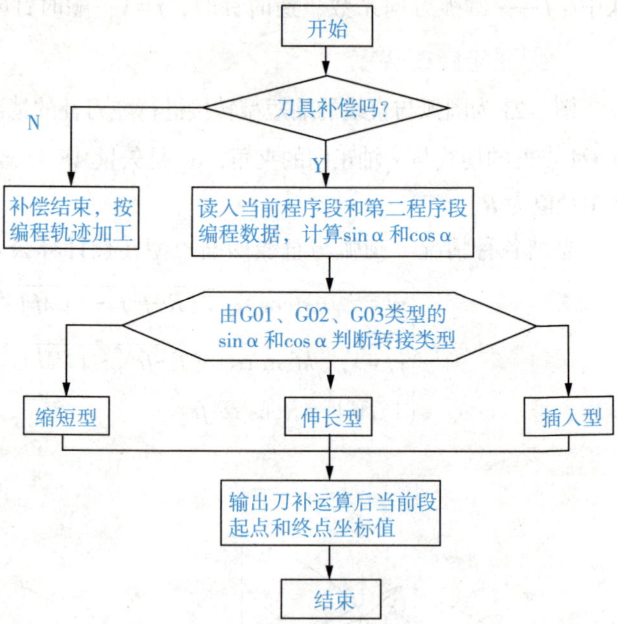

图 3-25　刀具半径补偿程序流程

1. 刀具位置补偿计算

图 3-26 为数控车床的装有不同尺寸刀具的四方刀架。设图示刀架中心位置为各刀具的换刀点，并以 1 号刀具刀尖 B 点为所有刀具的编程起点。当 1 号刀从 B 移动 A 时，其增量值(编程值)为

$$U_{BA}=x_A-x_1 \tag{3-65}$$

$$W_{BA}=z_A-z_1 \tag{3-66}$$

当换 2 号刀加工时，2 号刀刀尖处在 C 点位置，要想运用 A、B 两点坐标值以实现 $C-A$，就必须知道 B 点与 C 点的坐标位置的差值。用这个差值对 $B-A$ 的位移量进行修正、补偿就能实现 $C-A$。为此，把 B 点(作为基准刀尖位置)对 C 点的位置差值用以 C 点为坐标原点的 I、K 直角坐标系表示(图 3-26)。

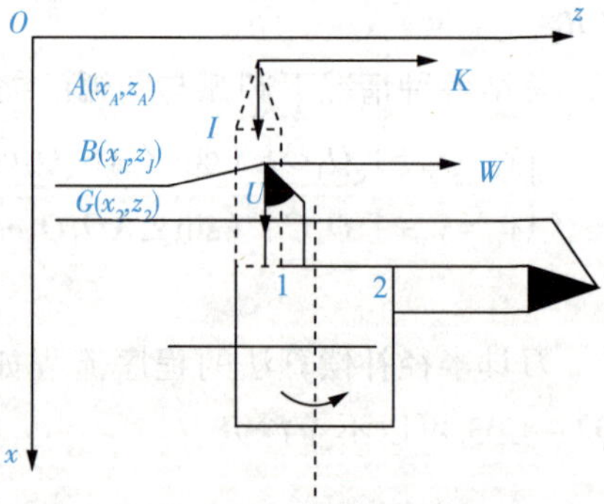

图 3-26　换刀后刀补示意图

当 $C-A$ 时：

$$U_{CA}=(x_A-x_1)+I_{补} \tag{3-67}$$

$$W_{CA}=(z_A-x_1)+K_{补} \tag{3-68}$$

式中　$I_{补}$、$K_{补}$——刀补量，可用拨码开关或键盘输入。

在一般的数控车床中，x、z 两轴向常设有 8 组这种刀补开关，使用时将所选用的组号编入程序，机器便可自动按该组预置的位置差值对所选用的刀具位置进行补偿。

考虑到位置差值的最大值，一般用4位数即最大补偿值为99.99 mm。

前述解决了2号刀从C点移到A点的位置补偿问题，但当它从A点回到C点时，如果还是简单地输入B点坐标，则必然会出现刀具回不到换刀原点位置(即2号刀尖回到1号刀尖的位置)。

由图3-26可见，2号刀尖从A点回到C点与1号刀尖从A点回到B点相差一个刀补值，即

$$U_{AC}=(x_1-x_A)-I_{补} \tag{3-69}$$

$$W_{AC}=(z_1-z_A)-K_{补} \tag{3-70}$$

把等式变换一下

$$U_{AC}=-[(x_A-x_1)+I_{补}] \tag{3-71}$$

$$W_{AC}=-[(z_A-z_1)+K_{补}] \tag{3-72}$$

这与U_{CA}、W_{CA}比较，正好是符号相反、绝对值相等，而该补偿量寄存在拨码开关上(或存在机器中的存储器内)。因此在刀具复位过程中，只需将此补偿量的正、负号取反，则数值不变。把这种补偿一个反量的过程称为刀具位置补偿撤销。

有了刀具位置补偿及撤销机能，给编制程序、换刀、磨损的修正带来了很大的方便。对于使用不同的刀具，只要进行一次刀具位置补偿，即在换刀以前把原刀具的补偿量撤销，再对新换的刀具进行补偿，补偿量(相对基准刀)可通过实测获得。

2. 刀具位置补偿的处理方法

从上述刀补原理可以知道，刀具位置补偿的最终实现反映在刀架移动上。各把刀具位置的补偿量和方向可通过实测后用面板拨盘给定或通过键盘输入存放在机器中，并在刀具更换时读入。而机器在补偿前必须处理前后两把刀具位置补偿的差别。例如，T1刀具补偿量为+0.50 mm，T2刀具补偿量为+0.35 mm，两者差0.15 mm。由于T2-T1=+0.35-0.50 =-0.15 mm(从车床坐标系规定：向床头箱移动为负，称进刀，远离为正，称退刀)，也就是说，在T1更换为T2时，要求刀架前进0.15 mm。对此，可以做如下处理。

(1)在更换刀具时，按上述刀补原理进行处理，即先把原来刀具(T1)补偿量撤销(根据上例，刀架前进0.50 mm)，然后根据新刀具(T2)补偿量要求退回0.35 mm，这样，刀架实际上前进了差值0.15 mm。

(2)在更换刀具时，立即进行新换刀具的补偿量和原来刀具补偿量(老刀具补偿量)的差值运算，并根据这个差值进行刀具补偿，这种方法称差值补偿法。这个方法实际上是把原刀具补偿量的撤消和新刀具补偿量的读入进行复合。

根据上面所举例子，按第一种方法先把TI补偿量撤销，即输入一个T1补偿量的反量-0.50 mm，使刀架前进0.50 mm，再输入T2补偿量0.35 mm，又使刀架退出0.35 mm，刀架两次移动的结果是前进了0.15 mm。第二种方法则是这两者的复合，即刀架开始保持原位，先求两者代数和：-(+0.5)+(0.35)=-0.15 mm后，刀架按这个差值移动。两式运算结果相同，但逻辑设计思路不同。差值补偿法不仅可简化编程，而且减少了刀架的移动次数。

任务评价

评价内容	评价标准	分值	自评	师评
刀具半径补偿原理与实现	掌握数控技术补偿原理的原理	15		
	能够正确处理各种转接类型的补偿问题	45		
刀具长度补偿原理与实现	了解刀具长度补偿的原理	15		
	能够计算并设置刀具长度补偿值	25		
总分		100		

项目小结

本项目主要介绍了数控技术轨迹控制原理。首先介绍了插补技术及其分类；其次介绍了数控技术补偿原理及其实现方法。

通过本项目的学习，读者能够掌握了数控技术轨迹控制的核心原理与方法，包括主要控制原理和补偿原理，为未来数控技术的发展与应用打下了坚实基础。

项目习题

1. 什么是插补？在数控机床中，刀具能否严格地沿着零件轮廓形状运动？为什么？

2. 逐点比较法计算，每进给一步需要哪4个节拍？它的合成速度与脉冲源频率有何关系？

3. 加工第一象限直线 OE，起点 $O(0,\ 0)$，终点 $E(5,\ 7)$，采用逐点比较法插补，试写出插补计算过程并绘制插补轨迹。

4. 加工第一象限逆圆 AE，起点 $A(5,\ 0)$，终点 $E(0,\ 5)$，采用逐点比较法插补，试写出插补计算过程并绘制插补轨迹。

5. 加工第一象限直线 OD，起点 $O(0,\ 0)$，终点 $D(6,\ 7)$，采用数字积分法插补，寄存器均为三位，试写出插补计算过程并绘制插补轨迹。

6. 加工第一象限逆圆 PQ，起点 $P(7,\ 0)$，终点 $Q(0,\ 7)$，采用数字积分法插补，寄存器均为三位，试写出插补计算过程并绘制插补轨迹。

7. 数据采样插补是如何实现的？

8. 设某一 CNC 系统的插补周期 $T=8$ ms，进给速度 $F=300$ mm/min，试计算插补步长 L。

9. 什么是刀具长度补偿？什么是刀具半径补偿？

项目4 数控机床伺服驱动系统

项 目 导 读

如果CNC装置是数控机床的“大脑”，是发布命令的指挥机构，那么伺服系统就是数控机床的“四肢”，是一种执行机构，它忠实且准确地执行由CNC装置发来的运动命令。本项目主要介绍数控机床的伺服驱动系统，包括步进电动机、直流电动机和交流电动机等不同电动机所对应的伺服驱动系统的原理和控制方法等内容。

学习目标

◆ 知识目标

- 掌握控制系统和速度控制系统的主要技术指标。
- 掌握步进电动机选用方法和参数核算步骤，包括齿轮减速比、负载力矩等的计算。
- 了解直流调速系统的动态响应过程。
- 熟悉交流伺服驱动变频电源的工作原理和类型，掌握SPWM逆变器的工作原理。

◆ 技能目标

- 能够根据实际需求选择合适的伺服系统类型。
- 能够根据实际需求进行步进电动机的选型，并准确计算相关参数。
- 能够实现直流伺服系统的位置控制，并进行精度评估。
- 能够根据实际需求选择合适的交流伺服系统，并进行性能评估。

◆ 素质目标

- 培养学生对数控机床伺服系统复杂性的理解和分析能力。
- 培养学生对步进电动机伺服系统相关知识的综合运用能力。
- 引导学生关注直流电动机伺服系统技术的最新发展动态，提高创新意识和能力。

思政目标

- 强调学科之间的交叉融合，培养学生主动实践的工程应用能力。
- 在润物细无声中培养学生成为担当民族复兴大任的时代新人，践行社会主义事业的伟大使命。

任务 1　数控机床的伺服系统概述

任务描述

本任务旨在全面介绍数控机床伺服系统的基本概念、基本性能要求、主要技术指标。通过此任务的学习，读者将能够深入理解数控机床伺服系统的构成与工作原理，掌握其关键性能指标。

任务分析

要完成此任务，读者需要掌握数控机床伺服系统的基本概念，随后，读者应深入学习伺服系统应具备的基本性能，如高精度、良好的稳定性、快速的动态响应速度等，并理解这些性能对数控机床加工精度和效率的影响。此外，读者还需了解位置控制系统和速度控制系统的主要技术指标，以及伺服系统的分类方式，以便在实际应用中能够正确选择和配置伺服系统。

任务重点与实施

数控机床伺服系统概述

数控机床伺服系统是以数控机床移动部件(如工作台、主轴或刀具等)的位置和速度为控制对象的自动控制系统，也称为随动系统、拖动系统或伺服机构。它接收 CNC 装置输出的插补指令，并将其转换为移动部件的机械运动(主要是转动和平动)。伺服系统是数控机床的重要组成部分，是数控装置和机床本体的联系环节，其性能直接影响数控机床的精度、工作台的移动速度和跟踪精度等技术指标。

4.1.1　数控机床伺服系统的概念

通常将伺服系统分为开环系统和闭环系统。开环系统主要以步进电动机作为控制对象，闭环系统通常以直流伺服电动机或交流伺服电动机作为控制对象。在开环系统中只有前向通路，无反馈回路，CNC 装置生成的插补脉冲经功率放大后直接控制步进电动机的转动，脉冲频率决定了步进电动机的转速，进而控制工作台的运动速度，输出脉冲的数量控制工作台的位移，在步进电动机轴上(或工作台上)无速度或位置反馈信号。在闭环伺服系统中，以检测元件为核心组成反馈回路，检测执行机构的速度和位置，由速度和位置反馈信号来调节伺服电动机的速度和位移，进而来控制执行机构的速度和位移。

4.1.2　伺服系统应具有的基本性能

1. 高精度

伺服系统的精度指输出量能够复现输入量的准确程度。一般数控机床要求的定位精度为 0.001 ~0.01 mm，高档设备的定位精度要求达到 0.1 μm 以上。在速度控制中，要求高的调速精度和比较强的抗负载扰动能力，即伺服系统应具有比较好的动、静态精度。

2. 良好的稳定性

稳定性是指系统在给定输入作用下，经过短时间的调节后达到新的平衡状态，或在外界干扰作用下，经过短时间的调节后重新恢复到原有平衡状态的能力。数控机床的伺服系统应具有良好的抗干扰能力，以保证进给速度的均匀、平稳。

3. 动态响应速度快

动态响应速度是伺服系统动态品质的重要指标，反映了系统的跟踪精度。目前数控机床的插补时间一般在 20 ms 以下，以实现执行部件的加减速控制，并且要求超调量很小。

4. 调速范围要宽，低速时能输出大转矩

机床的调速范围 R_N 是指机床要求电动机能够提供的最高转速 $n_{\max}$ 和最低转速 $n_{\min}$ 之比，即

$$R_N = \frac{n_{\max}}{n_{\min}} \tag{4-1}$$

其中 $n_{\max}$ 和 n_{mim} 一般是指额定负载时的电动机最高转速和最低转速，对于小负载的机械也可以是实际负载时最高和最低转速。一般的数控机床进给伺服系统的调速范围 R_N 为 1 : 24 000 就足够了，代表当前先进水平的速度控制单元的技术已可达到 1 : 100 000 的调速范围。同时要求速度均匀、稳定、无爬行，且速降要小。在平均速度很低的情况下(1 mm/min 以下)要求有一定瞬时速度。零速度时要求伺服电动机处于锁紧状态，以维持定位精度。

机床的加工特点是低速时进行重切削，因此要求伺服系统应具有低速时输出大转矩的特性，以适应低速重切削的加工实际要求，同时具有较宽的调速范围以简化机械传动链，进而增加系统刚度，提高转动精度。一般情况下，进给系统的伺服控制属于

恒转矩控制，而主轴坐标的伺服控制在低于额定转速时为恒转矩控制，高于额定转速时为恒功率控制。

5. 高性能电动机

伺服电动机是伺服系统的重要组成部分，为使伺服系统具有良好的性能，伺服电动机也应具有高精度、快响应、宽调速和大转矩的性能。

4.1.3 位置控制系统和速度控制系统的主要技术指标

位置控制系统是伺服系统的重要组成部分，是保证位置精度的重要环节。一般的位置控制包括位置环和速度环，具有位置控制环节的系统才是真正的伺服系统。速度控制系统也是伺服系统的重要组成部分，它由速度控制单元、伺服电动机、速度检测装置等构成。速度控制系统的核心是速度控制单元，用来控制电动机转速。

位置控制系统和速度控制系统既有共同之处，又有不同之处。其共同之处是通过系统的执行元件直接或通过机械传动装置间接带动被控制对象，完成给定控制规律要求的动作；其不同之处可以用位移与速度之间的关系来理解。

1. 位置控制系统的主要技术指标

(1)系统静态误差指系统输入为常值时，输入与输出之间的误差，称为系统静态误差。位置控制系统一般要求无静态误差系统，但由于测量元件的分辨率有限等实际因素会造成系统静态误差。

(2)速度误差 e_v 和正弦跟踪误差 e_{sin}。当位置控制系统处于等速跟踪状态时，系统输出轴与输入轴之间瞬时的位置误差(角度或角位移)称为速度误差 e_v；当系统正弦摆动跟踪时，输出轴与输入轴之间瞬时误差的振幅值称为正弦跟踪误差 e_{sin}。

(3)速度品质因数 K_v 和加速度品质因数 K_a。速度品质因数 K_v，指输入斜坡信号时，系统稳态输出角速度 ω_0 或线速度 v_0 与速度误差 e_v 的比值；加速度品质因数 K_a 指输入等加速度信号时，系统输出稳态角加速度£ 或线加速度与对应的系统误差 e_a 之比。

(4)最大跟踪角速度 ω_{max}(或线速度 v_{max})、最低平滑角速度 ω_{min}(或线速度 v_{min})、最大角加速度 ω_{max}(或线加速度 a_{max})。

(5)振幅指标 M 和频带宽度 ω。位置控制系统闭环幅频特性 $A(\omega)$ 的最大值 $A(\omega_p)$ 与 A(0)的比值称为振荡指标 M；当闭环幅频特性 $A(\omega)=0.707$ 时所对应的角频率称为系统带宽。

(6)系统对阶跃信号输入的响应特性。当系统处于静止协调状态(零初始状态)下，突加阶跃信号时，系统最大允许超调量 $\sigma\%$、过渡过程时间 t_s 和振荡次数 N。

(7)等速跟踪状态下，负载扰动(阶跃或脉动扰动)所造成的瞬时误差和过渡过程时间。

(8)对系统工作制(长期运行、间歇循环运行或短时运行)、平均无故障工作时间 MTBF、可靠性以及使用寿命的要求。

2. 速度控制系统的主要技术要求

(1)被控对象的最高运行速度。如最高转速 n_{max}、最高角速度 ω_{max} 或最高线速度 v_{max}。

(2)最低平滑速度。通常用最低转速 $n_{\min}$、最低角速度 $\omega_{\min}$ 或最低线速度 $v_{\min}$ 来表示，也可用调速范围 R_N 来表示。

(3)速度调节的连续性和平滑性要求。在调速范围内是有级变速还是无级变速，是可逆还是不可逆。

(4)静差率 s 或转速降 Δn。转速降 Δn 指控制信号一定的情况下，系统理想空载转速 n_0 与满载时转速 n_e 之差；静差率 s 则是控制信号一定的情况下，转速降与理想空载转速的百分比。

调速范围和静差率两项指标并不是彼此孤立的，只有对两者同时提出要求才有意义。一个系统的调速范围是指在最低速时还能满足静差率要求的转速可调范围。离开了静差率要求，任何调速系统都可以做到很高的调速范围；反之脱离了调速范围，要满足给定的静差率也很容易。调速范围与静差率有如下关系

$$R_N=\frac{n_0 s}{\Delta n(1-s)} \tag{4-2}$$

(5)对阶跃信号输入下系统的响应特性。当系统处于稳态时，把阶跃信号作用下的最大超调量 $\sigma\%$ 和响应时间 t_s 作为技术指标。

(6)负载扰动下的系统响应特性。负载扰动对系统动态过程的影响是调速系统的重要技术指标之一。转速降和静差率只能反映系统的稳态特性，衡量抗扰动能力一般取最大转速降(升)$\Delta n_{\max}$ 和响应时间 t_s 来度量。

(7)对系统工作制(长期运行、间歇循环运行或短时运行)、平均无故障工作时间 MTBF、可靠性以及使用寿命等要求。

4.1.4　伺服系统的分类

1. 按使用的驱动元件分类

伺服系统可以分为电液伺服系统和电气伺服系统。电液伺服系统的执行元件是电液脉冲电动机和电液伺服电动机。但由于该系统存在噪声、漏油等问题，其逐渐被电气伺服系统所取代。电气伺服系统全部采用电子元器件和电动机部件，操作方便，可靠件高。目前电气伺服系统的驱动元器件主要有步进电动机、直流伺服电动机和交流伺服电动机。

2. 按反馈比较控制方式分类

(1)脉冲、数字比较伺服系统。脉冲、数字比较伺服系统是闭环伺服系统中的一种控制方式，它是将数控装置发出的数字(或脉冲)指令信号与检测装置测得的数字(或脉冲)形式的反馈信号直接进行比较，以得到位置误差，实现闭环控制。该系统机构简单，容易实现，整机工作稳定，因此得到广泛应用。

(2)相位比较伺服系统。相位比较伺服系统中位置检测元件采用相位工作方式，指令信号与反馈信号都变成某个载波的相位，通过相位比较来获得实际位置与指令位置的偏差，实现闭环控制。该系统适应于感应式检测元件(如旋转变压器、感应同步器)的工作状态，同时由于载波频率高、响应快，抗干扰能力强，因此特别适合于连续控

制的伺服系统。

(3)幅值比较伺服系统。幅值比较伺服系统是以位置检测信号的幅值大小来反映机械位移的数值，并以此信号作为位置反馈信号，与指令信号进行比较获得位置偏差信号，实现闭环控制。

(4)全数字伺服系统。随着微电子技术、计算机技术和伺服控制技术的发展，数控机床的伺服系统已开始采用高速、高精度的全数字伺服系统，使伺服控制技术从模拟方式、混合方式走向全数字方式。由位置、速度和电流构成的三环反馈全部数字化、软件数字 PID，柔性好，使用灵活。全数字控制使伺服系统的控制精度和控制品质较以前的系统有了大大提高。

任务评价

评价内容	评价标准	分值	自评	师评
数控机床伺服系统的概念	准确理解并阐述数控机床伺服系统的基本概念	20		
伺服系统应具有的基本性能	深入理解并列举伺服系统应具备的基本性能	25		
位置控制系统和速度控制系统的主要技术指标	熟悉位置控制系统的主要技术指标	25		
	熟悉速度控制系统的主要技术指标	20		
伺服系统的分类	了解伺服系统的分类方式	10		
总分		100		

任务 2　步进电动机伺服系统

任务描述

本任务旨在全面介绍步进电动机伺服系统的相关知识，包括步进电动机的工作原理、主要性能指标、选用及参数核算方法，以及步进电动机的控制方法和驱动电源类型。读者将通过此任务，系统地掌握步进电动机伺服系统的设计和应用，为实际工程项目中的步进电动机选型、控制及驱动设计提供理论基础和实践指导。

步进电动机伺服系统

任务分析

要完成此任务，读者需要首先理解步进电动机的基本工作原理，这是后续学习的基础。其次，读者需要掌握步进电动机的主要性能指标，以便在实际应用中能够准确评估电动机的性能。再次，读者还需要学习步进电动机的选用方法和参数核算步骤，包括齿轮减速比的计算、工作台及丝杠等折算至电动机的负载力矩计算、电动机输出总力矩的计算、负载启动频率及运行最高频率的估算等。最后，读者还需要了解步进电动机的控制方法和驱动电源类型，以便在实际设计中能够选择合适的控制方式和驱动电路。

任务重点与实施

步进电动机是一种将脉冲信号变换成角位移(或线位移)的电磁装置，其转子的转角(或位移)与输入的电脉冲数成正比，速度与脉冲频率成正比，而运动方向由步进电动机的各相通电顺序来决定，并且保持电动机各相通电状态就能使电动机自锁。因而步进电动机具有控制简单、运行可靠、惯性小等优点。但缺点是调速范围小、升降速响应慢、矩频特性软、输出力矩受限，所以主要用在开环伺服系统中。

步进电动机按力矩产生的原理可分为反应式、电磁式、永磁式、混合式等；按电动机结构可分为径向式、轴向式、印刷绕组式；按使用场合或输出扭矩的大小可分为功率步进电动机和控制步进电动机；按励磁相数可分为三相、四相、五相、六相和八相步进电动机。随着电子技术和相关应用技术的发展，步进电动机在速度、功率及效率等方面都有了很大的改进和提高，目前在数控机床上仍较多地被采用，尤其在我国经济型数控机床使用较多。

4.2.1　步进电动机工作原理

图 4-1 为三相反应式步进电动机结构简图，定子上有 6 个磁极，即 A、B、C 三对磁极，在对应的磁极上分别绕有 A、B、C 三相控制绕组。当某相绕组通电励磁时，所产生的磁场力力求使磁路磁阻减少，即磁力线力图通过磁阻最小途径，转子将受到磁阻转矩作用，使得转子的齿与该相定子磁极上的齿对齐。如果依次轮流对 A、B、C 三相绕组通电，则 A、B、C 三对磁极就依次轮流产生磁场吸引转子转动。

为进一步说明其工作原理，以图 4-2 为例来说明步进电动机转动的整个循环过程，为叙述简单，假设转子上只有 4 个齿，相邻两齿所对应的角度为齿矩角。

齿矩角 θ_t 为

$$\theta_t=\frac{360°}{Z} \tag{4-3}$$

式中　Z——转子齿数。

图 4-2 中 $Z=4$ 时，$\theta_t=90°$。

最简单的三相单三拍运行方式的工作过程如下。

(1)当 A 相通电时，以 A-A 为轴线的磁场对 1、3 齿产生磁拉力，使转子 1、3 两齿与定子 A 相磁极(A-A 轴线)对齐。

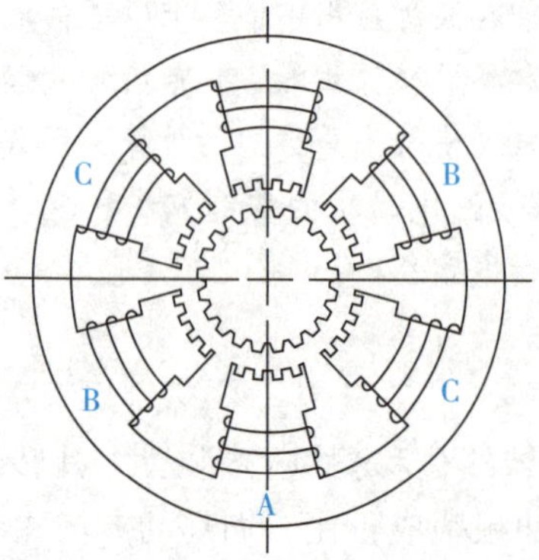

图 4-1　三相反应式步进电动机结构图

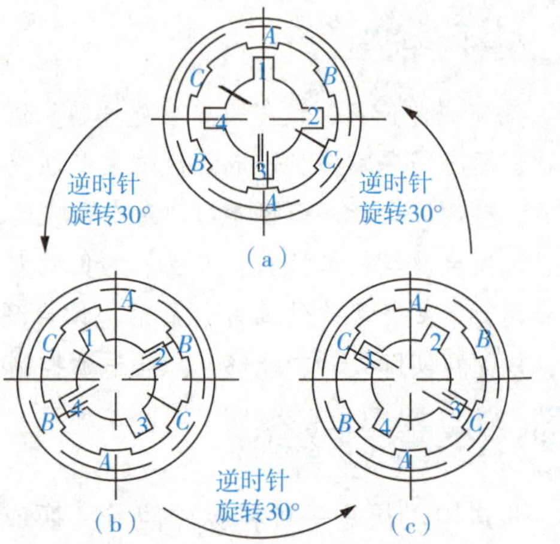

(a) A相通电；　(b) B相通电；　(c) C相通电。

图 4-2　步进电动机工作原理

(2)当 A 相断电、B 相通电时，产生以 B–B 为轴线的磁场力，将使离 B 相磁极最近的 2、4 两齿与定子 B 相磁极(B–B 轴线)对齐，转子逆时针转过 30°。

(3)当 B 相断电、C 相通电时，以 C–C 为轴线的磁场，使转子 1、3 两齿与定子 C 相磁极(C–C 轴线)对齐。

如此按 A→B→C→A 的顺序通电，转子就会不断地按逆时针方向转动。绕组通电的顺序决定了旋转方向。若按 A→C→B→A 的顺序通电，电动机就会按顺时针方向转动。

输入一个脉冲电信号转子转过的角度称为步距角 θ_s。由上面的分析可以看到，每切换一次，转子转过的角度为 1/3 齿距角，由此得出步距角为

$$\theta_s=\frac{\theta_t}{N}=\frac{360°}{ZN}=\frac{360°}{mKZ} \tag{4-4}$$

式中　N——运行拍数，$N=mK$；

m——定子绕组相数；

K——与通电方式有关的系数。

在上述三相单三拍通电方式中，由于每次只有一相绕组通电，并且在绕组通电切换的瞬间，电动机将失去自锁转矩，因而稳定性差，在实际应用中常采用下述两种通电方式。

三相双三拍通电顺序为：AB→BC→CA→AB(系数 $K=1$)。

三相六拍通电顺序为：A→AB→B→BC→C→CA→A(系数 $K=2$)。

同一种步进电动机采用不同的通电方式，其步距角 θ_s 也不同，三相六拍步距角为三相三拍步距角的一半。即脉冲当量也缩小一半，为提高分辨率，一般采用三相六拍通电方式。另外根据步进电动机相数不同，还常用四相八拍、五相十拍等腰三角形控制方式通电。

4.2.2　步进电动机的主要性能指标

(1)步距角和步距误差。如前所述同一相数的步进电动机可有两种步距角，通常为1.2°/0.6°、1.5°/0.75°、1.8°/0.9°、3°/1.5°等。步距误差是指步进电动机运行时，转子每一步实际转过的角度与理论步距角的差值。连续走若干步时，上述步距误差的累积值称为步距的累积误差。由于步进电动机转过一转后，将回到上一转的稳定位置，即步进电动机的步距累积误差将以一转为周期重复出现，所以步距的累积误差最大值可以在一转范围内测出。影响步进电动机步距误差和累积误差的主要因素，有齿和磁极的机械加工及装配精度、各相距角特性之间的差别大小等。

(2)静态转矩与矩角特性。当步进电动机不改变通电状态时，转子处在不动状态，如果在电动机轴上外加一个负载转距，使转子按一定方向转过一个角度 θ，此时转子所受的电磁转距 M 称为静态转矩，角度 θ 称为失调角。描述静态时 M 与 θ 的关系叫矩角特性(图 4-3)。该特性上的电磁转矩最大值称为最大静转矩 M_{max}。在静态稳定区内，当外加转矩除去时转子在电磁转矩作用下仍能回到稳定平衡点位置($\theta=0$)。

各相矩角特性差异不应过大，否则会影响步距精度及引起低频振荡。最大静转距与通电状态和各相绕组电流有关，但电流增加到一定值时使磁路饱和，就对最大静转距影响不大了。

(3)启动频率。空载时步进电动机由静止状态突然启动，并进入不丢步的正常运行的最高频率称为启动频率或突跳频率。加给步进电动机的指令脉冲频率如大于启动频率，就不能正常工作。步进电动机在带负载(尤其是惯性负载)下的启动频率比空载要低，而且随着负载加大(在允许范围内)，启动频率会进一步降低。

(4)连续运行频率。步进电动机启动以后，其运行速度能跟踪指令脉冲频率连续上升而不丢步的最高工作频率，称为连续运行频率。其值远大于启动频率，它随着电动机所带负载的性质和大小而改变，与驱动电源也有很大关系。

(5)矩频特性与动态转矩。矩频特性 $M=F(f)$ 描述步进电动机连续稳定运行时输出转矩与连续运行频率之间的关系(图 4-4)。该特性上每一个频率对应的转矩称为动态转矩。使用时一定要考虑动态转矩随连续运行频率的上升而下降的特点。

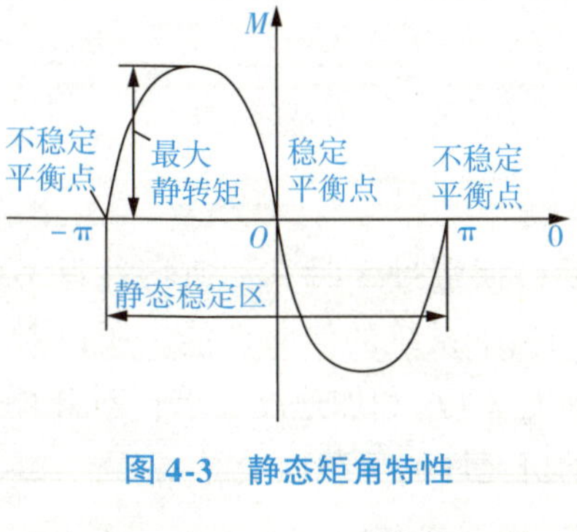

图 4-3　静态矩角特性

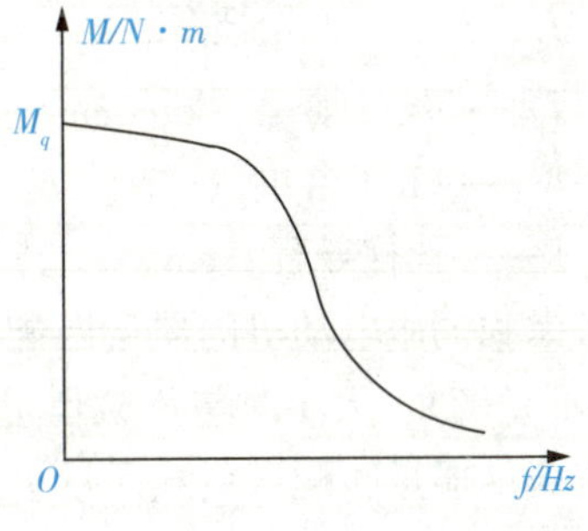

图 4-4　矩频特性

上述步进电动机的主要特性除第一项外，其余 4 项均与驱动电源有很大关系。如驱动电源性能好，步进电动机的特性可得到明显改善。

4.2.3 步进电动机的选用和有关参数核算

目前数控机床上常用的步进电动机主要有反应式和混合式两种。反应式步进电动机价格低于混合式步进电动机，但其性能不如混合式步进电动机。反应式步进电动机常用型号有 110BF、130BF、150BF 等；混合式步进电动机常用型号有 90BYG、110BYG、130BYG 等。在选择步进电动机时，首先要根据控制要求确定步进电动机的类型，并根据机床的加工精度要求选择进给脉冲当量，如 0.01 mm、0.05 mm 或 0.001 mm。

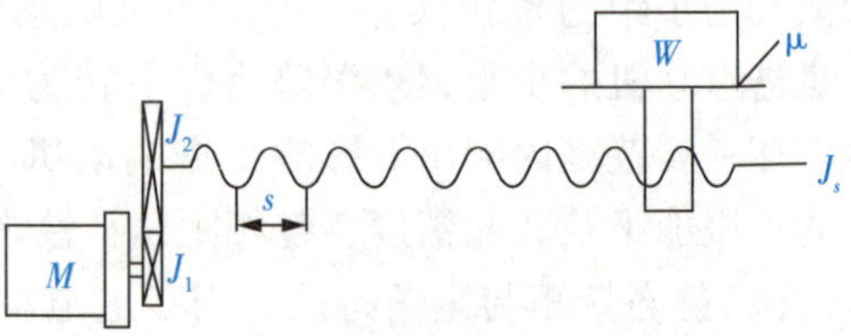

图 4-5 步进电动机驱动工作台的典型结构

步进电动机驱动工作台的典型结构如图 4-5 所示。

选用时通常进行下列有关参数的核算。

1. 计算齿轮减速比

首先要根据所选步进电动机的步距角、丝杠的导程以及所要求的脉冲当量计算减速齿轮的降速比。

根据所要求的脉冲当量 Δ，计算齿轮减速比 i。

$$i=\frac{\theta_s S}{360\Delta} \tag{4-5}$$

式中 θ_s——步进电动机的步距角，°/脉冲；

S——丝杠导程，mm；

Δ——脉冲当量，mm/脉冲。

2. 计算工作台、丝杠以及齿轮折算至电动机轴上的惯量 J_t

$$J_t=J_1+\frac{1}{i^2}\left[(J_2+J_s)+\frac{W}{g}\left(\frac{S}{2\pi}\right)^2\right] \tag{4-6}$$

式中 J_t——折算至电动机轴上的惯量，kg · cm · s²；

J_1、J_2——齿轮惯量，kg · cm · s²；

J_s——丝杠惯量，kg · cm · s²；

W——工作台重量，N；

S——丝杠导程，cm。

考虑到伺服电动机的惯量匹配要求，如电动机惯量过大时其加速特性得不到充分发挥(不经济)，太小时与负载惯量不匹配，影响整个系统的伺服性能。所以对闭环系统，应满足惯量匹配：负载惯量 $J_L\leqslant$电动机惯量 $J_m\leqslant 4J_L$ 和加速度要求；对开环系统要求折算至电动机轴上的负载惯量 J_t 不得超过电动机允许的负载惯量。

3. 计算要求电动机输出的总力距 M

$$M>M_a+M_f+M_t$$

$$M_a=\frac{(J_m+J_t)}{T}\times 1.02\times 10^{-2} \tag{4-7}$$

式中 M_a——电动机启动加速力矩，N·m；

J_m、J_t——电动机自身惯量与负载惯量，kg·cm·s^2；

T——电动机升速时间，s。

$$M_f=\frac{\mu WS}{2\pi\eta i}\times 10^{-2} \tag{4-8}$$

式中 M_f——导轨摩擦折算至电动机的转矩，N·m；

μ——摩擦因数；

η——传递效率。

$$M_t=\frac{P_t S}{2\pi\eta i}\times 10^{-2} \tag{4-9}$$

式中 M_t——切削力折算至电动机力矩，N·m；

P_t——最大切削力，N。

4. 负载启动频率估算

数控系统控制步进电动机的启动频率与负载转矩和惯量有很大关系，其估算公式为

$$f_q=f_{q0}\sqrt{\frac{1-\dfrac{M_f+M_t}{M_1}}{1+\dfrac{J_t}{J_m}}} \tag{4-10}$$

式中 f_q——带载启动频率，Hz；

f_{q0}——空载启动频率，Hz；

M_1——启动频率下由矩频特性决定的电动机输出力矩，N·m。

若负载参数无法精确确定，则可按 $f_q=f_{q0}/2$ 进行估算。

5. 运行的最高频率与升速时间的计算

由于电动机的输出力矩随着频率的升高而下降，因此在最高频率时，由矩频特性决定的输出力矩应能驱动负载并留有足够的裕量。

在升速过程中，电动机不但要驱动负载力矩，而且要能输出足够的加速力矩 M_a。升速时间与步进电动机的加速力矩和自身的转动惯量以及负载惯量有关。

6. 负载力矩与最大静转矩 M_{max} 的核算

电动机在最大进给速度时，由矩频特性决定的电动机输出力矩要大于 M_f 与 M_t 之和并留有裕量。一般来说，M_f 与 M 之和应小于 $(0.2\sim0.4)M_{max}$。

4.2.4 步进电动机的控制方法

由步进电动机的工作原理知道，要使电动机正常地一步一步地运行，控制脉冲必须按一定的顺序分别供给电动机各相，例如三相单拍驱动方式，供给脉冲的顺序为

A→B→C→A 或 A→C→B→A，称为环形脉冲分配。脉冲分配有两种方式：一种是硬件脉冲分配(或称为脉冲分配器)；另一种是软件脉冲分配，是由计算机的软件完成的。

1. 脉冲分配器

脉冲分配器可以用门电路及逻辑电路构成，提供符合步进电动机控制指令所需的顺序脉冲。目前已经有很多可靠性高、尺寸小、使用方便的集成电路脉冲分配器供选择。按其电路结构不同，可分为 TTL 集成电路和 CMOS 集成电路。

目前市场上提供的国产 TTL 脉冲分配器有三相(YBO13)、四相(YBO14)、五相(YBO15)和六相(YBO16)，均为 18 个管脚的直插式封装。CMOS 集成脉冲分配器也有不同型号，例如，CH250 型用来驱动三相步进电动机，封装形式为 16 脚直插式。

这两类脉冲分配器的工作方法基本相同，当各个引脚连接好之后，主要通过一个脉冲输入端控制步进的速度，一个输入端控制电动机的转向，并有与步进电动机相数同数目的输出端分别控制电动机的各相。这种硬件脉冲分配器通常直接包含在步进电动机驱动控制电源内。数控系统内通过插补运算得出每个坐标轴的位移信号，通过输出接口向步进电动机驱动控制电源定时发出位移脉冲信号和正反转信号。

2. 软件脉冲分配

在计算机控制的步进电动机驱动系统中，可以采用软件的方法实现环形脉冲分配。图 4-6 为一个 8031 单片机与步进电动机驱动电路接口连接的框图。P1 口的 3 个引脚经过光电隔离、功率放大之后，分别与电动机的 A、B、C 三相连接。当采用三相六拍方式时，电动机正转的通电顺序为 A→AB→B→BC→C→CA→A；电动机反转的顺序为 A→AC→C→CB→B→BA→A。它们的环形分配见表 4-1。设 P1 的某口为高电平时，相应的电动机相通电。

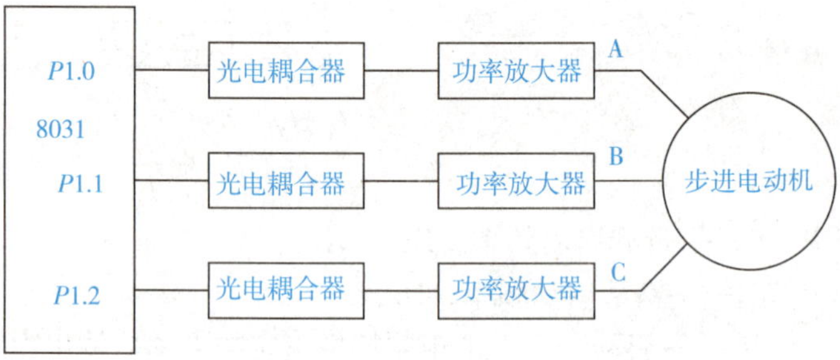

图 4-6 计算机控制的步进电动机驱动电路图

把表中的数值按顺序存入 EPROM 中，并分别设定表头的地址为 TAB_0，表尾的地址为 TAB_5。单片机的 P1 口按从表头开始逐步加 1 的顺序变化，电动机正向旋转；如果按从 TAB_5 逐步减 1 的顺序变化，电动机则反转。

采用软件进行脉冲分配虽然增加了软件编程的复杂程度，但省去了硬件环形脉冲分配器，系统减少了器件，降低了成本，也提高了可靠性。

表 4-1 计算机的三相六拍环形分配表

步 序		导电相	工作状态	数值(16 进制)	程序的数据表
正转	反转		CBA		TAB

（续表）

步　序	导电相	工作状态	数值(16 进制)	程序的数据表
↓ ↑	A	001	01H	TAB_0 DB01H
	A，B	011	03H	TAB_1 DB03H
	B	010	02H	TAB_2 DB02H
	B，C	110	06H	TAB_3 DB06H
	C	100	04H	TAB_4 DB04H
	C，A	101	05H	TAB_5 DB05H

4.2.5　步进电动机的驱动电源

环形脉冲分配器输出的电流很小(毫安级)，必须经过功率放大。过去采用单电压驱动电路，后来常采用高低压驱动电路，现在则较多地采用恒流斩波和调频调压等形式的驱动电路。

前面提到步进电动机的矩频特性中表明，随着频率增大，电动机带负载能力会下降。其主要原因是电动机绕组电感 L 的影响，由于步进电动机绕组本身的直流电阻 R_a 很小，而绕组电感 L 较大，所以当频率 ω 增大时，其绕组的阻抗 $Z=R_a+j\omega L$ 也很快增大，从而使得绕组电流 $I=V/Z$ 减小，即使输出力矩降低。为此，曾在过去的单电压驱动电路中串联一外加电阻 R_c，使得电路阻抗 $Z=R_a+R_c+j\omega L$ 随频率 ω 的上升而下降较小，但该方案使功耗大大增加，而且外接电阻发热严重，后来改进采用了高低压供电方式。为了更好地理解，下面逐一介绍各种驱动电路的简单原理和特点。

1. 单电压驱动电路

单电压驱动电路的原理如图 4-7 所示。其中 L 为步进电动机励磁绕组的电感，R_a 为绕组电阻，R_c 为外接电阻，为了减小回路的时间常数 $L/(R_a+Rc$，电阻 R_c 并联一电容 C(可提高负载瞬间电流的上升率)，从而提高电动机的快速响应能力和启动性能。续流二极管 VD 和阻容吸收回路 RC 是功率管 VT 的保护电路。

2. 高低压驱动电路

高低压驱动电路的特点是供给步进电动机绕组有两种电压：一种是高电压 U_1，由电动机参数和晶体管特性决定，一般在 80 V 至更高范围；另一种是低电压 U_2，即步进电动机绕组额定电压，一般为几伏，不超过 20 V。

图 4-8 为高低压驱动电路的原理图。在相序输入信号 C_M 到来时，VT_1、VT_2 同时导通，给绕组加上高压 U_1，以提高绕组中电流上升率，当电流达到规定值时，VT_1 关断、VT_2 仍然导通(t_H 脉宽小于 t_L)，则自动切换到低压 U_2。该电路的优点是在较宽的频率范围内有较大的平均电流，能产生较大且稳定的平均转矩；其缺点是电流波顶有谷点，如图 4-9(c)所示。

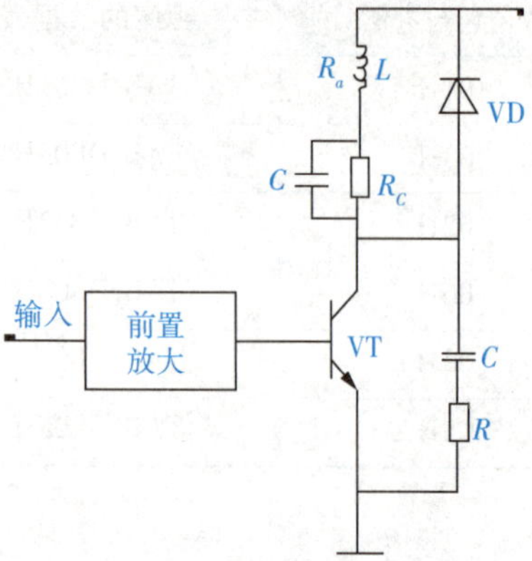

图 4-7　单电压驱动电路原理图

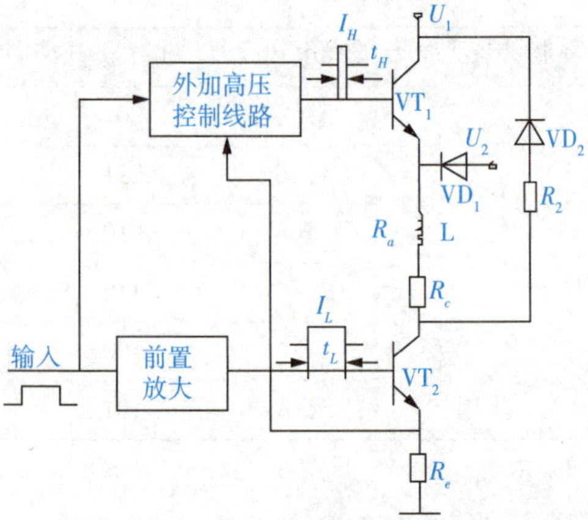

图 4-8　高低压驱动电路原理图

3. 斩波驱动电路

高低压驱动电路的电流在高低压连接处出现谷点，造成高频输出转矩在谷点下降，为了使励磁绕组中的电流维持在额定值附近，需采用斩波驱动电路。3 种驱动电路电流波形如图 4-9 所示。

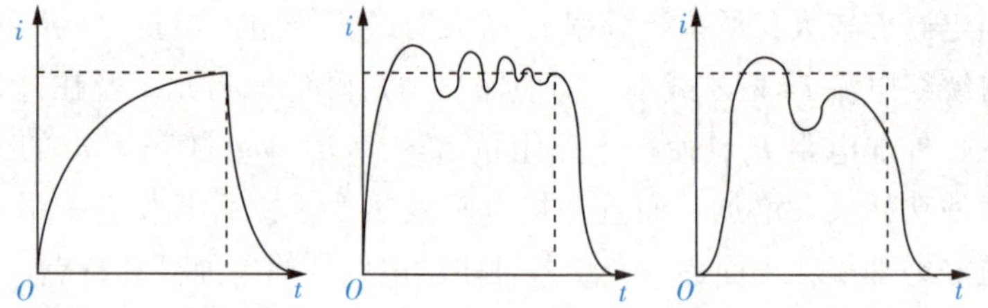

（a）单电压电路　　（b）斩波电路　　（c）高低压电路

图 4-9　3 种驱动电路电流波形

斩波驱动电路的原理如图 4-10 所示。它的工作原理是：环形分配器输出的脉冲作为输入信号，若为正脉冲，则 VT_1、VT_2 导通，由于 U_1 电压较高，绕组回路又无串联电阻，所以绕组中的电流迅速上升，当绕组中的电流上升到额定值以上某个数值时，由于采样电阻 R_e 的反馈作用，经整形、放大后送至 VT_1 的基极使 VT_1 截止。接着绕组由 U_2 低压供电，绕组中的电流立即下降，但刚降到额定值以下时，由于采样电阻 R_e 的反馈作用使整形电路无信号输出，此时高压前置放大电路又使 VT_1 导通，电流又上升。如此反复进行，形成一个在额定电流值上下波动呈锯齿状的绕组电流波形，近似恒流(图 4-9(b))，所以斩波电路也称斩波恒流驱动电路。锯齿波的频率可通过调整采样电阻 R_e 和整形电路的电位器来调整。

斩波驱动电路虽然复杂，但它的优点比较突出，列举如下。

(1)绕组的脉冲电流边沿陡，快速响应好。

(2)功耗小，效率高。因为电路无外接电阻 R_c，而采样电阻 R_e 又很小(一般为0.2 Ω左右)，所以整个系统的功耗下降很多，相应地提高了效率。

(3) 输出恒定转矩。由于采样电阻 R_e 的反馈作用，使绕组中的电流可以恒定在额定数值左右，而且不随步进电动机的转速而变化，从而保证步进电动机在很大的频率范围内都能输出恒定的转矩。

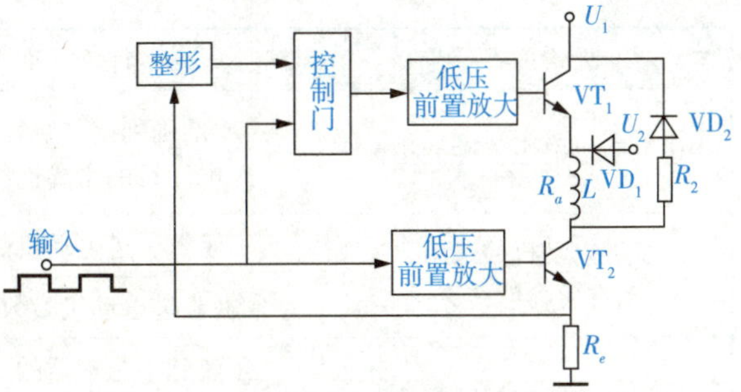

图 4-10　斩波驱动电路原理图

4. 调频调压电路

从上述驱动电路来看，为了提高驱动系统的快速响应，采用了提高供电电压、加快电流上升的措施。但在低频工作时步进电动机的振荡加剧，甚至失步。

从原理上讲，为了减小低频振荡，应使低速时绕组中的电流上升沿较平缓，这样才能使转子在到达新的稳定平衡位置时不产生过冲。而在高速时则应使电流前沿陡，以产生足够的绕组电流，才能提高步进电动机的带负载能力。这就要求由驱动电源对绕组提供的电压与电动机运行频率相一致，即低频时用较低电压供电，高频时用较高电压供电。

5. 细分驱动电路

在前述步进电动机工作原理中讲到步距角由步进电动机的齿距角及绕组相数等电动机结构所决定。在实际应用中，为了提高进给运动的分辨率，要求对步距角进一步细分。在不改变步进电动机结构的前提下，为了达到这一目的，将额定电流以阶梯波的方式输入，此时电流分成多少个台阶，则转子就以同样的步数转过一个电动机的固有步矩角。这样将一个步矩角细分成若干步的驱动方法称为细分驱动，此电路波形如图 4-11 所示。

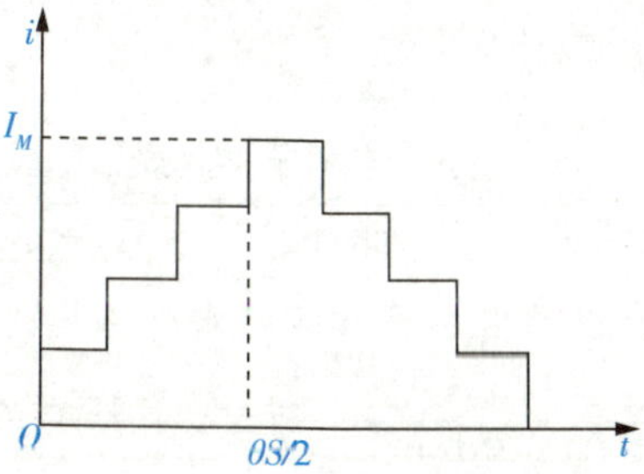

图 4-11　细分电路波形

获得阶梯电流一般有两种方法：一是先产生时序脉冲，放大后在电动机电枢内叠加，电枢绕组是它们的公共负载；二是先在加法器内将时序脉冲叠加成阶梯电压后进行放大，在电枢绕组内获得阶梯电流波形。

任务评价

评价内容	评价标准	分值	自评	师评
步进电动机工作原理	阐述步进电动机的基本工作原理	10		
	了解步进电动机的实现方式	10		

（续表）

评价内容	评价标准	分值	自评	师评
步进电动机的主要性能指标	准确列出并解释步进电动机的主要性能指标	20		
步进电动机的选用和有关参数核算	了解步进电动机的类型	10		
	掌握步进电动机参数核算步骤	10		
步进电动机的控制方法	了解脉中分配器的工作原理	10		
	熟记软件脉中分配的通电顺序	15		
步进电动机的驱动电源	能够列举至少三种步进电动机的驱动电源类型	15		
总分		100		

任务 3　直流电动机伺服系统

任务描述

本任务旨在全面介绍直流电动机伺服系统的相关知识，从直流伺服电动机的基本结构和工作原理出发，深入探讨其调速原理及常用的调速方法。此外，读者还将了解晶体管脉宽调制器式速度控制单元的工作原理，以及直流调速系统的动态响应过程。

任务分析

要完成此任务，读者需要具备电机学、电力电子技术、自动控制原理等相关知识的基础。在学习过程中，读者需要深入理解直流伺服电动机的结构和工作原理，掌握其调速原理和调速方法，了解晶体管脉宽调制器式速度控制单元的工作原理，并能够分析直流调速系统的动态响应过程。

任务重点与实施

伺服电动机是转速及方向都受控制电压信号控制的一类电动机，常在自动控制系统中用作执行元件。伺服电动机分为直流、交流两大类。

直流电动机伺服系统

直流伺服电动机在电枢控制时具有良好的机械特性和调节特性。机电时间常数小，启动电压低。其缺点是由于有电刷和换向器，造成的摩擦转矩比较大，有火花干扰及维护不便。

4.3.1　直流伺服电动机的结构和工作原理

直流伺服电动机的结构与一般的电动机结构相似，也是由定子、转子和电刷等部分组成，在定子上有励磁绕组和补偿绕组，转子绕组通过电刷供电。由于转子磁场和定子磁场始终正交，因而产生转矩使转子转动。如图 4-12 所示，定子励磁电流产生定子电势 E_s，转子电枢电流 I_a 产生转子磁势为 E_r，E_s 和 E_r 垂直正交，补偿磁阻与电枢绕组串联，电流 i_a 又产生补偿磁势 E_c，E_c 与 E_r 方向相反，它的作用是抵消电枢磁场对定子磁场的扭斜，使电动机有良好的调速特性。

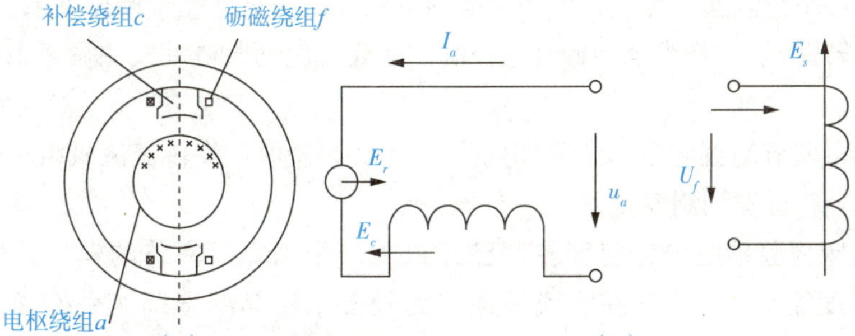

图 4-12　直流伺服电动机的结构和工作原理

永磁式直流伺服电动机的转子绕组是通过电刷供电，并在转子的尾部装有测速发电机和旋转变压器(或光电编码器)，它的定子磁极是永久磁铁。我国稀土永磁材料有很大的磁能积和极大的矫顽力，把永磁材料用在电动机中不但可以节约能源，还可以降低电动机发热，减少电动机体积。永磁式直流伺服电动机与普通直流电动机相比有更高的过载能力，更大的转矩转动惯量比，并具有调速范围大等优点，因此永磁式直流伺服电动机曾广泛应用于数控机床进给伺服系统。由于近年来出现了性能更好的以转子为永磁铁的交流伺服电动机，永磁直流电动机在数控机床上的应用越来越少。

4.3.2　直流伺服电动机的调速原理和常用的调速方法

由电工学的知识可知，在转子磁场不饱和的情况下，改变电枢电压即可改变转子转速。直流电动机的转速和其他参量的关系可用下式表示

$$n=\frac{U-IR}{K\Phi} \tag{4-11}$$

式中　n——转速，r/min；

U——电枢电压，V；

I——电枢电流，A；

R——电枢回路总电阻，Ω；

Φ——励磁磁通，Wb；

K——由电动机结构决定的电动势常数。

根据上述关系式，实现电动机调速时主要方法有3种。

(1)调解电枢供电电压U。电动机加以恒定励磁，用改变电枢两端电压U的方式来实现调速控制，这种方法也称为电枢控制。

(2)减弱励磁磁通Φ。电枢加以恒定电压，用改变励磁磁通的方法来实现调速控制，这种方法也称为磁场控制。

(3)改变电枢回路电阻R来实现调速控制。

对于要求在一定范围内无级平滑调速的系统来说，以改变电枢电压的方式最好。改变电枢回路电阻只能实现有级调速，调速平滑性比较差。减弱磁通，虽然具有控制功率小和能够平滑调速等优点，但调速范围不大，往往只是配合调压方案，在基速(即电动机额定转速)以上作小范围的升速控制。因此直流伺服电动机的调速主要以电枢电压调速为主。

要得到可调节的直流电压，常用的方法有以下3种：旋转变流机组、静止可控整流器和斩波器与脉宽调制变换器。

数控机床伺服系统中，速度控制已经成为一个独立、完整的模块，称为速度控制模块或速度控制单元。现在直流调速单元较多采用晶闸管调速系统和晶体管脉宽调制(pulse width modulation，PWM)调速系统。这两种调速系统都是改变电动机的电枢电压，其中以PWM调速系统应用最为广泛。因此本任务主要介绍PWM调速系统。

由于电动机是电感元件，转子的质量也较大，有较大的电磁时间常数和机械时间常数，因此目前常用的电枢电压可用周期远小于电动机机械时间常数的方波平均电压来代替。在实际应用过程中，直流调压器可利用大功率晶体管的开关作用，将直流电源电压转换成频率约200 Hz的方波电压，送给直流电动机的电枢绕组。通过对开关关闭时间长短的控制，来控制加到电枢绕组两端的平均电压，从而达到调速的目的。

脉宽调制器放大器属于开关型放大器。由于各功率元件均工作在开关状态下，功率损耗比较小，故这种放大器特别适用于较大功率的系统，尤其是低速、大转矩的系统。开关放大器可分为脉冲宽度调节型和脉冲频率调节型(pulse frequency modulation，PFM)两种，也可采用两种形式的混合型，但应用最为广泛的是脉冲宽度调节型。其中，脉宽调节是在脉冲周期不变时，在大功率开关晶体管的基极上加脉宽可调的方波电压，改变主晶闸管的导通时间，从而改变脉冲的宽度；脉冲频率调节是在导通时间不变的情况下，只改变开关频率或开关周期，也就是只改变晶闸管的关断时间。两点式控制是当负载电流或电压低于某一最低值时，使开关管VT导通；当电压达到某一最大值时，使开关管VT关断。导通和关断的时间都是不确定的。

4.3.3 晶体管脉宽调制器式速度控制单元

1. PWM 系统的主回路

由于功率晶体管具有优良的特性，因此在中、小功率驱动系统中，已逐步取代晶闸管，并采用了目前应用广泛的脉宽调制方式进行驱动。开关型功率放大器的驱动回路有两种结构形式，一种是 H 型(也称桥式)，另一种是 T 型，这里介绍常用的 H 型，其电路原理如图 4-13 所示。其中，VD_1 ~ VD_4 为续流二极管，用于保护功率晶体管 VT_1 ~ VT_4，M 是直流伺服电动机。

H 型电路的控制方式分为双极型和单极型，下面介绍双极型功率驱动电路的原理。4 个功率晶体管分为两组，VT_1 和 VT_4 为一组，VT_2 和 VT_3 为另一组，同一组的两个晶体管同时导通或同时关断。一组导通另一组关断，两组交替导通和关断，不能同时导通。将一组控制方波加到一组大功率晶体管的基极，同时将反向后该组的方波加到另一组的基极上就可实现上述目的。若加在 u_{b1} 和 u_{b4} 上正转；反之则电动机反转。若方波电压的正负宽度相等，加在电枢的平均电压等于 0，电动机不转，这时电枢回路中的电流仍然存在且是一个交变的电流，这个电流使电动机发生高频颤动，有利于减少静摩擦。

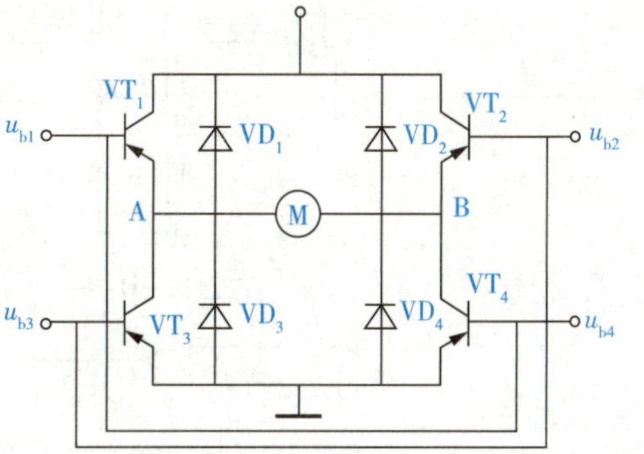

图 4-13 H 型双极模式 PWM 功率转换电路原理

2. 脉宽调制器

脉宽调制的任务是将连续控制信号变成方波脉冲信号，作为功率转换电路的基极输入信号，改变直流伺服电动机电枢两端的平均电压，从而控制直流伺服电动机的转速和转矩。方波脉冲信号可由脉宽调制器生成，也可由全数字软件生成。

脉宽调制器是一个电压-脉冲变换装置，由控制系统控制器输出的控制电压 U_c 进行控制，为 PWM 装置提供所需的脉冲信号，其脉冲宽度与 U_c 成正比。

常用的脉宽调节器可以分为模拟式脉宽调节器和数字式脉宽调节器，模拟式是用锯齿波、三角波作为调制信号的脉宽调节器，或用多谐振荡器和单稳态触发器组成的脉宽调节器。数字式脉宽调节器是用数字信号作为控制信号，从而改变输出脉冲序列的占空比。下面就以三角波脉宽调节器和数字式脉宽调节器为例，说明脉宽调制器的原理。

(1)三角波脉宽调制器。脉宽调制器通常由三角波(或锯齿波)发生器和比较器组成，如图 4-14 所示。图中的三角波发生器由两个运算放大器构成，ICl-A 是多谐振荡器，产生频率恒定且正负对称的方波信号。ICl-B 是积分器，把输入的方波变成三角波

信号 U_+输出。三角波发生器输出的三角波应满足线性度高和频率稳定的要求。只有在满足这两个要求才能满足调速要求。三角波的频率对直流伺服电动机的运行有很大的影响。由于 PWM 功率放大器输出给直流伺服电动机的电压是一个脉冲信号，有交流成分，这些不做功的交流成分会在直流伺服电动机内引起功耗和发热，为减少这部分的损失，应提高脉冲频率，但脉冲频率又受功率元件开关频率的限制。目前脉冲频率通常在 2 ~4 kHz 或更高，脉冲频率是由三角波调制的，三角波频率等于控制脉冲频率。

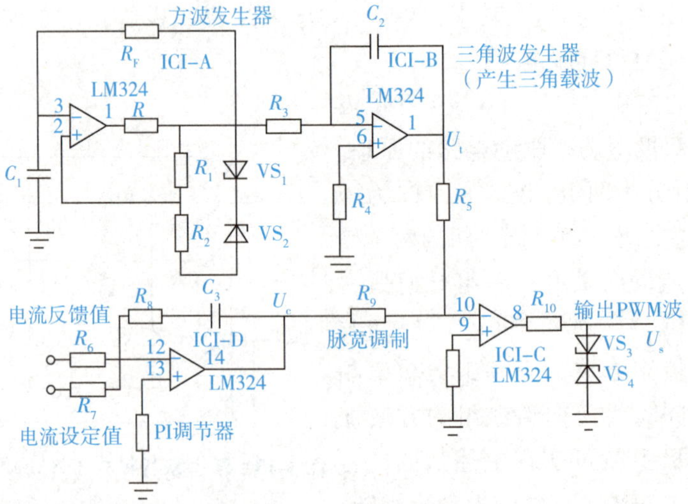

图 4-14　三角波发生器及 PWM 脉宽调制原理图

比较器 IC1-C 的作用是把输入的三角波信号 U_t 和控制信号 U_c 相加输出脉宽调制方波。当外部控制信号 $U_c=0$ 时，比较器输出为正负对称的方波，直流分量为 0。当 $U_c>0$ 时，(U_c+U_t) 对接地端是一个不对称三角波，平均值高于接地端电压，因此输出方波的正半周较宽，负半周较窄。U_c 越大，正半周的宽度越宽，直流分量也越大，所以电动机正向旋转越快。反之，当控制信号 $U_c<0$ 时，(U_c+U_t) 的平均值低于接地端电压，ICl-C 输出的方波正半周较窄，负半周较宽。U_c 的绝对值越大，负半周的宽度越宽，因此电动机反转越快。

这样改变了控制电压 U_c 的极性，也就改变了 PWM 变换器的输出平均电压的极性，从而改变了电动机的转向。改变 U_c 的大小，则调节了输出脉冲电压的宽度，进而调节了电动机的转速。该方法是一种模拟式控制，其他模拟式脉宽调节器的原理都与此基本相似。

(2)数字式脉宽调制器。在数字脉宽调制器中，控制信号是数字，其值可确定脉冲的宽度。只要维持调制脉冲序列的周期不变，就可以达到改变占空比的目的。用微处理器实现数字脉宽调节器可分为软件和硬件两种方法，软件法占用较多的计算机资源，不利于控制，但柔性好，投资少。目前被广泛推广的是硬件法。

在全数字控制系统中，可用定时器生成可控方波。有些新型的单片机内部设置了可产生 PWM 控制方波的定时器，用程序控制脉冲宽度的变化。图 4-15 为用单片机 8031 控制的全数字系统，其中用 8031 的 P0 口向定时器 1 和 2 送数据。当指令速度改变时，由 P0 口向定时器送入新的计数值，用来改变定时器输出的脉冲宽度。速度环和电流环的检测值经模数转换后的数字量也由 P0 口读入，经计算机处理后，再由 P0 口送给定时器，及时改变脉冲宽度，从而控制电动机的转速和转矩。图中的左半部分是数字式脉宽调制器，右半部分则是 PWM 调速系统的主回路。

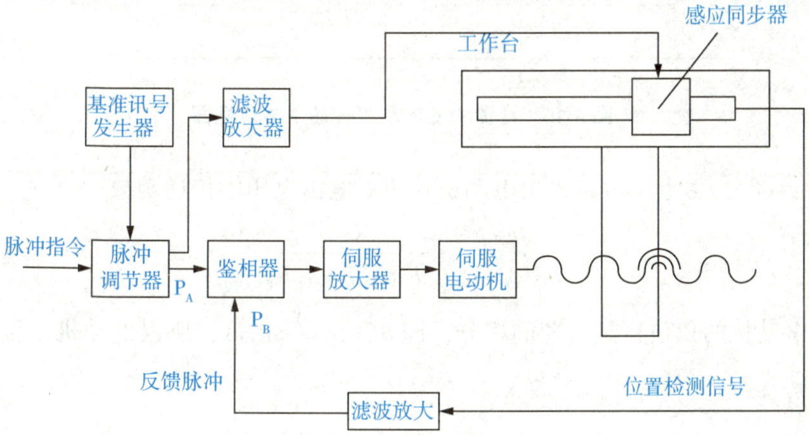

图 4-15　数字 PWM 控制系统

4.3.4　直流调速系统的动态响应过程

1. 直流调速系统的响应特性

直流伺服电动机的稳态特性如上所述，当电枢外加电压和负载突变时，电动机的响应过程是动态过程。电压和转矩的平衡方程为

$$U_a - E = I_a R_a + L_a \frac{dI_a}{dt} \tag{4-12}$$

$$T_d - T_e = J \frac{d\omega}{dt} \tag{4-13}$$

式中　L_a——电枢电感；

T_e——负载转矩；

E——电枢反电势；

ω——转子角速度；

J——折算到电动机轴上的总转动惯量。

式(4-12)和(4-13)进行拉普拉斯变换

$$U_a(s) - E(s) = R_a I_a(s) + L_a s I_a(s) \tag{4-14}$$

$$E(s) = K_E \omega(s) \tag{4-15}$$

$$T_d(s) - T_e(s) = Js\omega(s) \tag{4-16}$$

$$T_d(s)=K_t i_a(s) \tag{4-17}$$

根据式(4-14)、式(4-15)、式(4-16)和式(4-17)可以画出传递函数方框图，如图4-16所示。

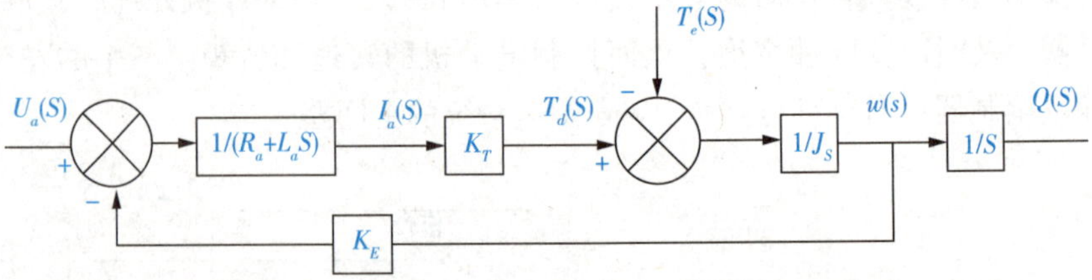

图 4-16　直流伺服电动机传递函数方框图

当 $T_e=0$ 时，由上式可以得出电动机转速对电枢电压的传递函数

$$\frac{\omega(s)}{U_a(s)}=\frac{K_t}{L_aJ_s^2+R_aJs+K_EK_T} \tag{4-18}$$

由于电动机的角位移是转速的积分，即 $\theta(s)=\frac{1}{s}\omega(s)$，所以电动机角位移对电枢的传递函数为

$$\frac{\theta(s)}{U_a(s)}=\frac{\omega(s)}{U_a(s)s}=\frac{1}{s}\cdot\frac{K_T}{L_aJs^2+R_aJ_s+K_EK_T} \tag{4-19}$$

由以上两式可以看出电动机的角速度对电枢电压是二阶系统；角位移对电枢电压是三阶系统，电枢电压变化会引起转速和转角变化。惯量 J 的变化也会引起转速和转角变化。引起惯量变化的因素主要是负载转矩，而负载转矩的变化又会引起电枢电流的变化，因此对转速和电流的检测可以测量电动机的速度是否稳定。

2. 转速负反馈单闭环无静差调速系统

调速的概念有两个方面的含义：第一是改变电动机的转速，当速度指令改变时，电动机的转速随着改变，并希望以最快的加减速达到新的指令速度值；第二是当速度指令不变时，希望电动机转速保持恒定不变。由于直流伺服电动机的机械特性较软，当外加电压不变时，电动机的转速随着负载的变化而变化。调速的重要任务是当负载变化时或电动机驱动电源电压波动时保持电动机的转速稳定不变。

最基本的调速方法是采用转速负反馈单闭环无静差调速系统。该系统利用测量元件测出电动机的转速，并将实测值反馈给控制端，若被控的速度出现偏差，系统就自动纠偏，保持速度稳定。

无静差调速是指稳定运行时，输入端的给定值与实测值的反馈值保持相等，相差为0，当电动机的速度变化时，反馈值与实测值不等，用两者的差值纠正速度偏差。用比例积分(proportional integral，PI)调节器可以实现闭环无静差调速，PI 调节器输入端输入给定值和反馈值，当二者之差不等于0时，比例部分能够迅速响应控制作用，积分部分能够最终消除稳态偏差。

图4-17为转速负反馈单闭环调速系统原理简图，它由 PI 调节器、PWM、基极驱

动电路和功率转换电路组成。基极驱动电路多种，这里采用了阻容延时电路，当PWM输出的脉冲在正半周时，经 R_2C_2 延时后由 A_3 输出高电平，使 VT_1、VT_4 导通，由于 VD_2 是导通的，正半周信号经 A_4 反向端输入，所以 A_4 的输出是负值，使 VT_2、VT_3 截止。当PWM输出脉冲的负半周时，经 R_3C_3 延时后由 A_4 输出高电平，使 VT_2、VT_3 导通，此时 A_3 输出低电平，VT_1、VT_4 截止。当突加负载时，电动机转矩失去平衡，转速迅速下降，使实测值 U_n 小于给定值 U_n^*，$\Delta U_n=U_n^*-U_n\neq0$，此偏差使PI调节器的输出 U_c 产生一个增量 Δu_c，这个增量使PWM输出方波的占空比发生变化，使电动机转速增加，直到 $U_n=U_n^*$ 为止，电动机转速恢复到加载前的值，此时 U_c 比加载前已增加了一个 Δu_c 值

$$\Delta u_c=K_P\Delta u_n+\frac{1}{\tau}\int\Delta u_n\mathrm{d}t$$

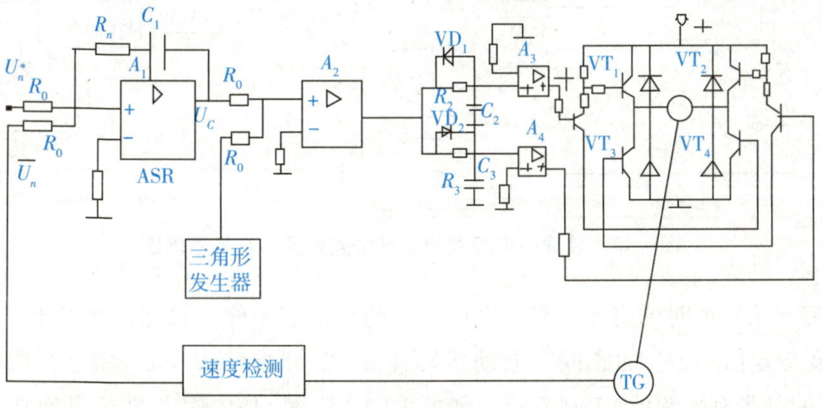

图4-17　转速负反馈单闭环调速系统简图

由这个 Δu_c 引起的PWM输出方波占空比的变化，最终不是用来改变电动机速度，而是用来改变电枢电流，使电动机产生的电磁转矩与外界负载平衡。当外载不变时，改变给定值 U_n^*，在突变的瞬间，检测值 U_n 与给定值 U_n^* 不相等，即 $\Delta U_n=U_n^*-U_n\neq0$，因而使PI调节器的输出 U_c 发生变化，这个变化也会使PWM输出方波的占空比发生变化，但由于外载不变，这个占空比的变化最终是用来改变电动机的速度，没有改变电动机的电枢电流。当电动机的速度达到给定值 U_n^* 时，检测值 U_n 与给定值 U_n^* 相等，电动机达到新的稳态。

上述转速负反馈单闭环系统中可以保证系统稳定后实现无静差，但动态响应过程不是最快。其最大缺点是不能控制电枢电流的波形。在实际控制中，电动机升速时希望电枢电流一直保持恒定的最大允许值，使电动机处在最大转矩值下加速，这样可以充分利用电动机的过载能力，获得最快的动态响应。一般的直流伺服电动机的电磁时间常数 T_i 受整个电枢回路的阻抗影响，其数值在10~30 ms，有些小于1 ms。而机械常数 T_m 受电动机转子及拖动部分折算到电动机轴上的转动惯量影响，其值为几毫秒到几秒。由于 T_i 和 T_m 相差很大，用一个调节器调节两个参数，很难获得良好的动态品

质。为了克服上述缺点，采用转速—电流双闭环系统更为理想。

3. 转速—电流双闭环调速系统

图 4-18 为转速—电流双闭环无静差调速系统的原理图，在该系统中设置了两个调节器，分别调节转速和电流。电流调节器(automatic current regulator，ACR)在内环，速度调节器(automatic speed regulator，ASR)在外环，速度调节器是主调节器，电流调节器是从调节器，内环的工作从属于外环，两个调节器都可以采用 PI 调节器，为限制输出电压超过许用值，可采用带限幅器的调节器。

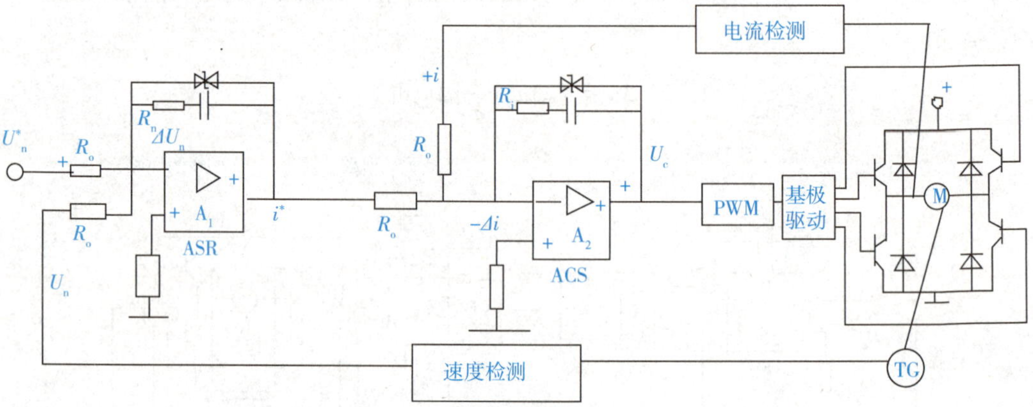

图 4-18　转速—电流双闭环无静差调速系统的原理图

(1)突加给定值时的启动过程。设在启动前系统处于停止状态，此时 $U_n^*=0$，$U_n=0$，在突变给定信号 U_n^* 的瞬间，电动机转速 $n=0$，此时 $\Delta U_n=U_n^*-U_n$ 有最大值。若 ASR 采用的是带有限幅的 PI 调节器，则最大的 ΔU_n 使 ASR 输出的 i^* 迅速达到饱和值 i_m^*，并且一直持续到 ΔU_n 为负值，即实测值 U_n 略高于 U_n^* 为止。这是由于 PI 调节器具有积分作用，在 ΔU_n 为正时，ASR 的输出有累加性，在达到饱和值以后，由于限幅电路的作用才停止累加，只有在 ΔU_n 为负值时才能退出饱和状态。

在刚启动的瞬间，由于电动机电流的反馈值为 $i=0$，在 $-i_m^*$ 的作用下，ACR 输入信号 $|-\Delta i|=|-i_m^*+i|$ 有最大值。在这个信号作用下，ACR 输出的 U_c 迅速加大，因而使 PWM 输出的控制方波的脉宽发生变化，电枢电流迅速增加，电动机启动。当启动电流达到最大值时，电流反馈值 Δi 与最大电流给定值 i_m^* 几乎相等，ACR 的输入信号 $\Delta i=0$，它的输出信号达到最大稳定值，此时电动机的电枢电流也稳定在最大值，电动机在最大转矩下迅速升速，直到达到给定转速。由于电磁常数 T_i 比机械常数 T_m 小得多，使电枢电流达到最大启动电流的时间比转子达到给定速度的时间小得多，在电枢达到最大电流到转子达到给定速度的时间是最大转矩加速，这就使启动的动态响应时间最短。

在转速达到给定值的瞬间，ASR 的反馈值 U_n 与给定值 U_n^* 相等，$\Delta U_n=0$，但它的输出仍为最大饱和值 $-i_m^*$，ACR 也处在最大稳定值，电动机仍在加速。当 $U_n>U_n^*$ 时，ΔU_n 为负值，ASR 退出饱和，它的输出值 $|-i^*|$ 开始减小，若电流反馈值 i 仍然是电流最大启动电流值，则 $-i^*+i$ 变为正值，由于 PI 调节器的反相作用，使 ACR 输出的 U_c

减小，PWM 输出的控制方波发生变化，使电动机降速，电枢电流减小，直到 $|U_n^*| = |U_n|$ 且 $|-i^*| = |i|$，达到稳定状态。

(2)抗负载扰动过程。在速度给定值 U_n^* 不变的情况下，电动机负载变化时，双环系统能很好地维持电动机的速度不变。其调节过程如下：负载加大时，电动机降速，U_n 减小，$\Delta U_n = U_n^* - U_n$ 增大，$|-i^*|$ 增大，在刚加载的瞬间 i 没变，因而使 $|-\Delta i| = |-i_m^* + i|$ 增大，进而使 ACR 输出的 U_c 增大，PWM 输出方波的占空比变化。此后，若 $\Delta U_n > 0$，则在 PI 调节器的累加性作用下，$|-i^*|$ 就增大，并大于跟踪的电流反馈值 Δi，而使 $-\Delta i$ 不改变，U_c 继续加大，使电动机升速，直到 $\Delta U_n = 0$ 且 $-\Delta i = 0$，U_c 维持在新的稳定值上，用来平衡变化后的负载，保持速度不变。负载减小的调节过程与上述变化相反。

(3)抗电网电压扰动的过程。当 PWM 输出的方波不变时，电网电压的波动首先引起电枢电流的变化，由于电枢电流的变化比电动机转子转速的变化快得多，因而在转速尚未明显变化时，电流反馈值已发生变化，进而引起 $-\Delta i$ 和 U_c 的变化，最后引起 PWM 方波占空比的变化，用来消除因电网电压波动而引起的电枢电流的变化。

根据上述分析可知：负载的变化首先引起转速的变化，ASR 起主导作用；而电网电压的波动首先引起的是电流变化，ACR 起主导作用。双闭环调速系统在两个调节器的作用下使调速性能更为理想。

4. 全数字直流调速系统原理

除了上述调速系统之外，全数字调速系统也是一种先进的调速系统。全数字直流调速系统的最大特点是除功率放大元件和执行元件的输入信号与输出信号为模拟量外，其余的控制信号均为数字信号。由于计算机的计算速度很高，对速度检测值和电流检测值的处理时间也很短，能在几毫秒时间内计算出速度环和电流环的输入输出值及产生控制方波的数据，控制电动机的转速和转矩。

在全数字系统中，速度环和电流环不是靠 PI 调节器调节，而是由计算机计算出的数据调节的，因其计算公式的功能与 PI 调节器功能相同，故而称为数字 PI 调节器。根据模拟 PI 调节器的工作原理，并按每一采样周期给出一次数据的离散化思路，求出速度环和电流环的差分方程，根据差分方程计算出每一采样周期的控制值。差分方程的形式

$$Y_n = -K_1 \Delta U_n - K_2 \Delta U_i \tag{4-20}$$

式中 K_1——放大倍数，相当于比例环节的放大倍数 K_p；

K_2——相当于积分环节的时间常数 $1/\tau$；

ΔU_n——当前的给定值与前一次给定值之差；

ΔU_i——每个采样周期的采样值与给定值之差；

Y_n——每个采样时间输出的控制值。

式(4-20)可以用于速度环和电流环，由于电流环的给定值就是速度环输出的控制值，因此电流环在每个速度环的采样周期内都获得新的给定值。用在电流环时，ΔU_n 随速度环的采样周期变化而变化。但速度环的采样周期远大于电流环的采样周期，因

此在电流环内还是相当稳定的。对于速度环来说，给定值取决于前面的位置环给出的速度指令值，与采样周期比是长期不变的，而 ΔU_i 则随所在环的采样周期变化而变化。

5. 直流伺服系统的位置控制

位置控制与速度控制是紧密相连的，速度环的给定值就是来自位置控制环。在数控机床中，位置控制环的输入数据来自轮廓插补运算，在每个插补周期内 CNC 装置插补运算输出一组数据给位置控制环，位置控制环根据速度指令中的要求及各环节的放大倍数(或称为增益)对位置数据进行处理，再把处理的结果送给速度环，作为速度环的给定值。

在模拟量控制的系统中，位置控制环把位置数据经数模转换变成模拟量送给速度环。现代的全数字伺服系统中，不进行数模转换，全部用计算机软件进行数字处理，输出的结果也是数字量。在全数字系统中，各种增益常数可根据外界条件的变化而自动更改，保证在各种条件下都是最优值，因而控制精度高稳定性好。全数字系统对提高速度环、电流环的增益，实现前馈控制、自适应控制等都是十分有利的。

位置控制伺服系统可分为开环、半闭环和闭环 3 种，下面主要介绍闭环位置控制系统。

(1)数字脉冲比较系统

用脉冲比较的方法构成闭环和半闭环控制的系统称为数字比较伺服系统。该系统的主要优点是结构比较简单，在半闭环控制中，多采用光电编码器作为检测元件，在闭环控制中多采用光栅作为检测元件。通过检测元件进行位置检测和反馈，实现脉冲比较。数字比较伺服系统的半闭环的结构框图如图 4-19 所示。整个系统由 3 部分组成：采用光电编码器产生位置反馈脉冲信号 P_f；实现指令脉冲 F 与反馈脉冲 P_f 的脉冲比较，以取得位置偏差信号 e；以位置偏差 e 作为速度给定的伺服电动机速度控制系统。

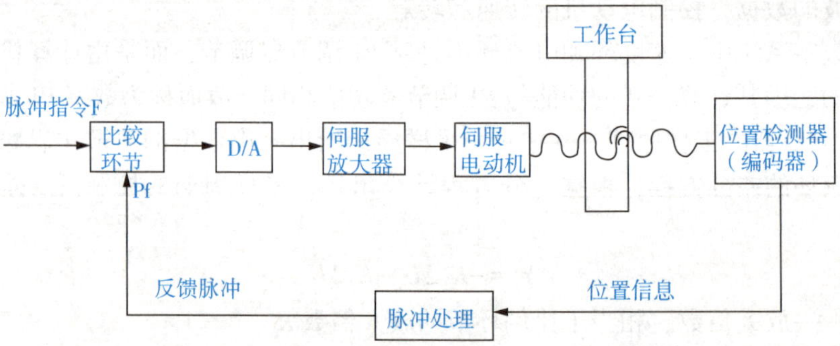

图 4-19　数字比较伺服系统的半闭环的结构框图

闭环数字比较伺服系统的工作原理简述如下。

① 开始时脉冲指令 $F=0$，且工作台处于静止状态，反馈脉冲 $P_f=0$，经比较环节则 $e=F-P_f=0$，那么伺服电动机的速度给定为0，伺服电动机不动，工作台处于静止状态。

② 当指令脉冲 F 为正向指令脉冲时，即 $F>0$，工作台在没有运动之前，反馈脉冲 P_f 仍为0。经比较环节比较，$e=F-P_f>0$，则调速系统驱动工作台正向进给。随着电动

机的运转，检测元件的反馈脉冲信号通过采样进入比较环节，该脉冲比较环节对 F 和 P_f 进行比较。按负反馈原理，只有当 F 和 P_f 的脉冲个数相等时，偏差 $e=F-P_f=0$，工作台才重新稳定在指令所规定的平衡位置上。

③ 当指令脉冲 F 为负向脉冲指令时，即 $F<0$，其控制过程与 F 为正向指令脉冲的控制过程相似，只是此时 $e<0$，工作台向反方向进给。最后，工作台准确地停在指令所规定的反向的某个稳定位置上。

比较环节输出的位置偏差信号 e 为一个数字量，经数模转换后才能变为模拟给定电压，使模拟调速系统工作。

数字比较伺服系统的优点是结构比较简单，易于实现数字化控制。在控制性能上数字比较伺服系统要优于模拟方式、混合方式的伺服系统。

(2)相位比较伺服系统

相位比较伺服系统是数控机床常用的一种位置控制系统，其结构形式与所使用的位置检测元件有关，常用的位置检测元件是旋转变压器和感应同步器，并工作于相位工作状态。图4-20为闭环相位比较伺服系统的结构框图。相位比较伺服系统也可以构成半闭环系统，与闭环相位比较伺服系统的差别是所用的检测元件和这些检测元件在机床上的安装位置不同。其主要组成部分有：基准信号发生器、脉冲调相器、鉴相器、伺服放大器、伺服电动机等。

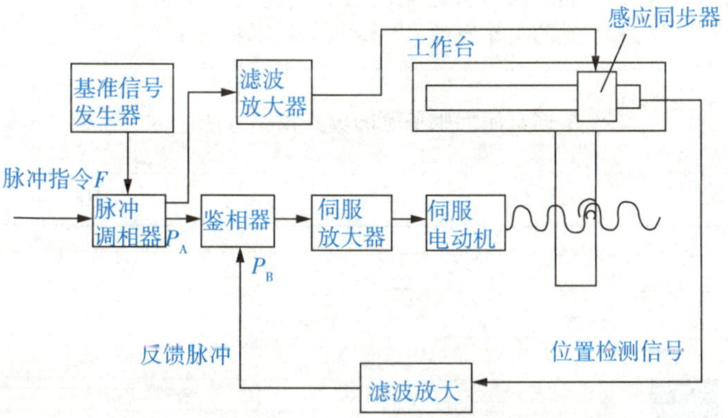

图4-20 闭环相位比较伺服系统的结构框图

脉冲调相器也称为数字相位变换器，其作用是将来自数控装置的进给脉冲信号转换为相位变化信号。该相位变化信号可用正弦信号或方波信号表示。若没有进给脉冲输出，则脉冲调相器的输出与基准信号发生器发出的基准信号同相位，无相位差。若输出一个正向或反向进给脉冲，则脉冲调相器就输出超前或滞后基准信号一个相应的相位角 θ。

鉴相器有两个输入信号，这两个输入信号同频，其相位均以与基准信号的相位差表示。鉴相器的作用是鉴别这两个输入信号的相位差，其输出正比于这个相位差的电压信号。

相位比较伺服系统中，检测元件工作于相位工作状态。检测信号经整形放大后的 P_B 作为位置反馈信号。进给脉冲(指令脉冲) F 经脉冲调相后，变成频率为 F_0 的脉冲信号 P_A。P_A、P_B 为鉴相器的输入，鉴相器的输出信号 $\Delta\theta = P_A - P_B$ 就反映了指令位置与实际位置的偏差。$\Delta\theta$ 经伺服放大器和伺服电动机构成的调速系统驱动工作台，实现位置跟踪。

(3)幅值比较伺服系统

幅值比较伺服系统是以检测信号的幅值大小来反映机械位移的数值，并以此作为反馈信号。检测元件工作于幅值状态，常用的检测元件有旋转变压器和感应同步器。

工作原理基本类似于闭环相位比较伺服系统，只是比较的量是幅值而不是相位。

任务评价

评价内容	评价标准	分值	自评	师评
直流伺服电动机的结构和工作原理	掌握直流伺服电动机的基本结构和工作原理	20		
直流伺服电动机的调速原理和常用的调速方法	理解并直流伺服电动机的调速原理	20		
	掌握直流伺服电动机常用的调速方法	30		
晶体管脉宽调制器式速度控制单元	熟悉晶体管脉宽调制器式速度控制单元的工作原理	10		
直流调速系统的动态响应过程	掌握直流伺服系统的位置控制方法	20		
总分		100		

任务4　交流电动机伺服系统

任务描述

本任务旨在全面介绍交流电动机伺服系统的相关知识，包括同步型交流伺服系统和异步型交流伺服系统的基本原理、控制方法以及应用前景。同时，读者还会深入了解交流伺服驱动变频电源的工作原理和类型。

任务分析

要完成此任务，读者需要掌握同步型和异步型交流伺服系统的基本原理和控制方法。同时，读者还需要熟悉交流伺服驱动变频电源的工作原理和类型，掌握SPWM逆变器的工作原理和调频兼调压的要求。

任务重点与实施

交流电动机伺服系统

交流电动机伺服系统由交流伺服电动机和伺服驱动器电源组成。近年来交流调速有了飞速的发展，它不仅克服了直流伺服电动机结构上存在的电刷维护困难、换向器易磨损、造价高、寿命短、应用环境受到限制等缺点，同时又发挥了交流伺服电动机坚固耐用、经济可靠及动态响应性好等优点。所以交流伺服系统发展迅速，并有取代直流伺服系统的趋势。

根据电动机的类型，目前常将交流伺服系统分为同步型交流伺服系统和异步型交流伺服系统两大类，通常同步型交流伺服电动机在数控机床进给伺服中应用更为广泛。

4.4.1　数控机床伺服系统的概念及组成

通常将伺服系统分为开环系统和闭环系统。开环系统主要以步进电动机作为控制对象，闭环系统通常以直流伺服电动机或交流伺服电动机作为控制对象。在开环系统中只有前向通路，无反馈回路，CNC装置生成的插补脉冲经功率放大后直接控制步进电动机的转动，脉冲频率决定了步进电动机的转速，进而控制工作台的运动速度，输出脉冲的数量控制工作台的位移，在步进电动机轴上(或工作台上)无速度或位置反馈信号。在闭环伺服系统中，以检测元件为核心组成反馈回路，检测执行机构的速度和位置，由速度和位置反馈信号来调节伺服电动机的速度和位移，进而来控制执行机构的速度和位移。

数控机床闭环伺服系统的典型结构如图1-6所示，是一个位置环系统。位置环是由CNC装置中位置控制、速度控制、位置检测与反馈控制等环节组成，用以完成对数控机床运动坐标轴的控制。

数控机床运动坐标轴的控制不仅要完成单个轴的速度位置控制，而且在多轴联动时，要求各移动轴具有良好的动态配合精度，这样才能保证所需的加工精度、表面粗糙度和加工效率。

4.4.2　同步型交流伺服系统

同步型交流伺服电动机一般由永磁同步电动机、转子位置传感器、速度传感器组成。永磁交流伺服电动机和它的伺服驱动器组成一个伺服系统。典型的交流伺服系统是一个速度闭环系统，伺服驱动器从主控制系统接收电压变化范围为$-U_i \sim U_i$的速度指令信号。电压从$-U_i$变化到U_i的过程中，伺服电动机可实现从反转最高速变化到0，然后再变化到正转最高速。

同步型交流伺服系统按照驱动电流的波形及工作原理，又可分为矩形波电流驱动的同步型交流伺服系统和正弦波电流驱动的同步型交流伺服系统。前者的永磁交流伺服电动机也称为无刷直流伺服电动机，后者的永磁交流伺服电动机也称无刷交流伺服电动机。从发展趋势看，正弦波驱动将成为主流。

交流伺服电动机运转必须有电动机转子位置传感器，它提供转子瞬时角位移信号。而直流伺服系统电流环控制则与电动机转子位置无关。交流伺服电动机的位置传感器信号进入交流伺服驱动器的电流环部分，实现对电动机各相绕组电流波形的控制。矩形波电流驱动的交流伺服系统和正弦波电流驱动的交流伺服系统需要不同的位置传感器。通常，正弦波电流驱动的伺服系统中用到的位置传感器是高分辨率的，一般采用绝对方式光电编码器、磁编码器等，同时伺服驱动器中的速度和位置，也都需要由速度传感器和位置传感器提供相应的反馈信号。

4.4.3 异步型交流伺服系统

异步型交流伺服系统采用感应电动机。伺服系统中的感应电动机转子结构简单、坚固、价格便宜、过载能力强。但是感应电动机与相同输出转矩的永磁同步伺服电动机相比，效率低、体积大，转子也有较明显的损耗和发热。感应电动机的交流伺服系统，在机床进给驱动中应用的主要困难是控制系统过于复杂。感应电动机在进给系统中需采用矢量控制技术。

1. 矢量控制原理

20世纪70年代初，德国首先提出按磁场定向的矢量变换控制原理，它是分析直流电动机和异步电动机旋转原理不同而提出的一种控制方案。从电机学可知，直流电动机有一个旋转的整流子式电枢和一个用来产生磁场的定子，磁极上的气隙磁通Φ是由磁极绕组中的电流i_f激励产生的，Φ正比于i_f而与电枢电流i_a的大小无关。直流电动机的转矩M是由Φ和i_a的相互作用产生的，即

$$M = C_M \Phi i_a \tag{4-21}$$

式中　C_M——转矩常数。

由于Φ与i_a无关，且励磁绕组电路和电枢电路又是各自独立的，因而可以通过分别调节i_f和i_a来进行磁通控制和转速、转矩控制。直流电动机就是由于具有如此特点，才具有优良的调速性能。

而感应电动机完全不同，感应电动机转子磁通Φ_2(与转子绕组交链的磁通)和电流的矢量关系如图4-21所示。

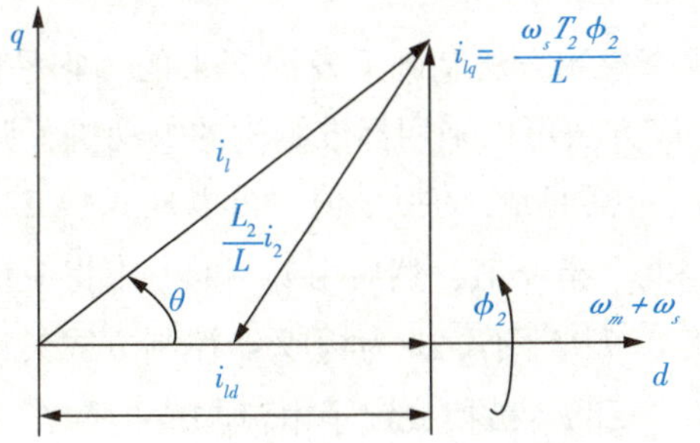

图 4-21　磁通与电流矢量

定子电流 i_1 与 Φ_2 的同相分量 i_{ld} 影响 Φ_2 幅值，与 Φ_2 垂直的分量 i_{lq} 对输出转矩 M 和滑差角频率 ω_s 产生影响。Φ_2、i_{ld}、i_{lq}、M 及 ω_s 之间的关系可表示为

$$\Phi_2=\frac{L}{1+T_2\nabla}i_{ld} \tag{4-22}$$

$$M=\frac{L}{L_2}\Phi_2 i_{lq} \tag{4-23}$$

$$\omega_s=\frac{LR_2 i_{lq}}{L_2\Phi_2} \tag{4-24}$$

式中　L_2——转子自感；

R_2——转子电阻；

L——定、转子间互感；

T_2——转子时间常数，$T_2=L_2/R_2$；

∇——拉普拉斯算子。

如果能像上述直流电动机的磁场电流和电枢电流互不相干、各自独立那样，即将定子电流 i_l 分解出 i_{ld} 和 i_{lq} 两个分量，分别进行控制，就可以使感应电动机获得同直流电动机相同的调速性能，即控制定子电流在 $d-q$ 轴上的分量 i_{ld} 和 i_{lq}，使以上各式表示的磁通和输出转矩分别满足指令值，这就是矢量控制的基本原理。

但实际上可以控制的电流只有定子各相电流。因此必须采取一定的方法，把以同步转速旋转的 $d-q$ 坐标系上的定子电流分量 i_{ld}、i_{lq} 变换为能直接控制的定子绕组电流形式，如能知道 Φ_2(d 轴)对定子线圈的旋转位置 θ，上述变换就可以实现。

2. 矢量控制方法

根据得到 Φ_2 位置 θ 的方法，矢量控制可以分为磁通检测法和转差频率(sf)控制法。

磁通检测法是由定子通过由霍尔元件等磁敏元件测得的定子磁通瞬时值，或由定子端电压和用检测线圈测得的感应电压等求得的磁通瞬时值直接得到 θ。此方法是直接检测磁通，所以与感应电动机的常数无关，这是此方法的优点。但是系统的性能取决于磁通检测精度，因此必须考虑在低速范围内由于槽脉动和磁饱和造成的磁通检测误差的影响。

sf 控制法是在滑差频率控制方法基础上发展起来的，它是由转子位置 θ_m 和滑差角 θ_s 进行加法运算得到 θ。该方法可以采用标准结构的电动机，调速范围很广。

根据输出转矩 M 和磁通幅值 Φ_2 的指令值，可以从式(4-22)或式(4-23)决定定子电流在 $d-q$ 轴上的分量 i_{ld}^* 和 i_{lq}^* 指令值，然后由 i_{ld}^* 和 i_{lq}^* 求得应输入定子绕组的定子电流幅值指令和瞬时相位角指令 θ_l^*。图 4-22 为构成 sf 控制方式矢量控制系统框图。

通过坐标变换电路，i_{ld}^* 和 i_{lq}^* 被换成定子电流幅值指令 I_l^* 和对于 Φ_2 的相对相位角指令 θ^* 的公式为

$$I_l^* = \sqrt{(i_{ld}^*)^2 + (i_{lq}^2)} \tag{4-25}$$

$$\theta^* = \arctan\left(\frac{i_{lq}^*}{i_{ld}^*}\right) \tag{4-26}$$

又从式(4-22)的磁通运算电路，由 i_{ld}^* 求得磁通幅值 Φ_2 和 i_{lq}^*，按式(4-26)算出滑差角频率 ω_s，此 ω 表示当输入幅值为 I_l^* 的定子电流时，为了使定子电流在 $d-q$ 轴上的分量 i_{ld} 和 i_{lq} 分别与给定值 i_{ld}^* 和 i_{lq}^* 相等所必须的滑差角频率，将 ω_s 积分就得到滑差角 θ_s，再与由直接连在感应电动机转子上的位置检测器测得的转角 θ_m 相加，就得到转子磁通的瞬时相位角 θ。然后把定子电流对 Φ_2 的相对相位角指令 θ 与 Φ_2 相加，便得到应输入定子绕组的电流瞬时相位角 θ_l^*。一般用 I_l^* 和 θ_l^* 控制频率变换装置，由频率变换装置供给感应电动机基波幅值为 I_l^*，瞬时相位角为 θ_l^* 的定子电流。

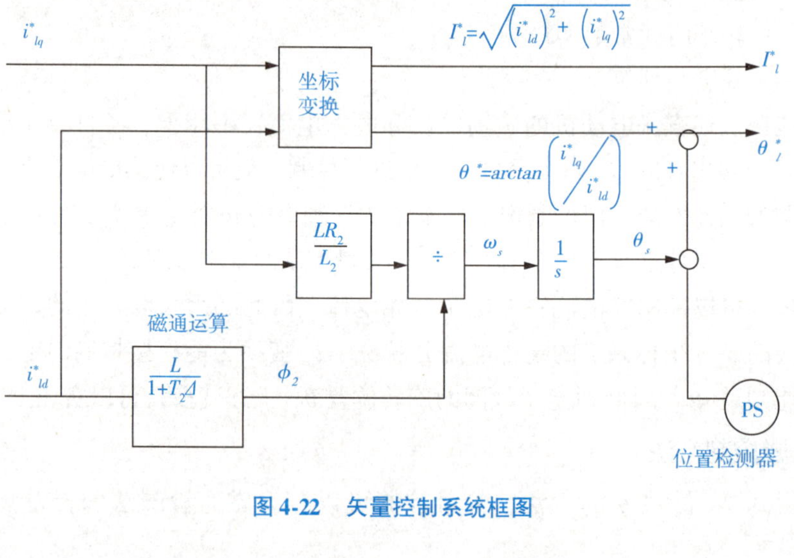

图 4-22　矢量控制系统框图

3. 矢量控制的前景

矢量控制不仅可以用于笼型感应电动机，也可用于绕线转子感应电动机。矢量控制是很有发展前途的一种控制方案，采用矢量变换的感应电动机具有和直流电动机一样的控制特点，而且结构简单、可靠，电动机容量不受限制以及与同等直流电动机相

比机械惯量小等优点，因此有望取代直流电动机，如采用微处理器来完成坐标变换和控制功能，可大大降低成本，对今后机床传动系统设计必将产生重大影响。

4.4.4　交流伺服驱动变频电源

1. 调频兼调压的要求

根据电机学可知，交流电动机的转速 n 公式为

$$n=\frac{60f_1}{p}(1-S) \tag{4-27}$$

式中　f_1——定子供电频率；

p——极对数；

S——转差率。

从式(4-27)可以看出，若均匀地改变定子供电频率 f_1，则可以平滑地改变电动机的同步转速。但是随着 f_1 的改变，电动机的机械特性将如何变化、能否满足生产机械的要求等问题都应加以研究。在异步电动机中已知

$$E_1=4.44f_1w_1k_1\Phi \tag{4-28}$$

如果略去定子阻抗压降，则

$$U_1\approx E_1=4.44f_1w_1k_1\Phi \tag{4-29}$$

该式说明，若端电压 U_1 不变，则随着 f_1 的升高，气隙磁通 Φ 将减小。又从转矩公式

$$M=C_M\phi I_2\cos\varphi_2 \tag{4-30}$$

可以看出，Φ 的减小势必导致电动机允许输出转矩 M 下降，使电动机的利用率降低。同时，电动机的最大转矩也将降低，严重时会使电动机堵转。若维持端电压 U_1 不变，而减少 f_1，则根据式(4-30) Φ 将增加。这就会使磁路饱和，励磁电流 I_m 上升，导致铁损急剧增加，这也是不允许的。

因此在许多场合，要求在调频的同时改变定子电压 U_1，以维持 Φ 接近不变。根据 U_1 和 f_1 的不同比例关系，将有不同的变频调整方式。

通过电机学有关公式推导(这里省略公式推导，直接给出结论)，可知对于恒转矩负载(M=常数)，要求$\frac{E_1}{f_1}$=常数。而对于恒功率负载(P=常数)，要求$\frac{U_1}{\sqrt{f_1}}$=常数，因此对交流电动机供电的变频器一般都要求同时有调频兼调压的功能，并且根据电动机所带负载的特性，来确定电压 U_1 与频率 f_1 的关系。

2. 变频器的类型

变频器可分为“交—交”型和“交—直—交”型两大类。前者又称直接式变频器，后者又称带直流环节的间接式变频器。

交—交变频器的原理如图4-23所示。它由两组反并联的变流器P和变流器N所组成，如P组和N组轮流向负载 R 供电，则负载上可获得交流输出电压 U_0，U_0 的幅值由各组变流器的控制角 α 所决定，U_0 的频率由两组交流器的切换频率所决定。由于输出

波形是由电源波形整流后得到的，所以输出频率不可能高于电网频率，故一般用于低频大容量调速。

交—交变频器根据其输出电压的波形，又可以分为方波型及正弦波型两种。

交—直—交变频器由顺变器、中间环节和逆变器3部分组成。顺变器的作用是将交流转换为可调直流，作为逆变器的直流供电电源。因中间环节的不同而分为斩波器方式变频器、电压型变频器和电流型变频器等。而逆变器是将可调直流电变为调频、调压的交流电，采用脉冲宽度调制逆变器来完成。

逆变器有晶闸管逆变器和晶体管逆变器之分，目前，数控机床上的交流伺服系统较多地采用晶体管逆变器。脉冲宽度调制的方法很多，其中正弦波调制（sine pulse width madulation，SPWM）方法应用最为广泛。

3. SPWM逆变器的工作原理

SPWM逆变器产生正弦脉宽调制波即SPWM波形。其工作原理是，把1个正弦半波分成N等份，然后把每一等份的正弦曲线与横坐标轴所包围的面积都用1个与此面积相等的等高矩形脉冲来代替，这样可得到N个等高而不等宽的脉冲序列。它对应着1个正弦波的半周，对正负半周都这样处理，即可得到相应的$2N$个脉冲，这就是与正弦波等效的正弦脉宽调制波，其波形如图4-24所示。

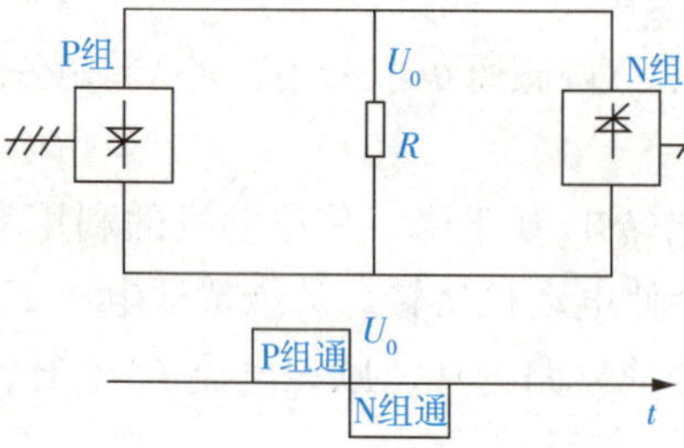

图4-23 交—交变频器的原理图

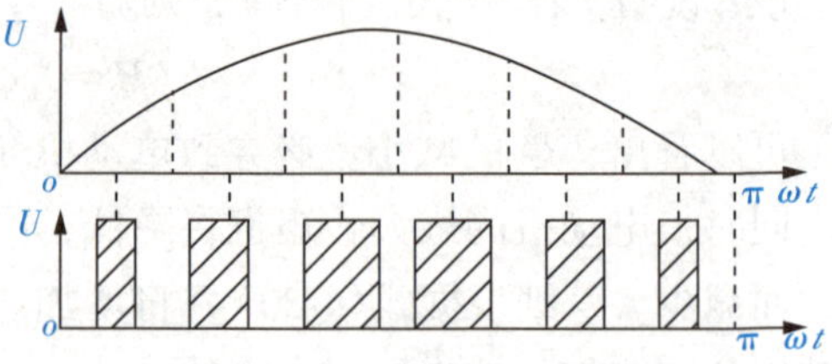

图4-24 与正弦波等效的SPWM波形

SPWM波形可用计算机技术产生，即对给定的正弦波用计算机算出相应脉冲宽度，通过控制电路输出相应波形，或用专门的集成电路芯片产生，也可以采用模拟式电路以调制理论为依据产生，其方法是以正弦波为调制波对等腰三角波为载波的信号进行调制。调制电路仍可采用电压比较放大器，调制原理已在前述直流伺服系统中的脉冲宽度调制器中说明，所不同的是这里需要3路以产生三相SPWM波形。

任务评价

评价内容	评价标准	分值	自评	师评
同步型交流伺服系统	同步型交流伺服系统的基本原理	15		
异步型交流伺服系统	掌握矢量控制基本原理	15		
	了解矢量控制方法	30		

（续表）

评价内容	评价标准	分值	自评	师评
交流伺服驱动变频电源	熟悉交流伺服驱动变频电源的类型	20		
	掌握 SPWM 逆变器的工作原理	20		
总分		100		

项目小结

本项目主要介绍了数控机床伺服驱动系统。首先介绍了数控机床的伺服系统；其次介绍了步进电动机伺服系统；最后介绍了直流电动机、交流电动机伺服系统。通过本项目的学习，读者能够更好地理解和掌握数控机床伺服系统的基本原理和实际应用，为后续的学习和工作打下坚实的基础。

项目习题

1. 数控机床对伺服系统有哪些要求？

2. 数控机床的伺服系统有哪几种类型？简述各自的特点。

3. 步进电机步距角的大小取决于哪些因素？

4. 用自己熟悉的语言设计一个五相十拍的脉冲分配程序。

5. 如何提高开环系统的伺服精度？

6. 数控机床对检测装置有哪些要求？

7. 概述旋转变压器两种不同工作方式的原理，写出相应的励磁电压形式。

8. 步进电动机的连续工作频率驱动部分有哪些基本形式？各自有何特点？

9. 直流伺服电动机的工作原理是什么？其调速方式有哪几种？各有何特点？数控直流伺服系统主要采用哪种调速方法？

10. 脉宽调速的基本原理是什么？转速负反馈单闭环无静差调速系统和转速-电流双闭环调速系统各自的特点是什么？

11. 数控机床厂用的检测装置有哪些？数控机床常见位移检测有哪些？各自有何特点？数控机床常见速度检测有哪些？各自有何特点？

12. 为什么要对伺服系统的开环增益进行调节控制？

项目 5　数控机床及位置检测装置

项目导读

数控机床是数控加工技术的具体执行机构，位置检测装置则是数控机床执行数控命令的信息反馈机构。本项目主要介绍各种数控机床的结构和主要技术参数，以及各种位置检测装置的工作原理和应用方法。

学习目标

◆ **知识目标**

- 熟悉数控车床、数控铣床、数控加工中心及数控电火花线切割机床主要结构部件。
- 熟悉感应同步器、旋转变压器、编码器、光栅、磁栅和激光干涉仪等装置的结构和工作原理。

◆ **技能目标**

- 能够初步评估各类机床的性能特点，并选择适合加工需求的机床。
- 能够根据数控机床的加工需求，合理选择位置检测装置。

◆ **素质目标**

- 培养学生对数控机床技术的兴趣和热情。
- 促进学生知识能力、方法能力、社会能力、专业能力以及职业素养全面发展。

思政目标

- 注重与相关课程教学内容的衔接，通过启发创新思维，培养学生实践能力。
- 培养学生的团队协作精神和安全意识，确保在机床操作过程中遵守安全规范。

任务 1　数控机床

任务描述

本任务旨在全面介绍数控车床、数控铣床、数控电火花线切割机床等常见数控机床的概述，以及各类机床的主要结构部件。

任务分析

要完成此任务，读者需要掌握数控车床、数控铣床、数控加工中心及数控电火花线切割机床的组成部件，深入理解各类机床的工作原理和性能差异。同时，读者还需具备对各类机床进行初步评估和选择的能力，以便在实际应用中能够根据需要选择合适的机床进行加工操作。

任务重点与实施

常见的数控机床包括数控车床、数控铣床、数控电火花线切割机床和数控加工中心等。

5.1.1　数控车床概述

数控车床是切削加工的主要技术装备。用于对圆柱形、圆锥形和各种成形回转表面车削各种螺纹，以及对盘形零件的钻、扩、铰和镗孔等加工。它适用于航天航空、国防、石油、电动机、仪表、汽车、拖拉机及机械制造等行业中回转体零件的中小批量生产。与普通车床相比，数控车床的加工精度高，精度稳定性好，适应性强，操作劳动强度低，特别适应于复杂形状的零件加工或对精度要求较高的中、小批量零件的加工。近年来新出现的数控车削中心有主、副轴，可以完成工件左、右端面加工，若与自动送料器配套可以进行棒料自动切削。而双主轴、双刀架及 *Y* 轴的多功能车削中心，其单台可以自成 FMC 单元，多台可连成 FMC 系统，大大提高零件的加工效率和加工质量。

1. 数控车床的布局形式与基本构成

车床的布局对数控车床是十分重要的，直接影响车床的结构和使用性能。数控车床的布局大都采用机、电、液、气一体化布局，全封闭或半封闭防护。数控车床的主轴、尾座等部件相对床身的布局与普通车床基本一致，而刀架和导轨的布局则发生了根本变化，有多种形式，图 5-1 为 4 种常见的数控车床布局形式。

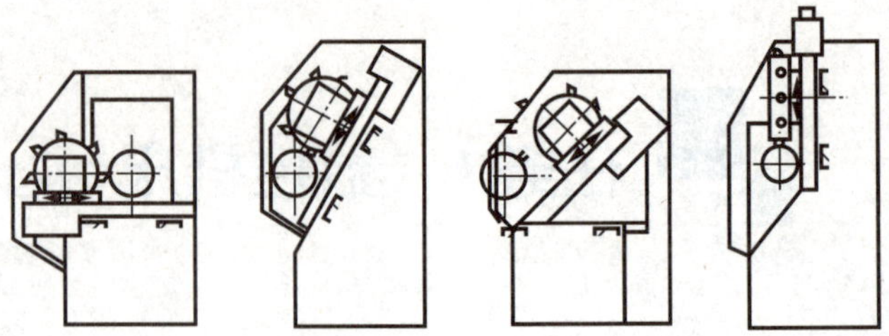

图 5-1 数控车床的布局

一般中小型数控车床采用倾斜床身或水平床身斜滑板结构。这种布局结构具有机床外形美观，占地面积小，易于排屑和切削液的排流，便于操作者操作与观察，易于安装上下料机械手，实现全面自动化等特点。倾斜床身还有一个优点是可采用封闭截面整体结构，提高床身的刚度。床身导轨倾斜角度多为45°、60°和70°，但倾斜角度太大会影响导轨的导向精度及受力情况。水平床身加工工艺性好，其刀架水平放置，有利于提高刀架的运动精度，但这种结构床身下部空间小，排屑困难。床身导轨常采用宽支撑 V+平型导轨，丝杠位于两导轨之间。图 5-2 为 CK7815 型数控车床的外观图。

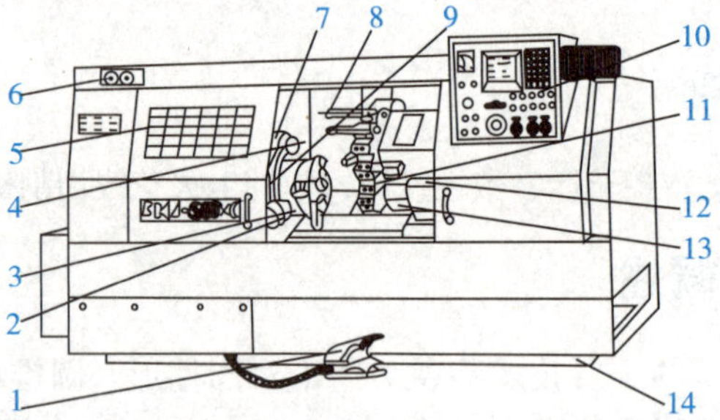

1—脚踏开关；2—对刀仪；3—主轴卡盘；4—主轴箱；5—机床防护门；6—压力表；
7—对刀仪防护罩；8—导轨防护罩；9—对刀仪转臂；10—操作面板；
11—回转刀架；12—尾架；13—滑板；14—床身。

图 5-2 CK7815 型数控车床的外观图

2. 数控车床的主要结构

数控车床是由床身、主轴箱、刀架进给系统、液压、冷却、润滑系统等部分组成。

(1) 主传动系统及主轴部件

经济型数控车床的主传动系统与普通车床几乎完全相同，为了适应数控机床在加工中自动变速的要求，在传动中采用双速电动机及电磁离合器。全功能型数控车床主传动一般采用直流或交流无级调速电动机，通过带传动带动主轴旋转，实现自动无级调速及恒速切削控制，变挡一般采用液压缸推动滑移齿轮来实现。图 5-3 为数控车床主传动系统图。

图 5-4 为数控车床的主轴结构图，主轴前端采用 3 个推力角接触球轴承构成前轴承，主轴后端由两个背对背的角接触球轴承构成后支承。这种支承结构能够承受较大

的径向力和轴向力。

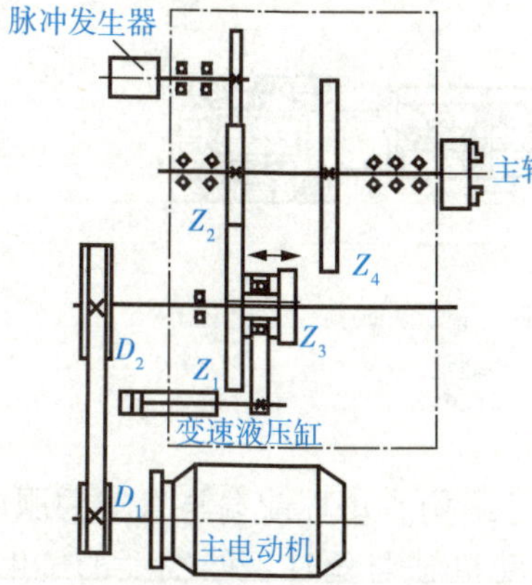

图 5-3　数控车床主传动系统图

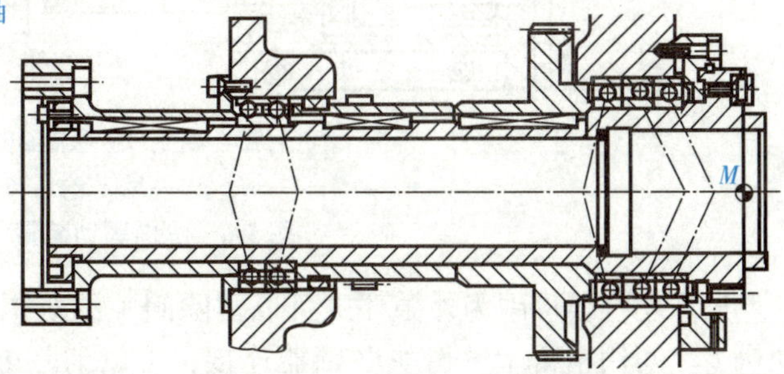

图 5-4　数控车床的主轴结构图

(2)进给传动系统

① 横向进给系统。在图 5-5 中床身中部装有与横向导轨平行的外循环滚珠丝杠副 1，滚珠丝杠支承在两个径向推力轴承上，丝杠由 FB-15 型直流伺服电动机 5 通过一对同步带 3 带动旋转，带轮与电动机轴用锥环无键连接，图中 12 和 13 是锥面相互配合的锥环。这种连接配合无间隙，对中性好。反馈元件脉冲编码器 2 与丝杠相连接，直接检测丝杠的回转角度。

② 纵向进给驱动。纵向驱动部分的结构如图 5-6 所示。床鞍的纵向移动由 FB 15 型直流伺服电动机 1 带动滚珠丝杠 5 来实现，滚珠丝杠 5 的前端支承在成对的 P5 级角接触球轴承 4 上。后端支承在 P5 级深沟球轴承 6 上，前轴承由螺母 3 锁紧，后轴承由两个做密封环用的隔套和轴用弹簧卡圈定位。由图可见，丝杠的前端轴向是固定的，后端轴向则是自由的，可以补偿由于温度引起的伸缩变形。

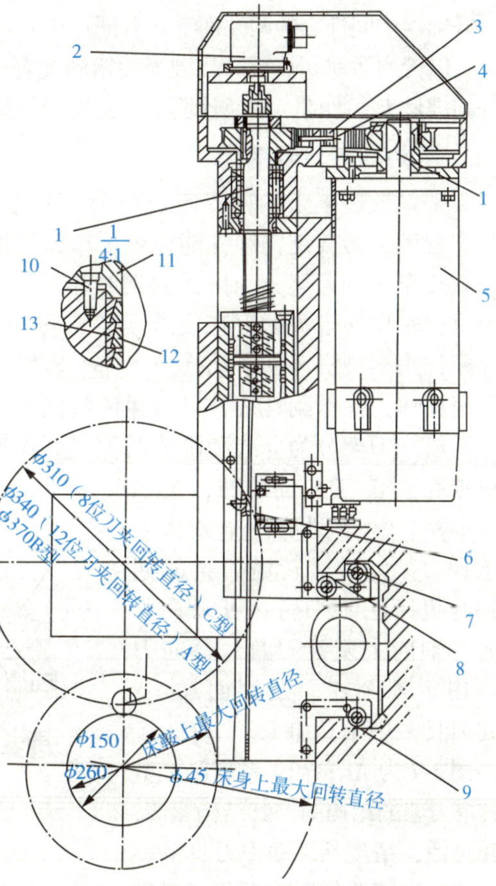

1—滚珠丝杠副；2—脉冲编码器；3—同步带；
4—调整螺钉；5—直流伺服电动机；
6—挡铁；7、8、9—镶条；10—拧紧螺钉；
11—法兰；12、13—锥环。

图 5-5　数控车床横向进给系统

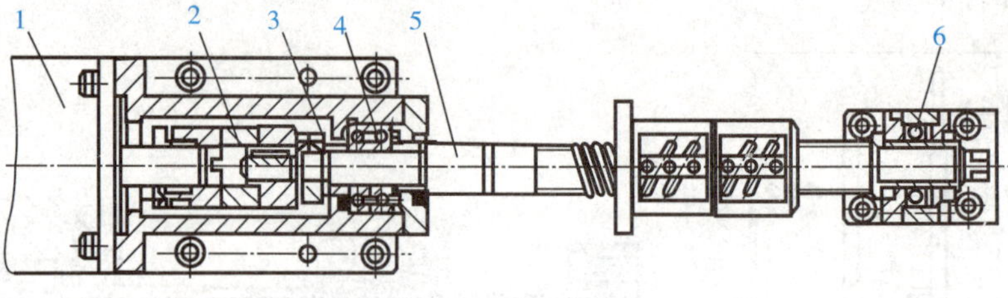

1—直流伺服电动机；2—联轴器中间件；
3—螺母；4—轴承；5—滚珠丝杠；6—球轴承。

图 5-6　纵向驱动装置

滚珠丝杠螺母副为外循环式可以消除间隙的双螺母结构。丝杠前端与直流伺服电动机 1 之间用精密十字滑块联轴器连接，可以消除电动机轴与丝杠不同轴度的影响。伺服电动机轴与十字滑块联轴器也采用锥环连接。

十字滑块联轴器由 3 件组成，与电动机轴和丝杠连接左右两件上开有通过中心的端面键槽，联轴器中间件 2 的两端面上均有通过中心且相互垂直的凸键，分别与左右两件的键槽相配合，以传递运动和转矩。凸键与凹槽的配合很精确，间隙小于 0.003 mm，由于联轴器中间件的键是十字形的，故能补偿电动机轴线与丝杠轴线的同轴度。

3. 自动回转刀架结构

刀架是数控车床的重要组成部分。其结构直接影响车床的切削性能和工作效率，在一定程度上刀架结构和性能体现了车床的设计与制造技术水平。

数控车床的刀架分为排式刀架和转塔式刀架两大类。转塔式刀架是普遍采用的刀架形式，它用转塔头的刀座安装或支持各种不同用途的刀具，通过转塔头的旋转、分度、定位来实现机床的自动换刀工作。转塔式刀架分度准确、定位可靠、重复精度高、转位速度快、夹紧刚性好，可以保证数控车床的高精度和高效率。

转塔式刀架分为立式和卧式两种。立式转塔刀架的回转轴与机床主轴成垂直布置，刀位数有 4 位与 6 位两种，结构比较简单。经济型数控车床多采用这种刀架。卧式转塔刀架的回转轴与机床主轴平行，可以在其径向与轴向上安装刀具。径向刀具多用于外圆柱面及端面加工；轴向刀具多用于孔加工。

图 5-7 为 AK33×12 系列卧式数控转塔刀架的结构图，其结构紧凑，运转灵活，精度高。动力刀具的驱动电动机为交流伺服电动机，借助同步带、动力传动轴及端齿离合器将主切削动力传递给刀具。

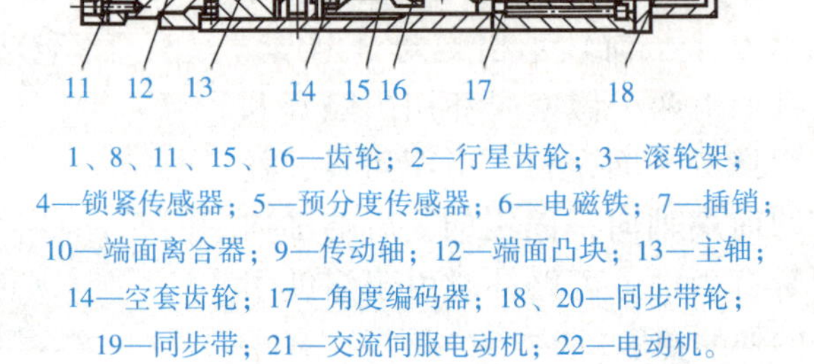

1、8、11、15、16—齿轮；2—行星齿轮；3—滚轮架；
4—锁紧传感器；5—预分度传感器；6—电磁铁；7—插销；
10—端面离合器；9—传动轴；12—端面凸块；13—主轴；
14—空套齿轮；17—角度编码器；18、20—同步带轮；
19—同步带；21—交流伺服电动机；22—电动机。

图 5-7　AK33×12 系列卧式数控数控转塔刀架结构图

4. 数控车床的尾座结构

CK7815 型数控车床尾座结构如图 5-8 所示。移动尾座到所需位置后，先用紧固螺钉 16 进行预定位，旋紧螺钉 16 时，两楔块 15 上的斜面顶出轴 14 使得尾座紧贴在矩形导轨的内侧面，然后用螺栓 3、4 和压板 5，将尾座紧固。这种机构可以保证尾座的定位精度。尾座套筒行程大小可用尾座套筒 11 上的挡铁 2 通过行程开关 1 来控制，它的移动是由液压缸来推动的。

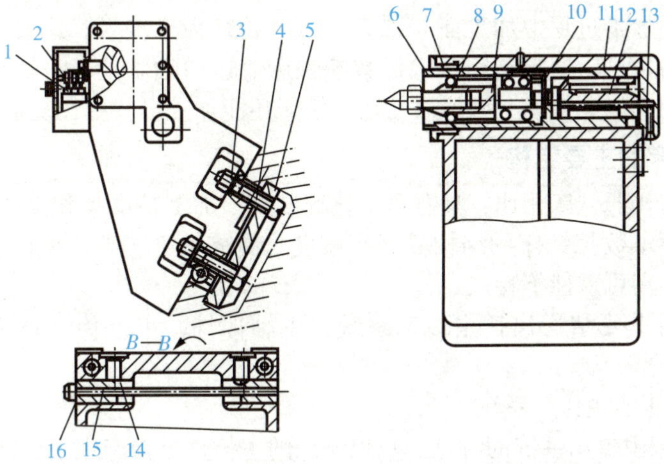

1—行程开关；2—挡铁；3、4—螺栓；5—压板；6、8—调整螺母；7—内锥套；9—轴；10—背帽；11—尾架套筒；12、13—压力油孔；14—顶出轴；15—楔块；16—紧固螺钉。

图 5-8　CK7815 型数控车床尾座结构

5.1.2　数控铣床概述

数控铣床是采用铣削方式加工工件的数控机床。其加工功能很强，能够铣削各种平面轮廓和立体轮廓零件，如凸轮、模具、叶片、螺旋桨等。配上相应的刀具后，数控铣床还可用来对零件进行钻、扩、铰、锪和镗孔加工及攻螺纹等。

1. 数控铣床的分类及用途

数控铣床种类很多，从不同的角度看，分类就有所不同。按体积大小可以分为小型、中型和大型数控铣床。按其控制坐标的联动数可以分为二坐标联动、三坐标联动和多坐标联动数控铣床等。常用的分类方法是按其主轴的布局形式分，分为立式数控铣床、卧式数控铣床和立卧两用数控铣床。图 5-9 为立式和卧式数控铣床布局形式。

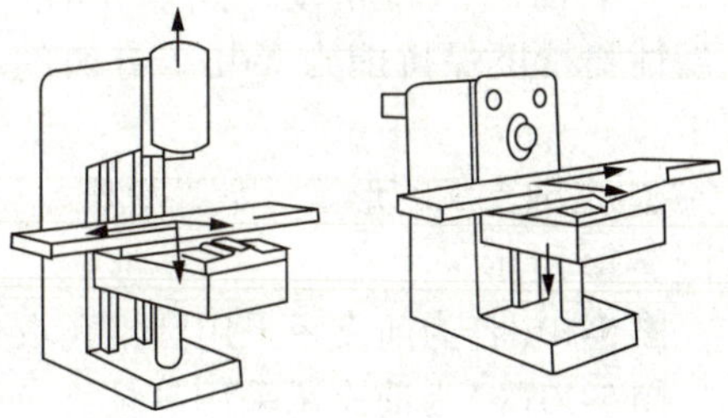

（a）立式　　（b）卧式

图 5-9　数控铣床主轴布局形式

数控铣床可以用来加工许多普通铣床难以加工甚至无法加工的零件。它以铣削功能为主，主要适合铣削下列 3 类零件。

(1)平面类零件的铣削。平面类零件的各个加工单元均是平面或可以展开为平面。这类零件的数控铣削相对比较简单，一般只用三坐标数控铣床的两个坐标联动就可以加工出来。目前数控铣床加工的绝大多数零件属于平面类零件。

(2)变斜角类零件的铣削。变斜角类零件是指加工面与水平面的夹角呈连续变化的零件，其加工面不能展开为平面。这类零件大多为飞机上的零件，一般采用多坐标联动的数控铣床加工，也可以在三坐标数控铣床上通过两轴联动近似加工，但精度稍差。

(3)曲面类零件的铣削。曲面类零件的加工面为空间曲面，其加工面不但不能展开为平面，而且在加工过程中加工面与铣刀的接触始终为点接触。这类零件在数控铣床的加工中也较为常见，通常利用三坐标数控铣床通过两轴联动、一轴周期性移动的方式来加工。若用功能更好的三坐标联动数控铣床还能加工形状更加复杂的空间曲面。

2. 数控铣床的主要结构

数控铣床与普通铣床相比，具有自动化程度高、加工精度高和生产效率高等优点。与之相适应，要求数控铣床的结构具有高刚度、高灵敏度、高抗振性、热变形小、高精度保持性好和高可靠性等特点。

数控铣床的主要结构包括主传动系统、主轴部件、进给传动系统、床身和工作台等。

(1)数控铣床的主传动系统

① 数控铣床主传动系统的特点。数控铣床的主传动是指产生主切削力的传动运动，其主传动系统包括主传动装置和主轴部件。

② 数控铣床主传动系统变速方式。为了保证加工时选用合理的切削速度，获得最佳的生产效率、加工精度和表面质量，主传动必须具有很大的变速范围，其变速方式主要有无级变速和分段无级变速两种。

(2)数控铣床主轴部件

主轴部件是数控铣床的关键部件，它包括主轴、主轴支承、主轴端部结构等。主轴部件质量的好坏直接影响加工质量。不管哪类数控铣床，其主轴部件都应满足部件的结构刚度和抗振性、主轴的回转精度、热稳定性、耐磨性和精度保持能力等几个方面的要求。

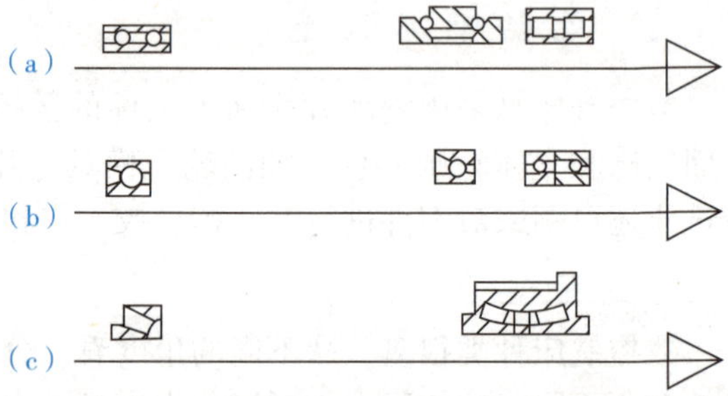

图 5-10　数控铣床主轴支承

① 主轴支承的形式。数控铣床主轴的支承形式即主轴轴承的配置形式主要有 3 种，如图 5-10 所示。

图 5-10(a)为前支承采用圆锥孔双列圆柱滚子轴承和 60°角接触双列向心推力。

图 5-10(b)为前支承采用高精度双列角接触球轴承，这种配置形式具有较好的高速性能，但承载能力小，适用于高速、轻载和精密的数控铣床。

图 5-10(c)为前支承采用双列圆锥滚子轴承，后支承采用圆锥滚子轴承，这种配置方式能够承受较大的径向和轴向力，能使主轴承受较重载荷，且安装和调整性能好。这种配置限制了主轴的最高转速和精度，适用于中等精度、低速重载的数控铣床。

② 主轴端部结构形状。数控铣床主轴端部主要用于安装刀具。在设计要求上，应能保证定位准确、安装可靠、连接牢固、装卸方便，且能传递足够的转矩。早期的数控铣床主轴端部结构较简单，刀具装上后靠人工锁紧，装卸比较麻烦。随着加工中心的出现，对主轴端部结构要求的提高，数控铣床主轴端部的结构也逐渐改变，并形成标准化。

在这种结构中，铣刀预先固定于标准锥柄刀夹中，装刀时锥柄刀夹在前端 7∶24 的锥孔内定位，并用拉杆从主轴后端拉紧，前端的端面键传递扭矩。拉杆的拉紧和放松由按钮开关控制，刀具的装卸十分方便。

(3)数控铣床的进给传动系统

① 数控铣床进给传动系统的性能要求。数控铣床进给传动系统是把进给伺服电动机的旋转运动转变为工作台或刀架直线运动的机械结构。大部分数控铣床的进给传动系统都包括齿轮传动副、滚珠丝杠螺母副以及导轨等。

② 齿轮传动副。进给传动系统采用齿轮传动装置，主要是使高转速、小转矩的伺服电动机的输出变为低转速、大转矩，以适应驱动执行元件的需要。有时也只是为了考虑机械结构位置的布局。少数小型数控铣床进给机构采取电动机主轴与滚珠丝杠通过联轴器直接连接的方式，就没有了齿轮传动这一中间环节。

数控铣床进给机构中实现齿轮减速的方式有圆柱齿轮副、锥齿轮副、蜗杆蜗轮副、同步带等，其中最常用的就是圆柱齿轮副。同步带传动是一种新型传动方式，它既有啮合传动的传动效率高的特点，又有带传动的工作平稳、噪声小的优点。因此，在大中型的数控铣床中，同步带传动的应用逐渐增多。

由于齿轮的制造存在误差，因此齿轮传动副中存在间隙。常用的调整方法有偏心轴套调整法、轴向垫片调整法、轴向压簧调整法和轴向弹簧调整法。

③ 滚珠丝杠螺母副是在丝杠螺母副的基础上发展起来的，是一种将回转运动转变为直线运动的新型理想传动装置。由于滚珠丝杠螺母副具有传动效率高、摩擦力小、使用寿命长等优点，所以数控铣床进给机构中普遍采用这种结构。滚珠丝杠螺母副在应用中同样要进行间隙调整。滚珠丝杠螺母副的支承形式有以下 4 种(图 5-11)。

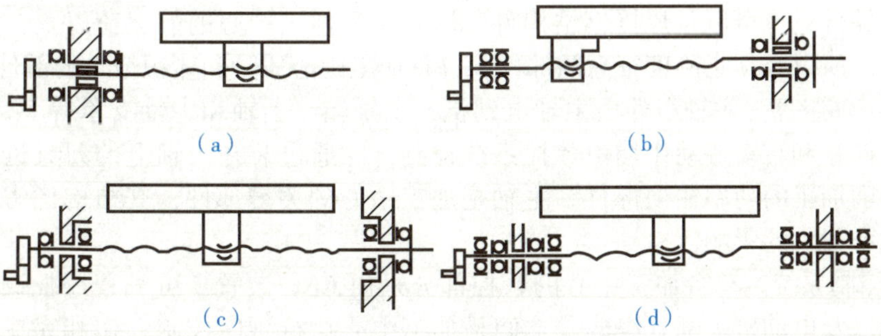

图 5-11　数控铣床滚珠丝杠支撑形式

• 一端固定，一端自由的支撑形式，如图 5-11(a)所示。这种安装方式仅在一端安装可以承受双向轴向载荷与径向载荷的推力角接触球轴承，并进行轴向预紧；另一端完全自由，不作支撑。这种支撑结构简单，但承载能力较小，总刚度较低，且随着螺母位置的变化刚度较大。通常适用于丝杠长度、行程不长的场合，如小型数控铣床垂直坐标的进给传动系统。

• 一端装推力轴承，另一端装深沟球轴承，如图 5-11(b)所示。这种支撑方式适用于丝杠较长的场合，如数控铣床工作台横向和纵向的进给传动系统。

• 两端装推力轴承，如图 5-11(c)所示。这种支撑方式有助于提高传动刚度，但对丝杠热伸长较为敏感。

• 两端装推力轴承和深沟球轴承，如图 5-11(d)所示。这种支撑方式可使丝杠的热变形化为推力轴承的预紧力，因而具有较大的刚度。

④ 导轨主要是对运动部件起支承和导向的作用。对于数控铣床，加工精度越高，对导轨要求越严格。目前数控铣床采用的导轨主要有塑料滑动导轨、滚动导轨和静压导轨 3 种类型，其中以塑料滑动导轨居多。

(4)工作台

工作台是数控铣床的重要部件，其形式尺寸往往体现了数控铣床的规格和性能。数控铣床一般采用上表面带有 T 形槽矩形工作台。T 形槽主要用来协助装夹工件。数控铣床工作台的四周往往带有凹槽，以便于切削液的回流和金属屑的清除。

5.1.3 数控加工中心概述

数控加工中心是在数控铣床的基础上发展起来的。它和数控铣床有很多相似之处，但主要区别在于增加了刀库和自动换刀装置，是一种备有刀库并能自动更换刀具对工件进行多工序加工的数控机床。通过在刀库上安装不同用途的刀具，加工中心可在一次装夹中实现零件的铣、钻、镗、铰、攻螺纹等多工序加工。随着工业的发展，数控加工中心将逐渐取代数控铣床，成为一种主要的加工机床。

1. 数控加工中心构成

加工中心自问世至今出现了各种类型，虽然外形结构各异，但从总体看主要由以下各部分构成。

(1)基础部件。由床身、立柱和工作台等大件组成，是加工中心的基础构件，它们可以是铸铁件，也可以是焊接钢结构件，均要承受加工中心的静载荷以及在加工时的切削载荷。所以必须是刚度很高的部件，也是加工中心质量和体积最大的部件。

(2)主轴组件。主轴组件由主轴电动机、主轴箱、主轴和主轴支承等零部件组成。其起动、停止和转动等动作均由数控系统控制，并通过装在主轴上的刀具进行切削运动，是切削加工的功率输出部件。主轴是加工中心的关键部件，其结构优劣对加工中心的性能有很大的影响。

(3)控制系统。单台加工中心的数控部分是由 CNC 装置、可编程序控制器、伺服驱动装置以及电动机等部分组成。它们是加工中心执行顺序控制动作和完成加工过程中的控制中心。

(4)伺服系统。伺服系统的作用是把来自数控装置的信号转换为机床移动部件的运动，其性能是决定机床的加工精度、表面质量和生产效率的主要因素之一。加工中心普遍采用半闭环。闭环和混合环三种控制方式。

(5)自动换刀装置。自动换刀装置由刀库、机械手和驱动机构等部件组成。刀库是存放加工过程所使用的全部刀具的装置。刀库有盘式、鼓式和链式等多种形式，容量从几把到几百把。当需换刀时，根据数控系统指令，由机械手(或通过别的方式)将刀具从刀库取出装入主轴中。机械手的结构根据刀库与主轴的相对位置及结构的不同有多种形式。

(6)自动托盘更换系统。有的加工中心为进一步缩短非切削时间，配有两个自动交换工件托盘，一个安装在工作台上进行加工，另一个则位于工作台外进行工件装卸。

(7)辅助系统。辅助系统包括润滑、冷却、排屑、防护、液压和随机检测系统等部分。辅助系统虽不直接参加切削运动，但对加工中心的加工效率、加工精度和可靠性起到保障作用。

2. 数控加工中心分类

(1)按加工范围可分为车削加工中心、钻削加工中心、镗铣加工中心、磨削加工中心和电火花加工中心等。一般镗铣加工中心简称加工中心，其余种类的加工中心要有前面的定语。

(2)按加工中心的布局方式分类

① 立式加工中心。立式加工中心是指主轴轴心线为垂直状态设置的加工中心，其结构形式多为固定立柱式，工作台为长方形，无分度回转功能，具有3个直线运动坐标(沿 x、y、z 轴方向)，适合加工盘类零件。如在工作台上安装一个水平轴的数控回转台，就可用于加工螺旋线类零件。JCS—018A立式镗铣加工中心外形如图5-12所示。

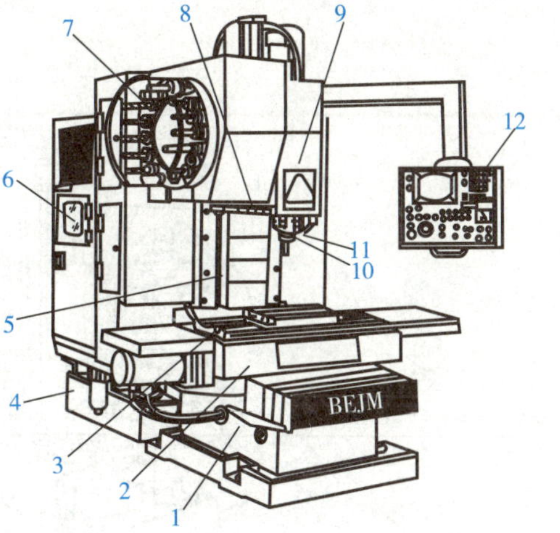

1—床身；2—滑座；3—工作台；4—润滑油箱；5—立柱；6—数控柜；7—刀库；8—机械手；9—主轴箱；10—主轴；11—控制柜；12—操作面板。

图5-12 JCS-018A立式镗铣加工中心外形图

图5-13为立式加工中心的几种布局结构，主轴箱沿立柱导轨上下移动实现Z坐标移动。

② 卧式加工中心。卧式加工中心如图5-14所示，它是指主轴轴线为水平状态设置的加工中心，通常都带有可进行分度回转运动的正方形分度工作台。卧式加工中心一般具有3～5个运动坐标，常见的是3个直线运动坐标(沿 x、y、z 轴方向)加一个回转运动坐标(回转工作台)，它能够使工件在一次装夹后就能完成除安装面和顶面以外的其余4个面的加工，最适合箱体类工件的加工。卧式加工中心有多种形式，如固定立柱式和固定工作台式。固定立柱式的卧式加工中心的立柱固定不动，主轴箱沿立柱做上下运动，而工作台可在水平面内做前后、左右4个方向的移动；固定工作台式的卧式加工中心，安装工件的工作台是固定不动的(不做直线运动)，沿坐标轴3个方向的直线运动由主轴箱和立柱的移动来实现，图5-15为各坐标运动形式不同组合的几种布局形式。与立式加工中心相比，卧式加工中心的结构复杂，占地面积大，重量大，价格也较高。

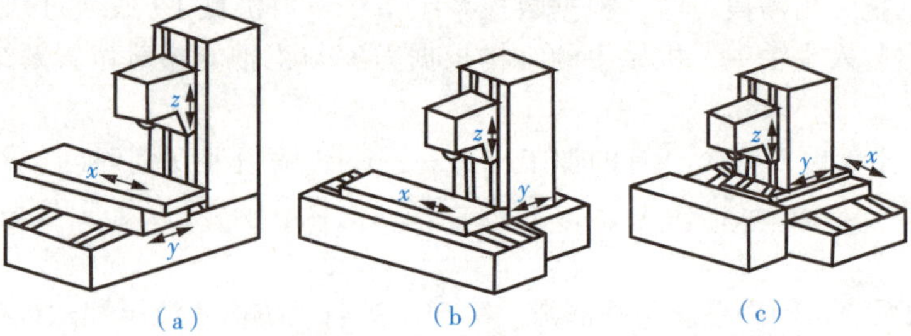

图 5-13　立式加工中心布局

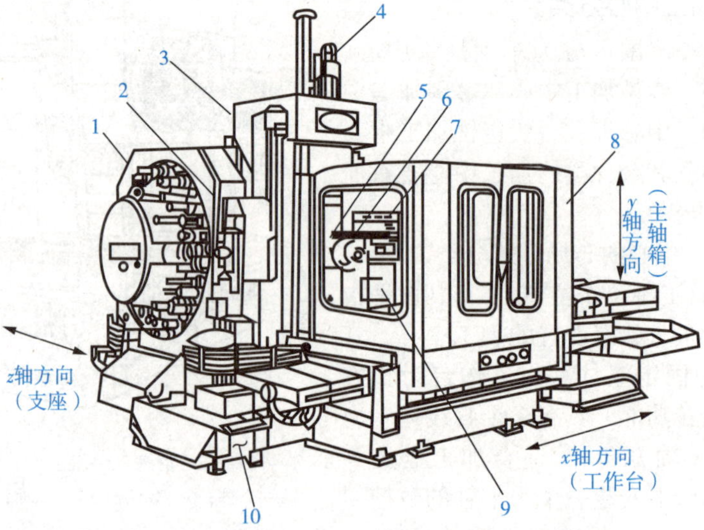

1—刀库；2—换刀装置；3—支座；4—Y 轴伺服电动机；5—主轴箱；6—主轴；
7—数控装置；8—防溅挡板；9—回转工作台；10—切屑槽。

图 5-14　卧式加工中心

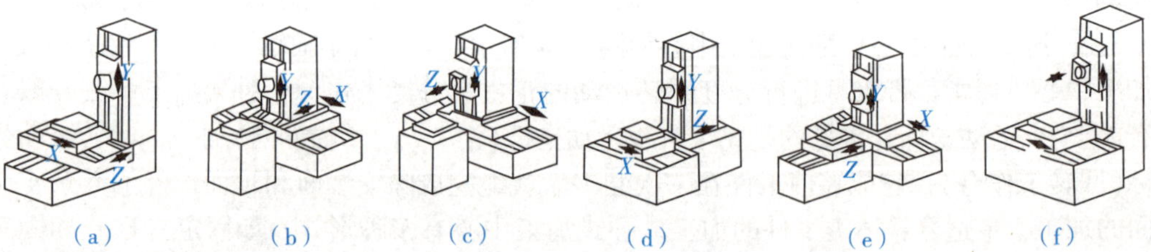

图 5-15　卧式加工中心布局形式

③ 龙门式加工中心(图 5-16)。龙门式加工中心形状与龙门铣床相似，主轴多为垂直状态设置。它带有自动换刀装置及可更换的主轴头附件，数控装置的软件功能也较齐全，能够一机多用。龙门型布局具有结构刚性好的特点，容易实现热对称性设计，尤其适用于加工大型或形状复杂的工件，如航天工业及大型汽轮机上的某些零件的加工。

④ 万能加工中心(复合加工中心)。万能加工中心具有立式和卧式加工中心的功

能，工件一次装夹后就能完成除安装面外的所有侧面和顶面(5个面)的加工，也称为五面加工中心，如图5-17所示。

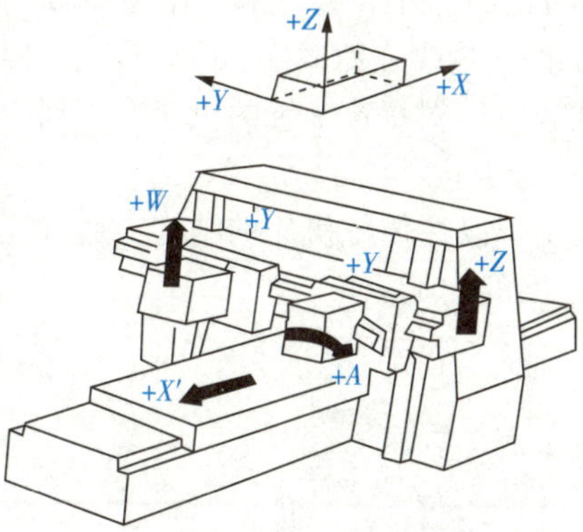

图5-16　龙门式加工中心

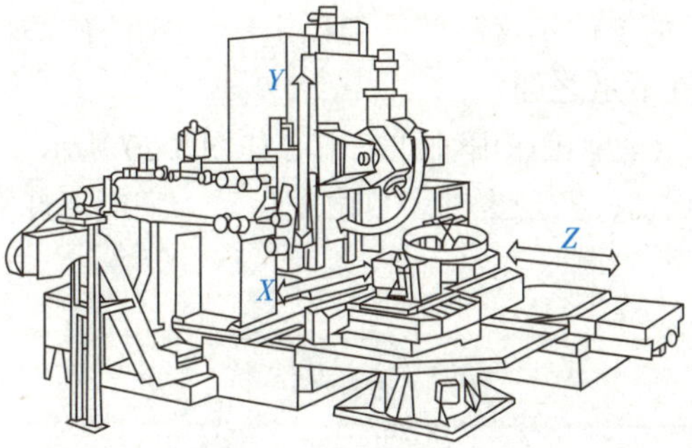

图5-17　万能加工中心

常见的五面加工中心有两种形式：一种是主轴可实现立、卧转换，如图5-18(a)所示；另一种是主轴不改变方向，工作台带动工件旋转90°，完成对工件5个表面的加工，如图5-18(b)所示。由于五面加工中心结构复杂、占地面积大、造价高，因此它的使用数量和生产数量远不如其他类型的加工中心。

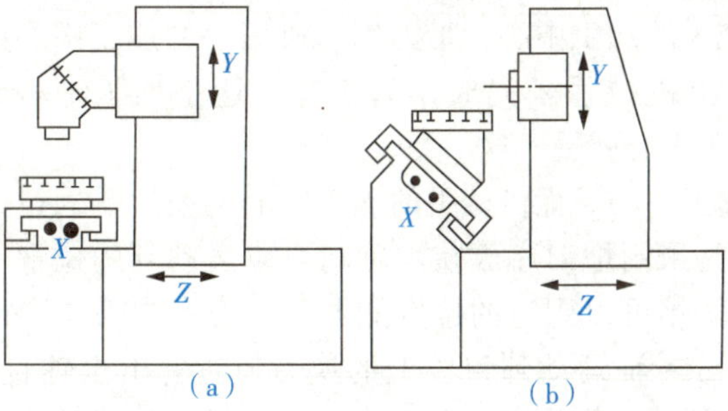

图5-18　不同形式的万能加工中心

⑤ 虚轴加工中心。虚轴数控机床是最近出现的一种全新概念的机床，它和传统的机床相比，在机床的机构、本质上有了巨大的飞跃，它的出现被认为是机床发展史上的一次重大变革。虚轴机床的基本结构是1个动平台、1个定平台和6根长度可变的连杆，其原理如图5-19所示。动平台上装有机床主轴和刀具，定平台(或者与定平台固连的工作台)上安装工件，6根连杆实际是6个滚珠丝杠螺母副，它们将两个平台连在一起，同时将伺服电动机的旋转运动转换为直线运动，从而不断改变6根连杆的长度，带动动平台产生6自由度的空间运动，使刀具在工件上加工出复杂的三维曲面。由于这种机床上没有导轨、转台等表征坐标轴方向的实体构件，故称为虚轴机床；由于其结构特点，又称为并联运动机床。

虚轴机床实际是一个空间并联连杆机构，其6根杆即为6根并联连杆，它们是机床的驱动部件和主要承力部件，由于这6根杆均为二力杆，只承受拉、压载荷，所以其应力、变形显著减小，刚性大大提高。由于不采用大截面的构件，运动部件的质量减小，从而可采用较高的运动速度和加速度，据介绍虚轴机床刚性约为传统加工中心的5倍，同时降低了工件的装卸高度，提高了操作性能。其次，z轴的移动在后床身上进行，进给力与轴向切削力在同一平面内，承受的扭曲力小，镗孔和铣削精度高。此外，由于z轴导轨的承重是固定不变的，它不随工件质量改变而改变，所以有利于提高z轴的定位精度和精度的稳定性。但由于z轴承载较重，对提高z轴的快速性不利，这是其不足之处。

6x型机床虚轴加工中心如图5-20所示。它改变了以往传统机床的结构，通过连杆的运动，实现主轴多自由度运动，完成工件复杂曲面的加工。

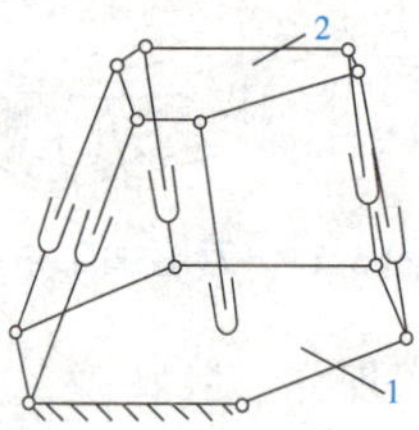

1—固定平台；2—运动平台。

图5-19　虚轴机床工作原理

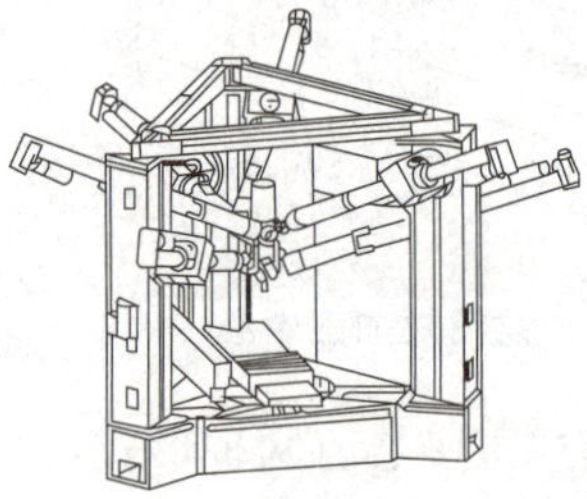

图5-20　6x型机床虚轴加工中心

(3)按换刀形式分类

① 带刀库、机械手的加工中心。带刀库、机械手的加工中心的换刀装置是由刀库和机械手组成的，并由机械手来完成换刀工作。这是加工中心最普遍采用的形式，JCS—018A型立式加工中心就属于这一类。

② 无机械手的加工中心。无机械手的加工中心的换刀是通过刀库和主轴箱的配合动作来完成的，一般是采用把刀库放在主轴箱可以运动到的位置，或者是整个刀库或某一刀位能移动到主轴箱可以到达的位置的办法。刀库中刀具存放位置方向与主轴装刀方向一致。换刀时，主轴运动到刀位上的换刀位置，由主轴直接取走或放回刀具。采用BT-40号以下刀柄的小型加工中心多为这种无机械手式的，XH754型卧式加工中心就是这一类型。

③ 转塔刀库式加工中心。小型立式加工中心一般采用转塔刀库形式，它主要以孔加工为主。ZH5120型立式钻削加工中心就是转塔刀库式加工中心。

(4)按加工精度分类

普通加工中心，分辨率为1 μm，最大进给速度为15～25 m/min，定位精度10 μm左右。高精度加工中心，分辨率为0.1 μm，最大进给速度为15～100 m/min，定位精度为2 μm左右。介于2～10 μm之间的，以5 μm较多，称为精密级加工中心。

(5)按数控系统功能分类

加工中心根据数控系统控制功能的不同可分为三轴二联动、三轴三联动、四轴三联动、五轴四联动、六轴五联动等类型，三轴、四轴是指加工中心具有的运动坐标数，联动是指控制系统可以同时控制运动的坐标数。同时可控轴数越多，加工中心的加工和适应能力越强。一般的加工中心为三轴联动，三轴以上的为高档加工中心，价格昂贵。图5-21为三轴联动加工中心。图5-22为多轴联动加工中心。

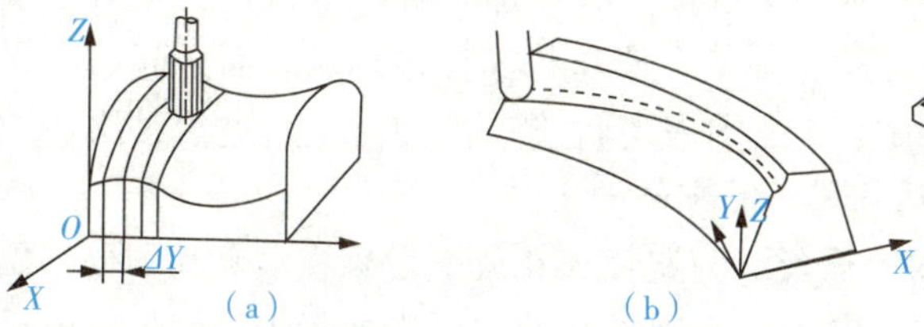

图 5-21　三轴联动加工中心

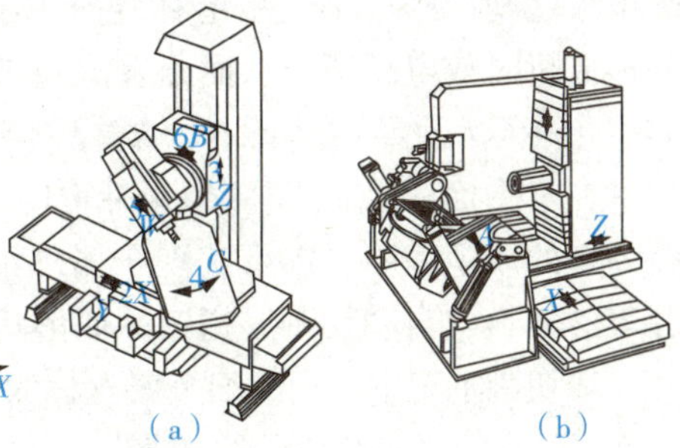

图 5-22　多轴联动加工中心

(6)按工作台的数量和功能分类

按工作台的数量和功能分类有单工作台、双工作台加工中心和多工作台加工中心(图5-23)。多工作台加工中心有两个以上可更换的工作台，通过运送轨道可把加工完的工件连同工作台(托盘)一起移出加工位置，然后把装有待加工工件的工作台(托盘)送到加工位置。

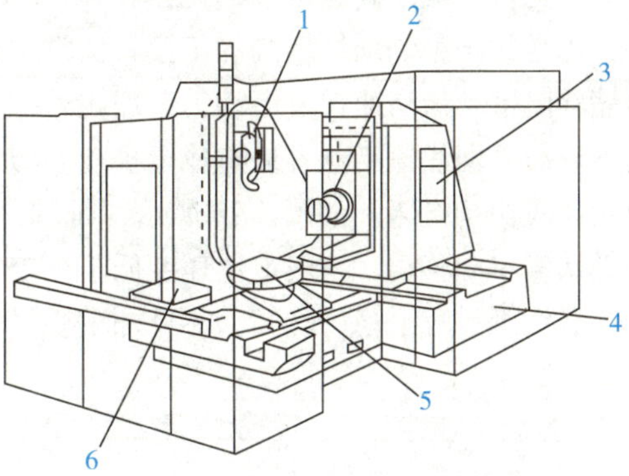

1—机械手；2—主轴头；3—操作面板；
4—底座；5、6—托盘。

图 5-23　可更换工作台加工中心

5.1.4　数控电火花线切割机床

1. 数控电火花线切割机床概述

(1)电火花线切割加工的基本原理。电火花线切割加工(wire cut electrical discharge machining，WEDM)是在加工过程中，使线状电极(钼丝或铜丝)和工件之间不断产生脉冲性火花放电，靠放电时局部、瞬时产生的高温把材料蚀除下来，称为电火花线切割，简称线切割。

(2)数控线切割机床的分类。数控线切割机床按电极丝运转方式分为3类：第一类往复走丝，也称为高速走丝或快走丝线切割(HWEDM)，这类机床的电极丝做高速往复运动，一般走丝速度为7～11 mm/s，是我国独创的电火花线切割加工模式，也是我国生产和使用的主要机种；第二类是单向走丝，也称为低速走丝或慢走丝线切割机(LWEDM)，这类机床的电极丝做低速单向运动，一般走丝速度低于250 mm/s，低速走丝线切割加工方式在我国模具业和特种加工业正得到越来越广泛的应用；第三类是自旋式数控线切割，这类机床在电极丝做直线运动的同时绕自身轴线做高速旋转运动，创造了全新的电火花线切割原理，为我国首创。

(3)数控线切割原理。图5-24和图5-25为两种数控线切割机床加工装置示意图。加工前，采用细金属丝作为工具电极，接入高频脉冲电源的负极，而零件接正极并装夹在机床的坐标工作台上，根据零件几何形状和尺寸参数编制好数控加工程序。加工时，脉冲电源发出一连串的脉冲电压，施加到零件电极和工具电极上，同时不断在其间喷注具有一定绝缘性能的水质工作液，并由伺服电动机驱动坐标工作台移动。当两个电极之间的距离小到一定程度时，在脉冲电压的作用下，工作液被击穿，两个电极间形成瞬时放电通道，从而引发火花放电，产生局部、瞬时的高温，使小部分零件材料熔化甚至汽化而被蚀除掉。若控制坐标工作台按照数控加工程序的规定，相对于金属丝在水平面内沿 x、y 两个坐标方向移动，并使金属丝与零件被切割表面之间始终保持一定的放电间隙，即可实现金属丝沿零件上的一定轨迹一边切割一边进给，逐步蚀除零件材料，自动切割成指定平面形状和尺寸的零件。

线切割加工中采用的细金属丝称为电极丝。为避免火花放电发生在电极丝的局部位置而导致电极丝被烧断，线切割加工时，电极丝必须沿其轴向做走丝运动，使长的电极丝以一定的速度连续不断地通过切割区。根据电极丝的运行速度不同，线切割机床通常分为两类：一类是高速走丝线切割机床，如图 5-24 所示，它是我国生产和使用的主要机种，也是我国独创的线切割加工模式，常用钼丝作为电极丝，并整齐地排绕在储丝筒上，由储丝筒带动做高速往复运动，一般走丝速度为 6 ~ 10 mm/s，电极丝可重复使用，加工速度较高，但快速走丝容易造成电极丝抖动和反向停顿，使加工质量下降；另一类是低速走丝线切割机床，如图 5-25 所示，是国外生产和使用的主要机种，其电极丝采用钢丝并做低速单向移动，一般走丝速度低于 0. 25 mm/s，电极丝经一次放电后就不再使用，抖动小，切割过程平稳、均匀，零件加工质量较好，但加工速度较低。

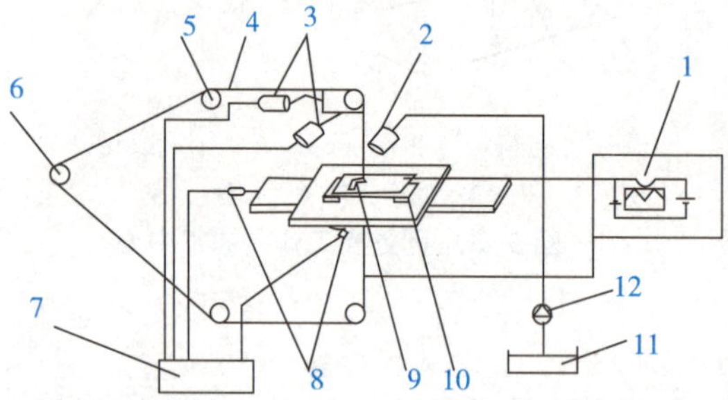

1—脉冲发生器；2—喷嘴；3—控制步进电动机；4—电极丝；5—导轮；6—储丝筒；7—数控装置；8—步进电动机；9—零件；10—绝缘板；11—水箱；12—液压泵。

图 5-24　高速走丝线切割加工装置示意图

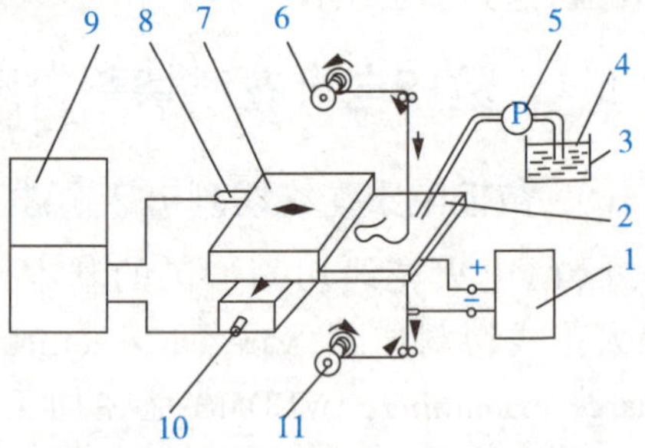

1—脉冲电源；2—工件；3—工作液；4—去离子水；5—泵；6—放丝筒；7—工作台；8—X 轴电动机；9—数控装置；10—Y 轴电动机；11—收丝筒。

图 5-25　低速走丝线切割加工装置示意图

2. 数控线切割机床的组成及主要部件结构特点

数控线切割机床由机床本体、脉冲电源、工作液循环系统、数控系统和机床附件等组成。

(1)机床本体。机床本体由床身、坐标工作台、走丝机构、丝架、工作液箱附件和夹具等几部分组成，图 5-26 为 DK7740 的机床本体。

床身作为坐标工作台、储丝机构及丝架的装配基础，必须具有与使用要求相适应的精度和足够的刚度。为方便操作，一般趋向于低床身结构，置工作液循环过滤、脉冲电源于床身外，以减少热变形和振动。

坐标工作台的功能是装载被加工工件，并按控制要求对电极丝做预定轨迹的相对运动。它由拖板、导轨、丝杠运动副及带有变速机构的驱动齿轮 4 部分组成。拖板沿

着导轨分别担负 X、Y 向的移动功能，因此要求拖板灵敏度高。丝杠传动副的齿形多采用梯形或圆弧螺纹，并通过滚珠丝杠副传动，使拖板的往复运动轻巧灵活。电动机与丝杠之间一般是通过齿轮系进行传动的，数控线切割机的驱动元件采用步进电动机。

走丝机构的作用是让电极丝以一定的张力和平稳的速度进行走丝，从而得到稳定的放电加工，并使电极丝整齐地绕在储丝筒上。

丝架的作用是通过丝架上的两个导轮对工具电极丝移动时的路径实行支承和导向，且使电极丝工作部分与工作台保持一定的几何角度。

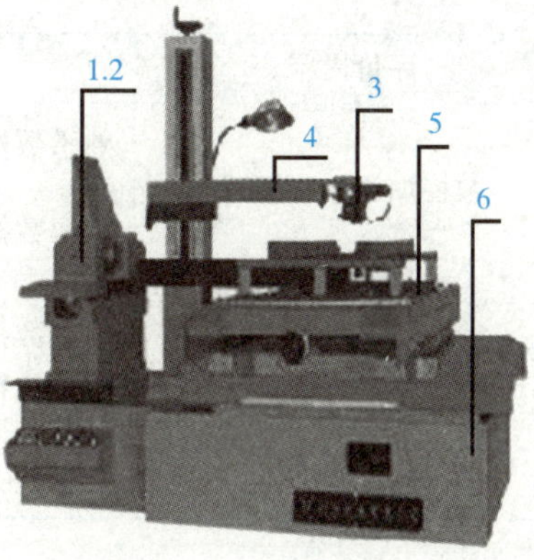

1—电动机；2—储丝筒；3—导轮；
4—丝架；5—坐标工作台；6—床身。

图 5-26　DK7740 的机床本体

(2)脉冲电源。脉冲电源是影响线切割加工工艺指标的关键。在一定条件下，加工工艺的好坏主要取决于脉冲电源的性能，要求其具有适当的脉冲峰值电流，其变化范围不宜太大，一般为 15 ~ 35 A，适当窄的脉冲宽度；尽量高的脉冲频率使电极丝呈低损耗的性能。目前用于线切割机床的脉冲电源，一般采用晶体管开关元件，由晶体管、电阻、电容等元件组成高频电源。该电源具有体积小、重量轻、寿命长、电源电压和损耗小的特点。

(3)工作液循环系统。在线切割加工中，工作液对切割速度、表面粗糙度、加工精度等工艺指标影响很大。低速走丝线切割机床大多采用离子水为工作液，只有在特殊精加工时才采用绝缘性能较高的煤油。高速走丝线切割机床使用的工作液是专用的乳化液。

(4)数控系统。数控线切割的控制系统主要作用是在电火花线切割加工过程中，按加工要求自动控制电极丝相对工件按一定轨迹运动；实现进给速度的自动控制，以维持正常的稳定切割加工。根据放电间隙大小与放电状态自动控制的，使进给速度与工件材料的蚀除速度相平衡。

电火花线切割机床控制系统的具体功能包括轨迹控制和加工控制，有开环方式、闭环方式和半闭环 3 种形式。

任务评价

评价内容	评价标准	分值	自评	师评
数控车床概述	掌握数控车床的布局形式	10		
	掌握数控车床的基本构成	10		
数控铣床概述	熟悉数控铣床的分类及用途	25		
	了解其主要结构	10		

（续表）

评价内容	评价标准	分值	自评	师评
数控加工中心概述	熟悉数控加工中心构成	25		
	了解数控加工中心分类	10		
数控电火花线切割机床概述	了解数控线切割机床的组成及主要部件结构特点	10		
总分		100		

任务 2　位置检测装置

任务描述

本任务旨在全面介绍数控机床中位置检测装置的作用、分类、结构及工作原理。读者将通过深入了解感应同步器、旋转变压器、编码器、光栅、磁栅和激光干涉仪等位置检测装置，掌握其各自的工作原理和特点，为数控机床的精确控制和高效运行提供有力支持。

任务分析

要完成此任务，读者需要掌握位置检测装置的要求。通过详细分析感应同步器、旋转变压器、编码器、光栅、磁栅和激光干涉仪等装置的结构和工作原理，读者能够深入理解这些装置如何检测位移量，并将检测的反馈信号与数控装置发出的指令信号进行比较，从而控制执行部件的运动。

任务重点与实施

在数控机床中，数控装置是依靠指令值与位置检测装置的反馈值进行比较来控制工作台运动的，位置检测装置是数控系统的重要组成部分。在闭环系统中它的主要作用是检测位移量，并将检测的反馈信号和数控装置发出的指令信号相比较，其偏差经放大后控制执行部件向着消除偏差的方向运动，直到偏差为零。

5.2.1　位置检测装置概述

位置检测装置概述

1. 对位置检测装置的要求

为提高数控机床的加工精度，必须提高测量元件和测量系统的精度。不同的数控机床对测量元件和测量系统的精度要求、允许的最高移动速度各不相同。

2. 检测装置的分类

按工作条件和测量要求的不同，测量方式亦有不同的划分方法位置检测装置分类见表5-1。

表5-1　位置检测装置分类

位置检测装置	按检测方式分类	直接测量	光栅，感应同步器，编码盘(测回转运动)
		间接测量	编码盘，旋转变压器
	按测量装置编码方式分类	增量式测量	光栅，增量式光电码盘
		绝对式测量	接触式码盘，绝对式光电码盘
	按检测信号的类型分类	数字式测量	光栅，光电码盘，接触式码盘
		模拟式测量	旋转变压器，感应同步器，磁栅

(1)直接测量和间接测量。测量传感器按形状可以分为直线型和回转型。若测量传感器所测量的指标就是所要求的指标，即直线型传感器测量直线位移，回转型传感器测量角位移，则该测量方式为直接测量；若回转型传感器测量的角位移只是中间量，由它再计算出与之对应的工作台直线位移，那么该测量方式为间接测量，其测量精度取决于测量装置和机床传动链两者的精度。

(2)增量式测量和绝对式测量。按测量装置编码的方式可以分为增量式测量和绝对式测量。增量式测量的特点是只测量位移增量，即工作台每移动一个测量单位，测量装置便发出一个测量信号，此信号通常是脉冲形式；绝对式测量的特点是被测的任一点的位置都由一个固定的零点算起，每一测量点都有一个对应的测量值。

(3)数字式测量和模拟式测量。数字式测量以量化后的数字形式表示被测的量，其特点是测量装置简单，信号抗干扰能力强，且便于显示处理；模拟式测量是将被测的量用连续的变量表示，如用电压变化、相位变化来表示。

数控机床检测元件的种类很多，在数字式位置检测装置中，采用较多的有光电编码器、光栅等。在模拟式位置检测装置中，多采用感应同步器、旋转变压器和磁栅等。随着计算机技术在工业控制领域的广泛应用，目前感应同步器、旋转变压器和磁栅在国内已很少使用，许多公司不再经营此类产品，然而旋转变压器由于其抗振、抗干扰性好，在欧美一些国家仍有较多的应用。数字式的传感器使用方便可靠(如光电编码器和光栅等)，因而应用最为广泛。

在数控机床上除位置检测外，还有速度检测，其目的是精确地控制转速。转速检测装置常用测速发电机、回转式脉冲发生器等。

5.2.2 感应同步器

1. 感应同步器的结构和工作原理

感应同步器是一种电磁式的检测传感器，按其结构可分为直线式和旋转式两种，这里着重介绍直线式感应同步器。直线式感应同步器用于直线位移的测量，其结构相当于一个展开的多极旋转变压器。它的主要部件包括定尺和滑尺，定尺安装在机床床身上，滑尺则安装于移动部件上，随工作台一起移动。两者平行放置，保持 0.2～0.3 mm 的间隙，如图 5-27 所示。

感应同步器

标准的感应同步器定尺 250 mm，尺上有单向、均匀、连续的感应绕组，滑尺长 100 mm。尺上有两组励磁绕组，一组叫正弦励磁绕组，如图 5-27 中 A 所示；另一组叫余弦励磁绕组，如图 5-27 中 B 所示。定尺和滑尺绕组的节距相同，用 2τ 表示。当正弦励磁绕组与定尺绕组对齐时，余弦励磁绕组与定尺绕组相差 1/4 节距，由于定尺绕组是均匀的，故表示滑尺上的两个绕组在空间位置上相差 1/4 节距，即 $\tau/2$ 相位角。

定尺和滑尺的基板采用与机床床身材料的热膨胀系数相近的低碳钢，上面有用光学腐蚀方法制成的铜箔锯齿形的印刷电路绕组，铜箔与基板之间有一层极薄的绝缘层。在定尺的铜绕组上面涂一层耐腐蚀的绝缘层以保护尺面，在滑尺的绕组上面用绝缘的粘结剂粘贴一层铝箔以防静电感应。

感应同步器的工作原理是当励磁绕组与感应绕组间发生相对位移时，由于电磁耦合的变化，感应绕组中的感应电压随位移的变化而变化，感应同步器和旋转变压器都是利用这个特点进行测量的。有所不同的是，旋转变压器是定子、转子间的旋转位移，而感应同步器是滑尺和定尺间的直线位移。

图 5-28 为定尺感应电压与定尺、滑尺绕组的相对位置关系。若向滑尺上的正弦励磁绕组通以交流励磁电压，则在定尺绕组中产生励磁电流，因此绕组周围产生了旋转磁场。这时如果滑尺处于图中 A 点位置，即滑尺绕组与定尺绕组完全对应重合，则定尺上的感应电压最大。随着滑尺相对定尺做平行移动，感应电压逐渐减小。当滑尺移动至图中 B 点位置，即与定尺绕组刚好错开 1/4 节距，感应电压为零。再继续移至 1/2 节距处，即图中 C 点位置时，为最大的负值电压（即感应电压的幅值与 A 点相同但极性相反）。再移至 3/4 节距，即图中 D 点位置时，感应电压又变为零。当移动到一个节距位置即图中 E 点，又恢复初始状态，即与 A 点情况相同。

显然，在定尺和滑尺的相对位移中，感应电压呈周期性变化，其波形为余弦函数。在滑尺移动一个节距的过程中，感应电压变化了一个余弦周期。同样，若在滑尺的余弦励磁绕组中通以交流励磁电压，也能得出定尺绕组中感应电压与两尺相对位移 θ 的关系曲线，它们之间为正弦函数关系。

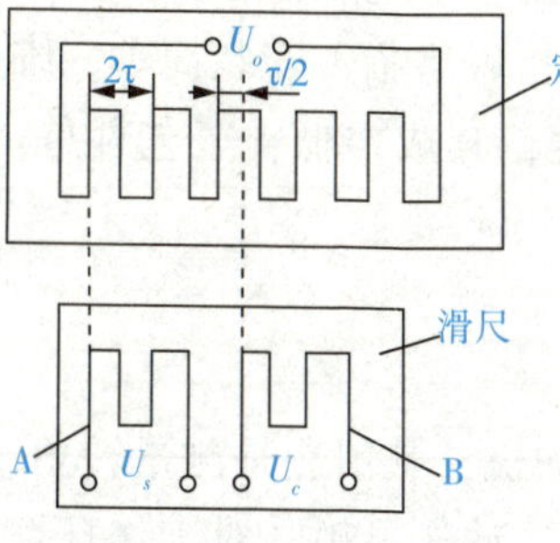

A—正弦励磁绕组；B—余弦励磁绕组。

图 5-27　感应同步器的结构示意图

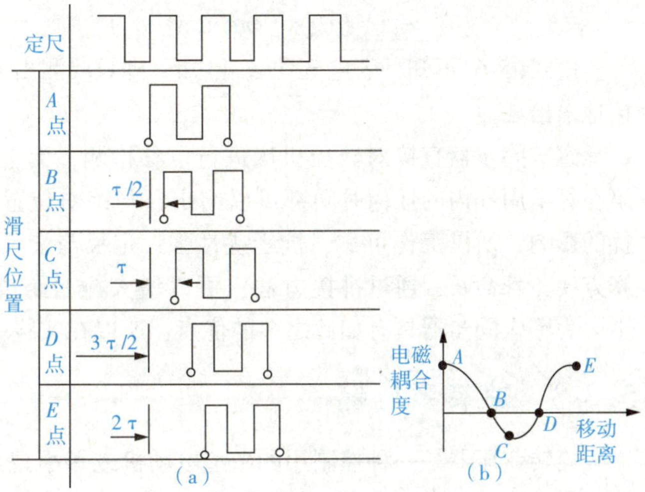

图 5-28　定尺感应电压与定尺、滑尺绕组的相对位置关系

2. 感应同步器的应用

根据励磁绕组中励磁供电方式的不同，感应同步器可分为鉴相工作方式和鉴幅工作方式。鉴相工作方式是将正弦励磁绕组和余弦励磁绕组分别通以频率相同、幅值相同但相位相差 π/2 的交流励磁电压；鉴幅工作方式则是将滑尺的正弦励磁绕组和余弦励磁绕组分别通以相位相同、频率相同，但幅值不同的交流励磁电压。

(1) 鉴相方式。在鉴相工作方式下，将滑尺的正弦励磁绕组和余弦励磁绕组分别通以幅值相同、频率相同、相位相差90°的交流电压

$$U_s = U_m \sin \omega t \tag{5-1}$$

$$U_c = U_m \cos \omega t \tag{5-2}$$

励磁信号将在空间产生一个以 ω 为频率移动的行波。磁场切割定尺导片，并在其中感应出电势，该电势随着定尺与滑尺相对位置的不同而产生超前或滞后的相位差。按照叠加原理可以直接求出感应电势

$$U_v = KU_m \sin \omega t \cos \theta - KU_m \cos \omega t \sin \theta = KU_m \sin(\omega t - \theta) \tag{5-3}$$

在一个节距内，θ 与滑尺移动距离是一一对应的。通过测量定尺感应电势相位 θ，便可测出定尺相对滑尺的位移。

(2) 鉴幅方式。在鉴幅工作方式下，将滑尺的正弦励磁绕组和余弦励磁绕组分别通以频率相同、相位相同，但幅值不同的交流电压

$$U_s = U_m \sin \alpha_1 \sin \omega t \tag{5-4}$$

$$U_c = U_m \cos \alpha_1 \sin \omega t \tag{5-5}$$

式(5-4)中的 α_1 相当于式(5-3)中的 θ。此时，如果滑尺相对定尺移动一个距离 d，其对应的相位移为 α_2，那么在定尺上的感应电势为

$$U_o = KU_m \sin \alpha_1 \sin \omega t \cos \alpha_2 - KU_m \cos \alpha_1 \sin \omega t \sin \alpha_2$$

$$=KU_m \sin \omega t \sin(\alpha_1-\alpha_2) \tag{5-6}$$

由式(5-6)可知，若电气角 α_1 已知，则只要测出 U_o 的幅值 $KU_m\sin(\alpha_1-\alpha_2)$ 便可间接地求出 α_2。

感应同步器直接对数控机床进行位移检测，无中间环节影响，所以精度高。其绕组在每个周期内的任何时间都可以给出仅与绝对位置相对应的单值电压信号，不受干扰的影响，所以工作可靠，抗干扰性强；定尺与滑尺之间无接触磨损，安装简单、维修方便、寿命长；通过拼接方法，可以增大测量距离的长度，其成本低，工艺性好。正因为感应同步器具有如此之多的优点，所以在实践中应用非常广泛。

5.2.3 旋转变压器

旋转变压器是一种控制用的微型电动机或者小型交流电动机，其用途是测量转角，在工业上是一种常用的角度测量元件。旋转变压器结构简单、动作灵敏，对工作环境无特殊要求，维护方便，输出信号幅度大，抗干扰性强，工作可靠，且其精度能满足一般的检测要求。

1. 旋转变压器的结构

旋转变压器在结构上与两相绕线转子异步电动机相似，旋转变压器由定子和转子组成，定子绕组为变压器的一次线圈，转子绕组为变压器的二次线圈。其定子和转子铁芯由高导磁的铁镍软磁合金或硅钢薄板冲成的带槽芯片叠成，槽中嵌入定子绕组和转子绕组。励磁电压接到定子绕组上，励磁频率通常为 400 Hz、500 Hz、1 000 Hz 及 5 000 Hz。定子绕组通过固定在壳体上的接线板直接引出，转子绕组有两种不同的引出方式。根据转子绕组不同的引出方式可将旋转变压器分为有刷式和无刷式两种结构形式。

图 5-29(a)为有刷式旋转变压器，其特点是结构简单体积小，但因电刷与滑环是机械滑动接触，所以旋转变压器的可靠性差，寿命也较短。图 5-29(b)为无刷式旋转变压器，左边部分是旋转变压器本体，右边部分是一个变压器。变压器的一、二次侧铁芯及线圈均做成环形，分别固定于壳体及转子轴上，径向有一定气隙，一次线圈可在二次线圈中回转，通过电磁耦合，将旋转变压器的转子绕组输出信号经变压器一次侧引出最后的输出信号。这种无刷式旋转变压器比有刷式可靠性高、寿命长，但体积、重量、转动惯量及成本都有所增加。

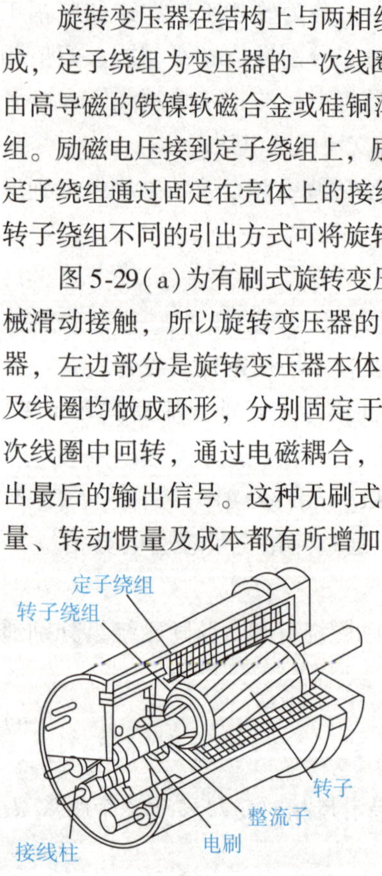

(a)

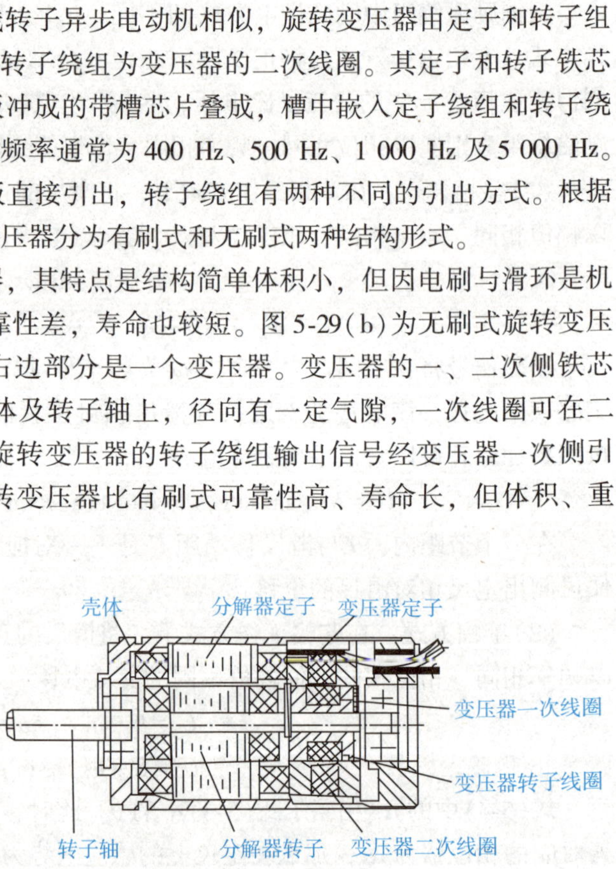

(b)

图 5-29　旋转变压器

2. 旋转变压器的工作原理

如图 5-30 所示，当励磁电压加到定子绕组上时，通过电磁耦合转子绕组中将产生感应电压。由于转子是可以旋转的，当转子绕组磁轴转到与定子绕组磁轴垂直时（$\theta=0$），如图 5-30（a）所示，励磁磁通 Φ 不穿过转子绕组的横截面，因此感应电压 $u_2=0$。当转子绕组磁轴自垂直位置转过任一角度 $\theta=\theta_t$ 时，如图 5-30（b）所示，转子绕组中产生的感应电压为

旋转变压器的工作原理

$$u_2=ku_1\sin\theta=kU_m\sin\omega t\sin\theta \tag{5-7}$$

式中　k——电磁耦合系数；

u_1——定子的励磁电压，$u_1=U_m\sin\omega t$；

U_m——定子的最大瞬时电压。

当转子绕组磁轴转到与定子绕组磁轴平行时（$\theta=90°$），如图 5-30（c）所示，励磁磁通 Φ 几乎全部穿过转子绕组的横截面，因此转子绕组中产生的感应电压为最大，其值为

$$U_2=kU_m\sin\omega t \tag{5-8}$$

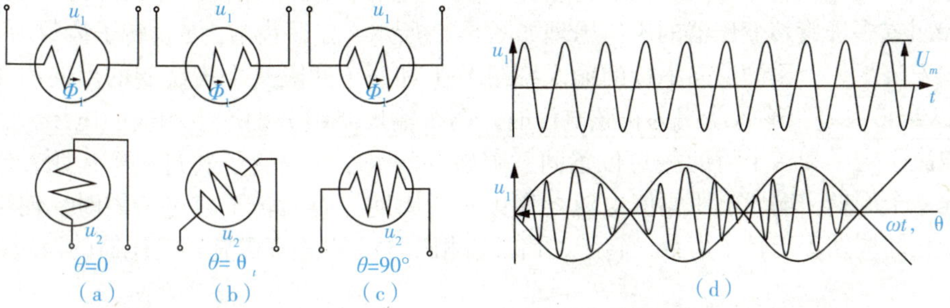

图 5-30　旋转变压器的工作原理

旋转变压器在结构上保证其定子和转子之间空气气隙内磁通分布符合正弦规律，这样使转子绕组中的感应电压随转子的转角按正弦规律变化。当转子绕组接入负载时，其绕组中便有正弦感应电流通过，该电流所产生的交变磁通将使定子和转子之间的气隙中的合成磁通畸变，从而使转子绕组中输出电压也发生畸变。为了克服这一缺点，通常采用正弦、余弦旋转变压器，其定子和转子绕组均由两个匝数相等，且相互垂直的绕组构成，如图 5-31 所示。一个转子绕组作为输出信号，另一个转子绕组接高阻抗作为补偿。当定子绕组用两个相位相差 90°的电压励磁时，即

$$u_1=U_m\sin\omega t \tag{5-9}$$

$$u_2=U_m\cos\omega t \tag{5-10}$$

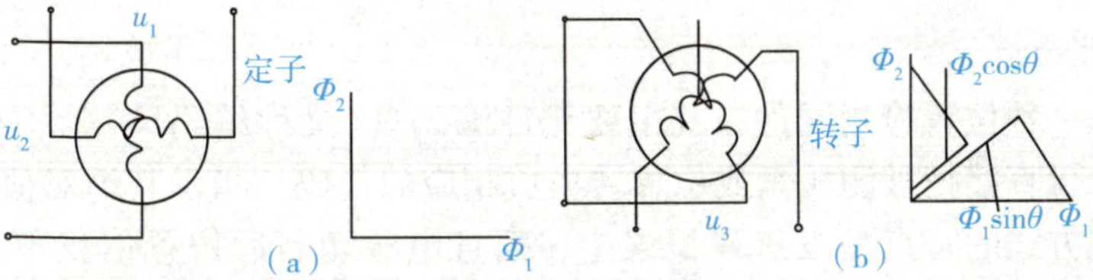

图 5-31　正弦、余弦旋转变压器

应用叠加原理，转子绕组中一个绕组的输出电压(另一个绕组短接)为

$$\begin{aligned} u_3 &= kU_m \sin \omega t \sin \theta + kU_m \cos \omega t \cos \theta \\ &= kU_m \cos(\omega t - \theta) \end{aligned} \tag{5-11}$$

综上所述，当按图 5-30 所示的接法时，旋转变压器的转子绕组感应电压的幅值严格按转子偏角 θ 的正弦(或余弦)规律变化，其频率和励磁电压频率相同；当按图 5-31 所示的接法时，转子绕组感应电压的频率也与励磁绕组的频率相同，而其相位严格地随转子偏角 θ 而变化。因此通过测量旋转变压器转子绕组中感应电压的幅值或相位 θ，就可以测得转子相对于定子的空间转角位置。

3. 磁阻式多极旋转变压器

普通旋转变压器精度较低，用于精度不高或大型机床的粗测或中测系统中。为了提高精度，广泛采用磁阻式多极旋转变压器(又称细分解算器)，简称多极旋转变压器，其误差不超过 3.5"。这种旋转变压器是无接触式磁阻可变的耦合变压器。在多极旋转变压器中，定子(或转子)的极对数根据精度要求不同而不等，增加定子(或转子)的极对数，使电气转角为机械转角的倍数，从而提高精度，其比值即为定子(或转子)的极对数。

磁阻式多极旋转变压器的工作原理如图 5-32 所示。定子齿数为 5，转子齿数为 4，定子槽内安装了一个逐槽反向串接的输入绕组 1-1 和两个间隔一个齿绕制的反向串接输出绕组 2-2、3-3。当输入绕组为正弦电压时，两个输出绕组分别产生相应的电压，其幅值主要取决于定子和转子齿的相对位置间气隙磁导的大小。当转子转过一个齿距，气隙磁导变化一个周期，输出电压幅值也随之变化一个周期。而当转子转过一周时，输出电压幅值变化的周期等于转子齿数，转子的齿数就相当于磁阻式多极旋转变压器的极对数。

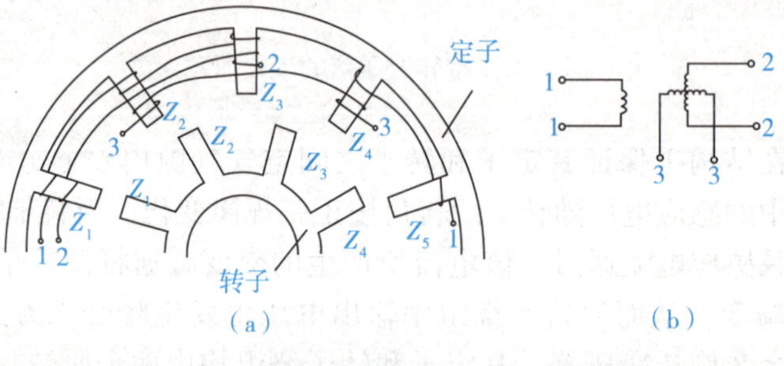

图 5-32　磁阻式多极旋转变压器工作原理

由于这种旋转变压器没有电刷和滑环的直接接触，因而能够连续高速运行，而且寿命长、工作可靠、制造成本低、输出信号电平高(一般为 0.5～1.5 V)。

5.2.4　编码器

1. 编码器概述

编码器是一种位置检测元件，其主要元件编码盘(又称编码尺)是一种直接编码式的测量元件，可直接把被测转角或位移转换成相应的代码，指示其绝对位置。

这种检测方式的特点是没有累积误差，而且电源切断后位置信息不丢失。检测方式是非接触式的，无摩擦和磨损，驱动力矩小。由于光电变换器性能的提高，可得到

较快的响应速度。由于照相腐蚀技术的提高，可以制造高分辨率、高精度的光电盘，母盘制作后，复制很方便，且成本低。其缺点是检测通道数多、构造复杂、不易做到高精度和高分辨率、价格较贵、抗污染能力差、容易损坏。

编码器的作用原理分为接触式、光电式、电磁式等。其编码类型有二进制编码、二十进制计数码、葛莱码、余三码等。

(1)接触式编码器由于电刷安装不准或工作过程中意外的原因使得个别电刷偏离原来的位置，将会带来很大的误差。接触式编码器优点是简单、体积小、输出信号强、不需放大；缺点是电刷磨损造成寿命降低，转速不能太高，而且精度受到最外圈上分段宽度的限制。目前电刷最小宽度可做到0.1 mm左右。

(2)光电式编码器是目前用得较多的一种。编码盘由透明与不透明区域构成。转动时，由光电元件接收相应的编码信号。光电式编码器的优点是没有接触磨损、码盘寿命长、允许转速高，而且最外层每片宽度可做得更小，因而精度较高。单个码盘可做到18位二进制数，组合码盘达22位。其缺点是结构复杂、价格高、光源寿命短，而且安装困难。

(3)电磁式编码器是在导磁性较好的软铁圆盘上用腐蚀的方法做成相应码制的凹凸图形。当有磁通穿过码盘时，由于圆盘凹下去的地方磁导小，凸起的地方磁导大，其感应电动势也不同，因而可区分0或1，达到测量转角的目的。电磁式编码器同样是一种无接触式的码盘，有寿命长、转速高等优点，其精度可达到很高，是一种有发展前途的直接编码式测量元件。

2. 脉冲编码器

脉冲编码器是一种光学式位置检测元件，按照编码化的方式可分为增量式和绝对值式两种。

脉冲编码器

(1)增量式编码器。增量式编码器工作原理如图5-33所示。在图5-33(a)中，E为等节距的辐射状透光窄缝圆盘，Q_1、Q_2为光源，D_A、D_B、D_C为光电元件(光敏二极管或光电池)，D_A与D_B错开90°相位角安装。

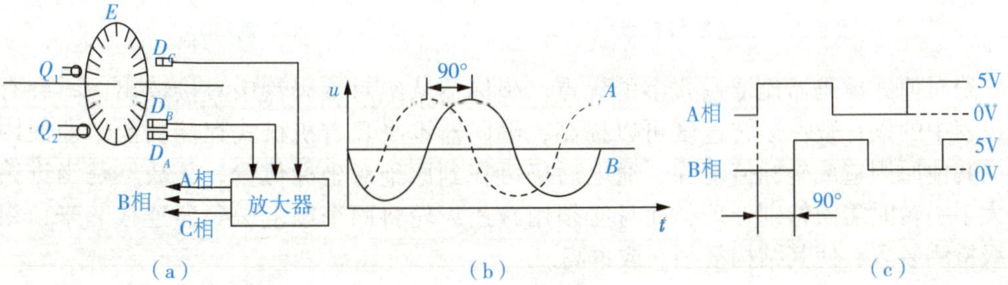

图5-33　增量式编码器工作原理

当圆盘旋转一个节距时，在光源照射下从光电元件D_A、D_B上得到如图5-33(b)所示的光电波形输出，A、B信号为具有90°相位差的正弦波，这组信号经放大器放大与整形，得到如图5-33(c)所示的输出方波，A相比B相导前90°，其电压幅值为5 V，设A相导前B相时为正方向旋转，则B相导前A相时就是负方向旋转。利用A相与B

相的相位关系可以判别编码器的旋转方向。C 相产生的脉冲为基准脉冲，又称零点脉冲，它使轴旋转一周在固定位置上产生一个脉冲。如数控车床切削螺纹时，可将这种脉冲当做车刀进刀点和退刀点的信号使用，以保证切削螺纹不会乱扣。也可用于高速旋转的转数计数或加工中心等数控机床上的主轴准停信号。A、B 相脉冲信号经频率—电压变换后得到与转轴转速成比例的电压信号，它就是速度反馈信号。

(2)绝对值式编码器。用增量式编码器的缺点是有可能由于噪声或其他外界干扰产生计数错误。若因停电、刀具破损而停机，事故排除后不能再找到事故前执行部件的正确位置。采用绝对值式编码器可以克服这些缺点，这种编码器是通过读取编码盘上的图案来表示数值的。下面介绍常用的编码盘——二进制编码盘和葛莱编码盘。

图 5-34 为二进制编码盘，图中空白部分透光，用 0 表示，涂黑部分不透光，用 1 表示。按照圆盘上形成二进制代码的每一环配置光电变换器，即图中用黑点表示位置。隔着圆盘从后侧用光源照射。此编码盘共有 4 环，每一环配置的光电变换器对应为 2^0、2^1、2^2、2^3。图中里侧是二进制的高位即 2^3，外侧是低位，如二进制的 1101，读出的是十进制 13 的角度坐标值。

二进制编码盘主要缺点是图案转移点不明确，在使用中产生较多的误读。图 5-35 为经改进后的葛莱编码盘，它的特点是每相邻十进制数之间只有一位二进制码不同。图案的切换只用一位(二进制的位)数进行，能把误读控制在一个数单位之内，提高了可靠性。

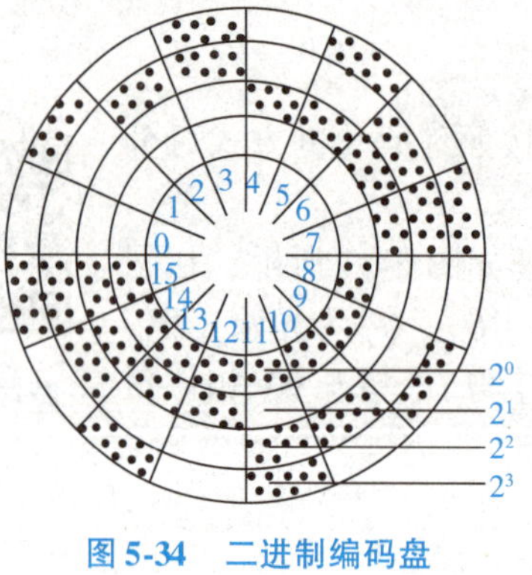

图 5-34　二进制编码盘

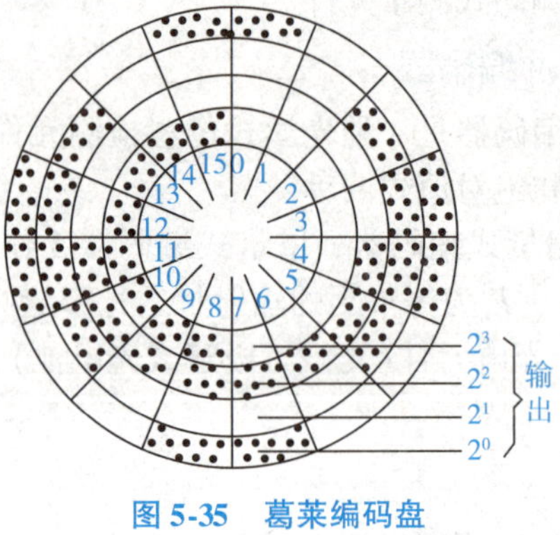

图 5-35　葛莱编码盘

绝对值式编码器比增量式多的优点：坐标值从绝对编码盘中直接读出，不会有累积进程中的误计数；运转速度可以提高，编码器本身具有机械式存储功能，即使因停电或其他原因造成坐标值清除，通电后仍可找到原绝对坐标位置。其缺点是当进给转数大于一转时需做特别处理，而且必须用减速齿轮将两个以上编码器连接起来，组成多级检测装置，使其结构复杂、成本高。

5.2.5　光栅

1. 光栅的结构和工作原理

光栅是一种最常见的测量装置，具有精度高、响应速度快等优点，是一种非接触式测量装置。光栅利用光学原理进行工作，按形状可分为圆光栅和长光栅。圆光珊用于角位移的检测，长光栅用于直线

光栅的结构和工作原理

位移的检测。光栅的检测精度较高，可达1 μm以上。光栅是利用光的透射、衍射现象制成的光电检测元件，主要由光栅尺(包括标尺光栅和指示光栅)和光栅读数头两部分组成，如图5-36所示。通常标尺光栅固定在机床的运动部件(如工作台或丝杠)上，光栅读数头安装在机床的固定部件(如机床底座)上，两者随着工作台的移动而相对移动。在光栅读数头中，安装着一个指示光栅，当光栅读数头相对于标尺光栅移动时，指示光栅便在标尺光栅上移动。安装光栅时要严格保证标尺光栅和指示光栅的平行度以及两者之间的间隙(一般取0.05 mm或0.1 mm)。

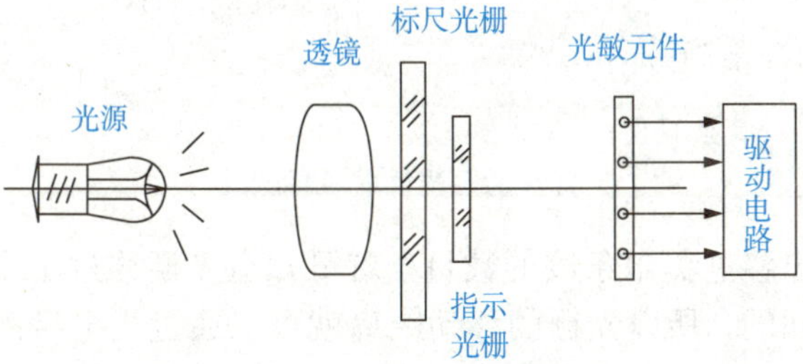

图5-36　光栅测量装置

光栅尺是用真空镀膜的方法刻上均匀密集线纹的透明玻璃片或长条形金属镜面。对于长光栅，这些线纹相互平行，各线纹之间的距离相等，称此距离为栅距。对于圆光栅，这些线纹是等栅距角的向心条纹。栅距和栅距角是决定光栅光学性质的基本参数。常见的长光栅的线纹密度为25条/mm、50条/mm、100条/mm、250条/mm。对于圆光栅，若直径为70 mm，则一周内刻线为100～768条；若直径为110 mm，则一周内刻线达600～1 024条，甚至更高。同一个光栅元件，其标尺光栅和指示光栅的线纹密度必须相同。

光栅读数头由光源、透镜、指示光栅、光敏元件和驱动线路组成，如图5-37(a)所示。读数头的光源一般采用白炽灯泡。白炽灯泡发出的辐射光线经过透镜后变成平行光束，照射在光栅尺上。光敏元件是一种将光强信号转换为电信号的光电转换元件，它接收透过光栅尺的光强信号，并将其转换为与之成比例的电压信号。由于光敏元件产生的电压信号一般比较微弱，在长距离传送时很容易被各种干扰信号所淹没、覆盖，造成传送失真。为了保证光敏元件输出的信号在传送中不失真，应先将该电压信号进行功率和电压放大，再进行传送。驱动线路就是实现对光敏元件输出信号进行功率和电压放大的线路。

如果将指示光栅在其自身的平面内转过一个很小的角度β，使两块光栅的刻线相交，当平行光线垂直照射标尺光栅时，则在相交区域出现明暗交替、间隔相等的粗大条纹，称为莫尔条纹。由于两块光栅的刻线密度相等，即栅距λ相等，使产生的莫尔条纹的方向与光栅刻线方向大致垂直，其几何关系如图5-37(b)所示。当β很小时，莫尔条纹的节距是栅距的$1/\beta$倍。当标尺光栅移动时，莫尔条纹就沿与光栅移动方向的垂直方向移动。当光栅移动一个栅距λ时，莫尔条纹就相应准确地移动一个节距p，也就是说两者一一对应。

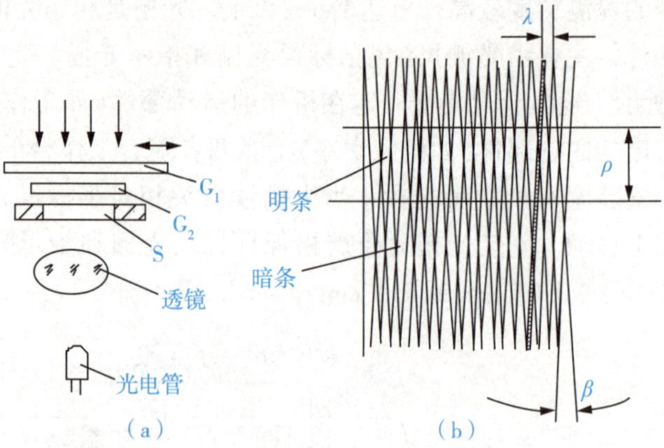

图 5-37　光栅的工作原理

因此，只要读出移过莫尔条纹的数目，就可知道光栅移过了多少个栅距。而栅距在制造光栅时是已知的，所以光栅的移动距离就可以通过光电检测系统对移过的莫尔条纹进行计数、处理后自动测量出来。

$$p=\frac{\lambda}{\beta} \tag{5-12}$$

光栅的刻线为 100 条，即栅距为 0.01 mm 时，人们是无法用肉眼来分辨的，但它的莫尔条纹却清晰可见。所以莫尔条纹是一种简单的放大机构，其放大倍数取决于两光栅刻线的交角 β，如 $\lambda=0.01$ mm，$p=5$ mm，则其放大倍数为 $1/\beta=p/\lambda=500$ 倍。这种放大特点是莫尔条纹系统的独具特性。莫尔条纹还具有平均误差的特性。

2. 光栅位移-数字变换电路

光栅测量系统的组成示意图如图 5-38 所示。光栅移动时产生的莫尔条纹由光电元件接收，然后经过位移—数字变换电路形成顺时针方向的正向脉冲或者逆时针方向的反向脉冲，输入可逆计数器。下面介绍 4 倍频细分电路的工作原理，并给出其波形图。

光栅位移-数字变换电路

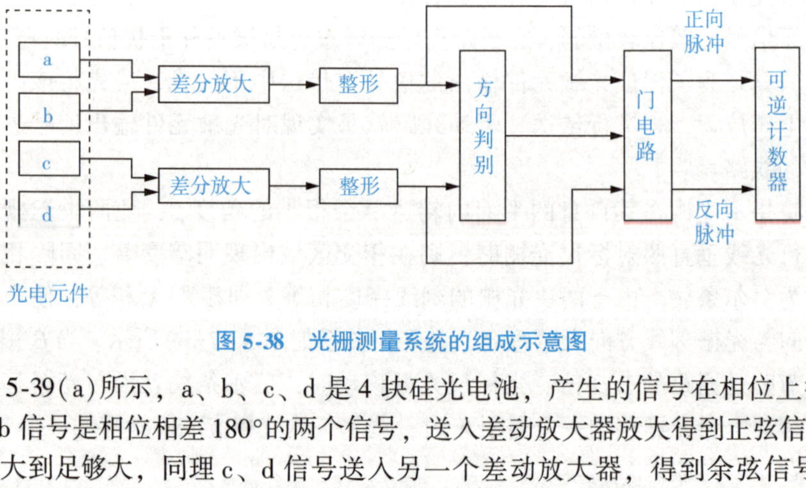

图 5-38　光栅测量系统的组成示意图

如图 5-39(a)所示，a、b、c、d 是 4 块硅光电池，产生的信号在相位上彼此相差 90°。a、b 信号是相位相差 180°的两个信号，送入差动放大器放大得到正弦信号并将信号幅度放大到足够大，同理 c、d 信号送入另一个差动放大器，得到余弦信号。正弦、余弦信号经整形变成方波 A 和 B。A 和 B 信号经反相得到 C 和 D 信号，A、B、C、D 信号再经微分变成窄脉冲 A′、B′、C′、D′，即在顺时针或逆时针每个方波的上升沿产生窄脉冲，如图 5-39(b) 所示。由门电路把 0°、90°、180°、270°4 个位置上产生的窄脉冲组合起来，根据不同的移动方向形成正向脉冲或反向脉冲，用可逆计数器进行计数就可测量出光栅的实际位移。

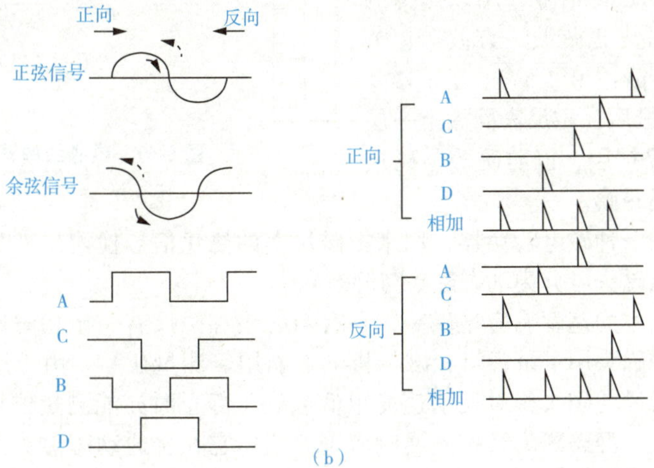

(b)

图 5-39　4 倍频电路波形图

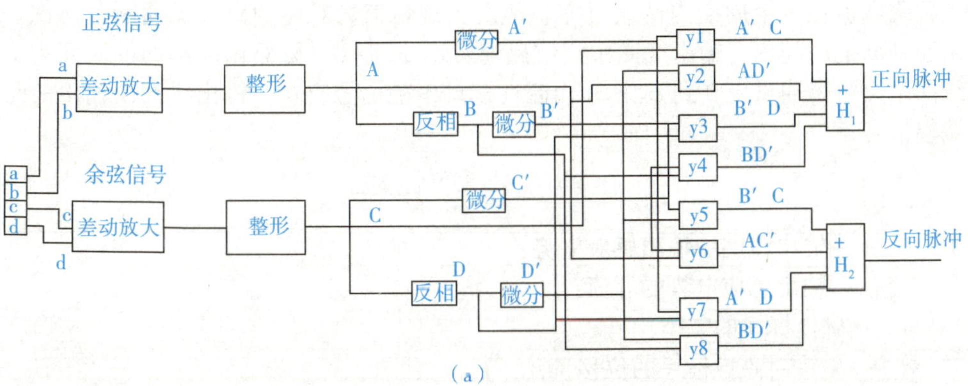

(a)

5.2.6　磁栅

1. 磁栅的结构和工作原理

磁栅又称磁尺是一种录有等节距磁化信号的磁性标尺或磁盘。其录磁和拾磁原理与普通磁带相似。在检磁过程中，磁头读取磁性标尺上的磁化信号并把它转换成电信号，然后通过检测电路将磁头相对于磁性标尺的位置送入计算机或数显装置。

磁栅的结构和工作原理

磁栅按磁性标尺基体的形状可分为平面实体型磁栅、带状磁栅、线状磁栅和圆形磁栅，前 3 种用于直线位移测量，后一种用于角位移测量。

图 5-40 为磁栅结构框图，它由磁性标尺、磁头和检测电路组成。磁性标尺常采用不导磁材料做基体，在上面镀上一层 10 ~ 30 μm 厚的高导磁材料，形成均匀磁膜，再用录磁磁头在尺上记录相等节距的周期性磁化信号，用以作为测量基准，信号可为正弦波、方波等，节距通常为 0.05 μm、0.1 μm、0.2 μm、1 mm 等几种，最后在磁尺表面涂上一层 1 ~ 2 μm 厚的保护层，以防磁头与磁尺频繁接触而磨损磁膜。

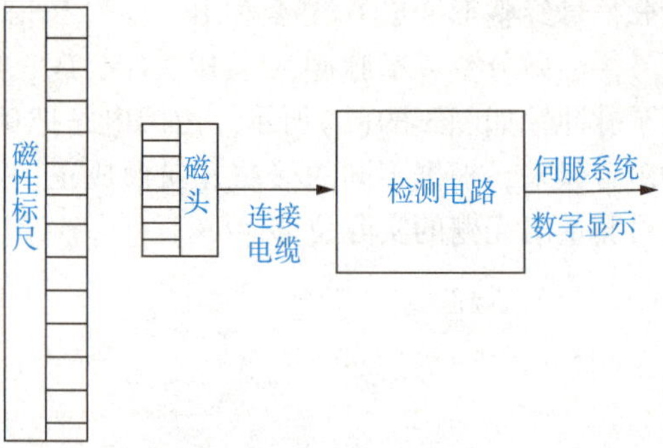

图 5-40　磁栅结构框图

拾磁磁头是一种磁电转换器，用来把磁尺上的磁化信号检测出来变成电信号送给检测电路。拾磁磁头可分为动态磁头与静态磁头。

动态磁头又称为速度响应型磁头，只有当磁头和磁尺有一定相对速度时才能读取磁化信号。这种磁头用于录音机、磁带机，不能用于测量位移。由于用于位置检测用的磁栅要求当磁尺与磁头相对运动速度很低或处于静止时亦能测量位移或位置，所以应采用静态磁头。静态磁头又称磁通响应型磁头，它在普通动态磁头上加有带励磁线圈的可饱和铁芯，从而利用了可饱和铁芯的磁性调制的原理。静态磁头可分为单磁头、双磁头和多磁头。

励磁电流在一个周期内两次过零、两次出现峰值。对应的磁开关通断各两次。磁路由通到断的时间内，输出线圈中交链磁通量由 φ_0 到 0；磁路由断到通的时间内，输出线圈中交链磁通量由 0 到 φ_0。φ_0 由磁性标尺中磁信号决定，输出线圈中输出的是一个调幅信号。

$$U_{sc}=U_m\cos\left(\frac{2\pi d}{p}\right)\sin\omega t \tag{5-13}$$

式中　U_{sc}——输出线圈中输出感应电势；

U_m——输出感应电势的峰值；

p——磁性标尺的节距；

d——磁头对磁性标尺的位移量；

ω——输出线圈感应电势的频率。

由式(5-13)可见，磁头输出信号的幅值是位移 d 的函数、只要测出 U_{sc} 过零次数，就可知道 d 的大小。使用单个磁头输出信号小，而且对磁性标尺上磁化信号的节距和波形要求也比较高，所以实际上总是将几十个磁头以一定方式串联构成多间隙磁头使用。

为了辨别磁头移动方向，通常采用间距为 $(n+1/4)p$ 的两组磁头（$n=1，2，3，\cdots$），并使两组磁头的励磁电流相位相差 45°。这样两组磁头输出电势信号相位相差 90°。

第一组磁头输出信号如果是

$$U_{sc1}=U_m\cos\left(\frac{2\pi d}{p}\right)\sin\omega t$$

则第二组磁头输出的信号必是

$$U_{sc2}=U_m\cos\left(\frac{2\pi d}{p}\right)\sin\omega t$$

2. 磁栅的应用

根据检测方法不同，磁栅应用也可分为幅值检测和相位检测两种，通常相位检测应用较多。

相位检测时在两组磁头A、B的励磁绕组中通以同频率、同相位、同幅值的励磁电流为

$$i_a=i_b=I_0\sin\frac{\omega}{2}t \tag{5-14}$$

式中　I_0——励磁电流的幅值。

取磁尺上某N极点为起点，若A磁头离开该N极点的距离为d，则B磁头上拾磁绕组输出的感应电势为

$$U_{sc1}=U_m\sin\omega t\sin\left(\frac{2\pi d}{p}\right) \tag{5-15}$$

则第二组磁头输出的信号必是

$$U_{sc2}=U_m\sin\omega t\sin\left(\frac{2\pi d}{p}\right) \tag{5-16}$$

把磁头A输出的感应电势U_{sc1}中的信号$U_m\sin\omega t$移相$\pi/2$，得到

$$U'_{sc1}=U_m\cos\omega t\sin\left(\frac{2\pi d}{p}\right) \tag{5-17}$$

如果在求和电路中，即将U'_{sc1}和U_{sc2}相加，得到总的输出

$$U_{sc}=U_m\sin\left(\omega t+\frac{2\pi d}{p}\right) \tag{5-18}$$

从式(5-18)可以看出，这和旋转变压器、感应同步器的鉴相方式应用一样，调制相位θ就可以得到位移d的大小。

5.2.7　激光干涉仪

激光干涉仪

激光是20世纪60年代末兴起的一种新型光源，广泛应用于各个方面。它与普通光相比具有许多特殊性能。

(1)高度相干性。相干波是指两个具有相同方向、相同频率和相同相位差的波。普通光源是自发辐射光，是非相干光。激光是受激辐射光，具有高度的相干性。

(2)方向性好。普通光向四面八方发光，而激光散角很小，几乎与激光器的反射镜面垂直。如配置适当的光学准直系统，其发散角可小到10^{-4} rad以下，几乎是一束平行光。

(3)高度单色性。普通光源包含许多波长，所以具有多种颜色。如日光包含红、橙、黄、绿、青、蓝、紫7种颜色，其相应波长为760～380 nm。激光的单色性高，如氦氖激光的谱线宽度只有10^{-6} nm；

(4)亮度高。激光束极窄，所以有效功率和照度特别高，比太阳表面高2×10^{10}倍以上。

由于激光有以上特性，因而广泛应用于长距离，高精度的位置检测。

1. 激光干涉法测距原理

根据光的干涉原理，两列具有固定相位差、相同频率、相同的振动方向或振动方向之间夹角很小的光相互交叠，将会产生干涉现象。如图 5-41 所示，由激光器发射的激光经分光镜 A 分成反射光束 S_1 和透射光束 S_2，两光束分别由固定反射镜 M_1 和可动反射镜 M_2 反射回来在分光镜处汇合成相干光束。若两列光 S_1 和 S_2 的路程差为 $n\lambda$（λ 为波长，n 为零或正整数），实际合成光的振幅是两个分振幅之和，光强最大，如图 5-42(a)所示。当 S_1 和 S_2 的路程差为 $\lambda/2$（或半波长的奇数倍）时，合成光的振幅和为零，如图 5-42(b)所示，此时光强最小。

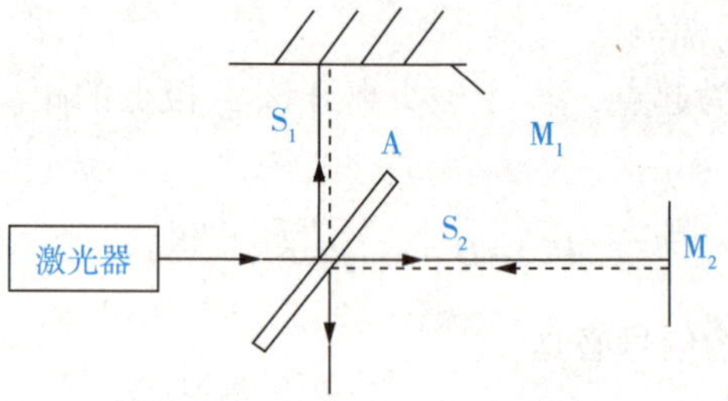

图 5-41 激光干涉法测距原理

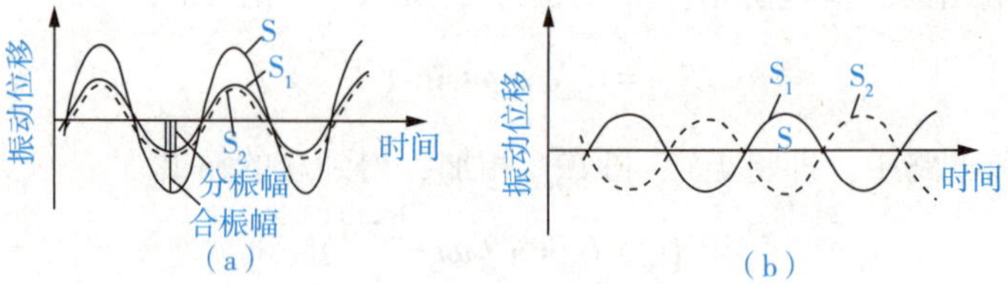

图 5-42 实际合成光

激光干涉仪就是利用这一原理产生明暗相间的激光干涉条纹，由光电转换元件接收并转换为电信号，经处理后由计数器计数，从而实现对位移量的检测。由于激光的波长极短，因而波长值很准确。利用干涉法测距的分辨率至少为 $\lambda/2$，利用现代电子技术还可测量 0.01 个光干涉条纹，可见用光干涉法测距的精度极高。

激光干涉仪由激光管、稳频器、光学干涉部分、光电接收元件、计数器和数字显示器组成。目前应用较多的有单频激光干涉仪和双频激光干涉仪。

2. 单频激光干涉仪

图 5-43 为单频激光干涉仪原理图，激光器 1 发出的激光束，经镀有半透明银膜的分光镜 5 将光分为两路，一路折射进入固定不动的棱镜 4，另一路反射进入可动棱镜 7。经棱镜 4 和 7 反射回来的光重新在分光镜 5 处汇合成相干光束，此光束又被分光镜分成两路，一路进入光电元件 3，另一路经棱镜 8 射至光电元件 2。由于分光镜 5 上镀有半透射半反射的金属膜，所产生的折射光和反射光的波形相同，但相位上有变化，适当调整光电元件 3 和 2 的位置，使两光电信号相位差 90°。工作时两者相位超前或滞后的关系取决于棱镜 7 的移动方向。工作台 6 移动时棱镜 7 也移动，干涉条纹相应移动，每

移动一个干涉条纹，光电信号变化一个周期。如果采用 4 倍频电子线路细分，采用波长 $\lambda=0.6328$ μm 的氦氖激光为光源，则一个脉冲信号相当于机床工作台的实际位移量

$$\frac{1}{4}\times\frac{1}{2}\lambda=0.08\ \mu m$$

单频激光干涉仪使用时受环境影响较大，调整麻烦，放大器存在零点漂移。为克服这些缺点，可采用双频激光干涉仪。

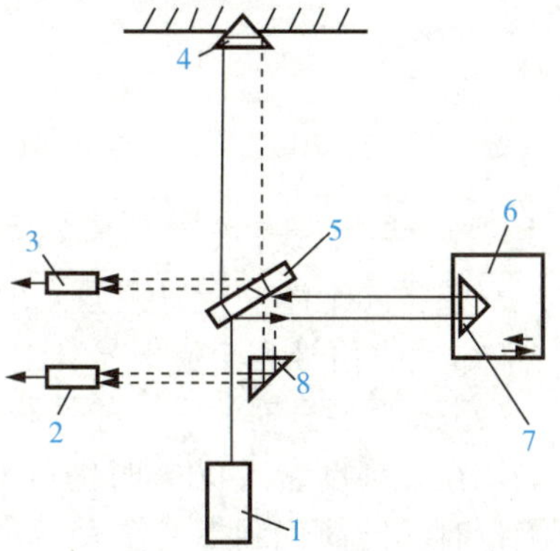

图 5-43　单频激光干涉仪原理图

3. 双频激光干涉仪

双频激光干涉仪的基本原理与单频激光干涉仪不同，是一种新型激光干涉仪，如图 5-44 所示。它是利用光的干涉原理和多普勒效应产生频差的原理来进行位置检测的。

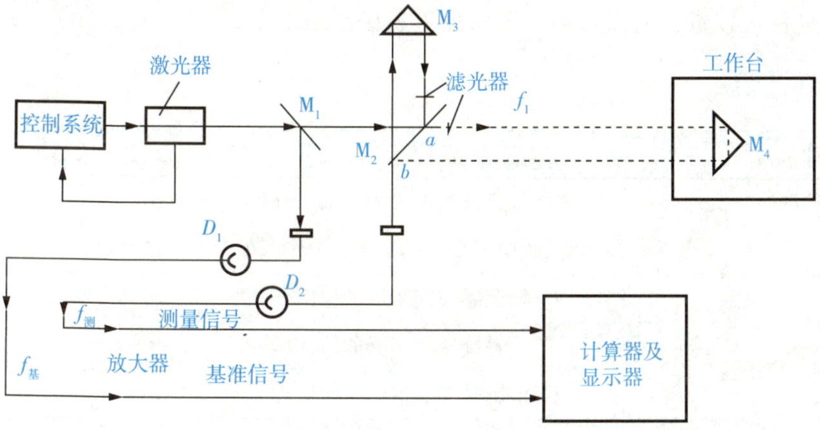

图 5-44　双频激光测量仪的基本原理

激光管放在轴向磁场内，发出的激光为方向相反的右旋圆偏振光和左旋圆偏振光，其振幅相同，但频率不同，分别表示为 f_1 和 f_2。经分光镜 M_1，一部分反射光经检偏器射入光电元件 D_1 作为基准频率 $f_{基}$（$f_{基}=f_2-f_1$）。另一部分通过分光镜 M_1 的折射到达分光镜 M_2 的 a 处，频率为 f_2 的光束完全反射经滤光器变为线偏振光 f_2，投射到固定棱镜 M_3 后反射到分光镜 M_2 的 b 处。频率为 f_1 的光束经滤光器变为线偏振光 f_1，投射到可动棱镜 M_4 后也反射到分光镜 M_2 的 b 处，两者产生相干光束。若 M_4 移动，则反射光的频率发生变化而产生多普勒效应，其频差为多普勒频差 Δf。

频率为 $f'=f_1\pm\Delta f$ 的反射光与频率为 f_2 的反射光在 b 处汇合后，经检偏器射入光电元件 D_2，得到测量频率 $f_{测}=f_2-(f_1\pm\Delta f)$ 的光电流，这路光电流与经光电元件 D_1 后得到频率为 $f_{基}$ 的光电流，同时经放大器放大进入计算机，经减法器和计数器即可算出差值 $\pm\Delta f$，并按下式计算出可动棱镜 M_4 的移动速度 v 和移动距离 L。

$$\Delta f=\frac{2v}{\lambda} \tag{5-19}$$

$$v=\frac{\mathrm{d}L}{\mathrm{d}t},\ \mathrm{d}L=v\mathrm{d}t \tag{5-20}$$

$$L=\int_0^t v\mathrm{d}t=\int_0^t \frac{\lambda}{2}\Delta f\mathrm{d}t=\frac{\lambda}{2}N \tag{5-21}$$

式中　N——由计算机记录下来的脉冲数。

双频激光干涉仪与单频激光干涉仪相比有下列优点。

(1)接收信号为交流信号，前置放大器为交流放大器，没有零点漂移等问题。

(2)采用多普勒效应，计数器用来计算频率差的变化，不受激光强度和磁场变化的影响。在光强度衰减90%时仍可得到满意的信号，这对远距离测量十分重要，在近距离测量时又能简化调整工作。

(3)测量精度不受空气湍流的影响，无需预热时间。

用激光干涉仪作为机床的测量系统可以提高机床的精度和效率，开始时仅用于高精度的磨床、镗床和坐标测量机上，后来又用于加工中心的定位系统中。但由于在机床上使用感应同步器和光栅一般能达到精度要求，而激光仪器的抗振性和抗环境干扰性能差，且价格较贵，所以目前在机械加工现场使用不多。

任务评价

评价内容	评价标准	分值	自评	师评
位置检测装置概述	掌握位置检测装置的要求、分类	10		
感应同步器	熟悉感应同步器的结构、工作原理	15		
	熟悉感应同步器的应用	10		
旋转变压器	了解旋转变压器的结构	10		
	了解旋转变压器的工作原理	10		
编码器	掌握脉冲编码器的分类和优点	15		
光栅	熟悉光栅位移—数字变换电路波形图	10		
磁栅	了解磁栅的分类	10		
激光干涉仪	熟悉双频激光干涉仪的特点	10		
总分		100		

项目小结

本项目主要介绍位置检测装置的相关知识。首先介绍了数控机床包括数控车床、铣床、加工中心及电火花线切割机床，各自适用于不同形状和复杂度的零件加工；其次介绍了位置检测装置则涵盖了感应同步器、旋转变压器、编码器、光栅、磁栅和激光干涉仪，它们通过检测机床运动部件的位置和位移量，确保加工精度。通过本项目的学习，读者能够掌握数控机床的种类和位置检测装置的工作原理。

项 目 习 题

1. 简述数控车床的主要结构。
2. 简述数控铣床的主要结构。
3. 简述数控加工中心的主要构成。
4. 简述数控加工中心的分类。
5. 简述快速走丝线切割机床的工作原理。
6. 数控机床对检测装置的要求是什么?
7. 增量式测量和绝对式测量的特点是什么?
8. 简述直线感应同步器的工作原理。
9. 感应同步器的特点是什么?
10. 什么是脉冲编码器?这种检测方式的特点是什么?
11. 简述光栅检测的工作原理。
12. 磁尺位置检测装置由哪几部分组成?并简述其工作原理。

项目 6　数控加工程序编制

项目导读

数控机床是按照事先编制好的加工程序对工件进行加工的高效自动化设备。在数控机床上加工零件，要把被加工零件的全部工艺参数、工艺过程和刀具位移数据编制成零件的加工程序，以一定的代码形式记录在控制介质上，然后用控制介质上的信息控制数控机床的加工。本项目主要介绍各种不同数控机床的程序编制基本方法和常用命令。

学习目标

◆ 知识目标

- 熟悉感应同步器、旋转变压器、编码器、光栅、磁栅和激光干涉仪等装置的结构和工作原理。
- 掌握数控车床和数控铣床的主要功能指令。
- 通过编程实例，加深对数控编程的理解和掌握，提高编程能力和实践操作能力。
- 掌握 3B 格式编程的坐标值、分隔符、计数方向、计数长度和加工指令等要素。
- 了解 4B 格式编程的指令构成和编程规则，并能进行简单的编程实践。

◆ 技能目标

- 能够独立完成零件图样的分析、加工工艺的确定以及加工程序单的编写。
- 能够熟练掌握加工程序的结构和格式，编写符合规范的程序段和子程序。
- 能够根据数控车床和数控铣床的指令，进行编程。
- 能够正确运用 ISO 格式、3B 格式和 4B 格式进行数控线切割机床的编程。

◆ 素质目标

- 培养学生良好的工程素养，注重细节和精度，确保程序编制的准确性。
- 培养学生团队协作和沟通能力，能够与团队成员共同解决问题，提高工作效率。

思政目标

- 培养学生社会责任感，明确社会责任与使命。能后为社会发展贡献力量。
- 增强学生的法治观念，自觉维护国家和社会的法律权利，规范自己的行为，遵守法律规定。

任务1　程序编制概述

任务描述

本任务旨在全面介绍程序编制的基本概念。读者将了解程序编制的一般步骤与方法，掌握与程序编制相关的指令代码，以及熟悉加工程序的结构和格式。通过本任务的学习，读者将能够独立完成从零件图样到制成控制介质的数控程序编制过程。

任务分析

要完成此任务，读者需要首先理解程序编制的基本概念，其次，读者需要掌握程序编制的一般步骤与方法，包括分析零件图样、编写加工程序单等。最后，读者还需要熟悉数控机床的指令代码，以及程序的结构和格式，如程序段格式、主程序和子程序等。通过实践操作和案例分析，读者将能够加深对程序编制的理解和掌握。

任务重点与实施

程序编制就是将零件的工艺参数、工艺过程、刀具位置移动量与方向以及其他辅助动作(如换刀、开闭切削液、夹紧等)，按运动顺序和所用数控机床规定的指令代码及程序格式编成加工程序单(对数控机床的一系列运动或状态指令)，再将程序单中的全部内容记录在控制介质上(如穿孔纸带、磁带、磁盘等)，然后输入到数控装置中，从而指挥数控机床加工。这种从零件图样到制成控制介质的过程称为数控程序编制。

6.1.1　程序编制的一般步骤与方法

1. 数控机床零件加工程序编制的一般内容和步骤

下面介绍数控机床零件加工程序编制的一般内容和步骤(图6-1)。

(1)分析零件图样，即要根据零件的材料、形状、尺寸、加工精度、毛坯形状和热处理要求等确定加工方案，选择合适的数控机床。

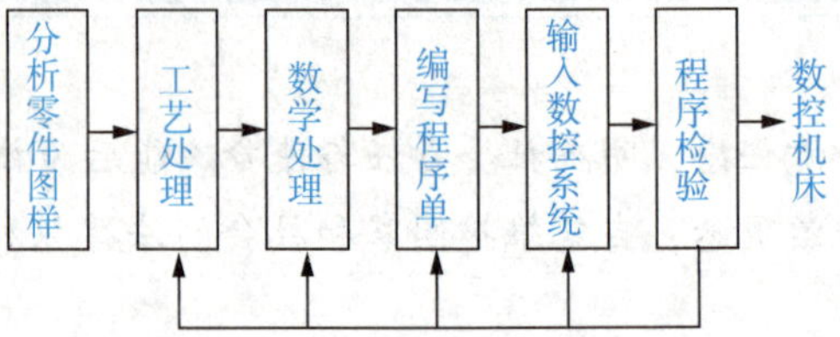

图 6-1 数控编程过程

(2)确定工艺过程，即选择适合数控加工的工件和选择合理的加工工艺是提高数控加工技术经济效益的首要因素。那些属于中、小批量，特别是重复投产、表面复杂、加工中需要测量、需要精密钻镗的夹具等类零件，是数控加工最合适的加工对象。在制订零件加工工艺时，应根据图样对工件的形状、技术条件、毛坯及工艺方案等进行详细分析，从而确定加工方法、定位夹紧及工步顺序，并合理选用机床、刀具及切削用量。制订数控加工工艺除考虑通常的一般工艺原则外，还应考虑充分发挥所用数控机床的指令功能，要求走刀路线要短、走刀次数和换刀次数尽可能少、加工安全可靠等。由于零件加工程序是事先编制好的，每次走刀固定，因此对零件毛坯的基准面和余量应有一定的要求。

(3)运动轨迹的坐标计算，即根据零件图样的几何尺寸、走刀路径以及设定的坐标系计算粗、精加工各运动轨迹关键点的坐标值，例如运动轨迹的起点与终点、圆弧的圆心坐标尺寸；对圆形刀具，有时还要计算刀心运动轨迹的坐标；对非圆曲线，还要计算逼近线段的交点(也称节点)坐标值，并限制逼近线段在允许误差范围以内。

(4)编写加工程序单，即根据计算出的运动轨迹坐标值和已确定的运动顺序、刀号、切削参数以及辅助动作，按照数控装置规定使用的功能指令代码及程序段格式，逐段编写加工程序单。在每个程序段之前加上程序段的顺序号，在其后加上程序段结束符号。此外，还应附上必要的加工示意图、刀具布置图、机床调整卡、工序卡以及必要的说明(如零件名称与图号、零件程序号、加工所用机床型号以及日期等)。

(5)制备控制介质和输入数控系统程序单只是程序设计完后的文字记录，还必须将程序单的内容记录在控制数控机床的控制介质上作为数控装置的输入信息。控制介质多为穿孔纸带、磁带、磁盘等。也可将程序单的内容直接用数控装置的键盘输入存储，现在大多数情况是通过网络直接传输到数控系统中。

(6)程序校验和首件试切程序单和所制备的控制介质必须经过校验和试切削才能正式使用。一般的方法是将控制介质上的内容直接输入到 CNC 装置进行机床的空运转检查。也即在机床上用笔代替刀具，坐标纸代替零件进行空运转画图，检查机床运动轨迹的正确性。在具有屏幕(CRT)的数控机床上进行图形显示，用图形仿真刀具相对工件运动，则更为直观、方便。这些方法只能检查运动是否正确，不能查出由于刀具调整不当或编程计算不准确而造成加工工件误差的大小，因此必须用首件试切的方法进行实际切削检查。这不仅可查出程序单和控制介质的错误，还可知道加工精度是否符合要求。当发现尺寸有误差时，应分析错误的性质，找到错误原因并及时修改程序，或者进行刀具尺寸误差补偿。

2. 程序编制的一般方法

根据零件几何形状的复杂程度、程序的长短以及编程精度要求的不同，可采用不同的编程方法，主要有手工编程和计算机辅助编程(即自动编程)。

(1)手工编制程序如图 6-1 所示编程过程的全部或大部分工作由人工进行。对于几何形状不太复杂的简单零件、所需的加工程序段不多、坐标计算也简单、程序段不太长、出错的几率小时，手工编程就显得经济而且及时。因此手工编程至今仍广泛地应用于简单的点位加工及简单的直线与圆弧组成的轮廓加工中。但对于一些复杂零件，特别是具有非圆曲线、曲面的表面(如叶片、复杂模具)，或者零件的几何元素并不复杂，但程序编排量很大的零件(如复杂的箱体或一个零件上有几百个矩阵钻孔)，或者是需要进行复杂的工步与工艺处理的零件(如数控车削中心和加工中心机床的多工序集中加工)，由于这些零件的程序量大编程计算相当烦琐，手工编程难以胜任，即使能够编出，往往耗用时间过长，效率低，而且出错几率高。据国外统计，用手工编制这些加工零件的程序，其编程时间与在机床上实际加工时间之比平均约 30∶1，甚至由于加工程序一时编不出来而影响数控机床的开动率。因此必须解决程序编制的自动化问题，即利用计算机进行辅助编程。

(2)计算机零件辅助编程常称为自动编程。它是使用一台大型或通用计算机配上自动编程相关程序，通过特殊的编程语言编写加工零件的源程序，再经过编译和后置处理，即可得到所需的零件加工程序单。编程人员只需根据零件图样要求，用一种直观易懂的编程语言编写一个简短的加工零件源程序输入到计算机，其余的工作让计算机自动完成。所编出的程序还可以通过计算机屏幕或自动绘图仪进行刀具轨迹的图形检查。计算机辅助编程可显著减少编程计算工作量和缩短编程时间，使用也十分方便，零件表面越是复杂，工艺过程越是多样烦琐，其技术经济效益和加工精度就越高。

6.1.2　程序编制有关指令代码

不论何种数控机床加工，都是将代表各种不同功能的指令代码输入数控装置，以信息的形式记录在控制介质上，用控制介质上的信息来控制机床，因此编程人员应熟悉有关指令代码的基本知识。

数控机床经过 50 多年的不断实践与发展，在代码形式、机床坐标系的规定、准备功能和辅助功能的代码以及程序格式等方面已逐步趋向统一。目前，国际标准化组织(International Organization for standardization，ISO)已在这方面制订了一系列的标准草案供各成员国或成员集团使用，这对数控机床的设计、使用(特别是程序编制)以及产品进入国际市场都会带来方便。我国在标准的制订方面基本沿用 ISO，也制订了相应的数控标准。但必须注意：目前国内外各式各样的数控机床所使用的标准尚未完全统一，有关指令代码及其含义不尽相同，编程时务必严格遵守具体机床使用说明书中的规定。

1. 穿孔纸带及代码

数控机床加工程序的输入可以是通过穿孔纸带、磁带、磁盘、手动数据输入(MDI)和网络传输到数控装置中，最常用的是八单元穿孔纸带，根据国际标准化组织规定，在纸带宽度方向上排列有数量不等的八列孔，每一行孔组成一个传递信息的代码，第 3 和第 4 孔道中间有传递纸带用的同步孔。为了保证纸带的互换性，纸带宽度、孔径、厚度等均规定公差范围，如图 6-2 所示。

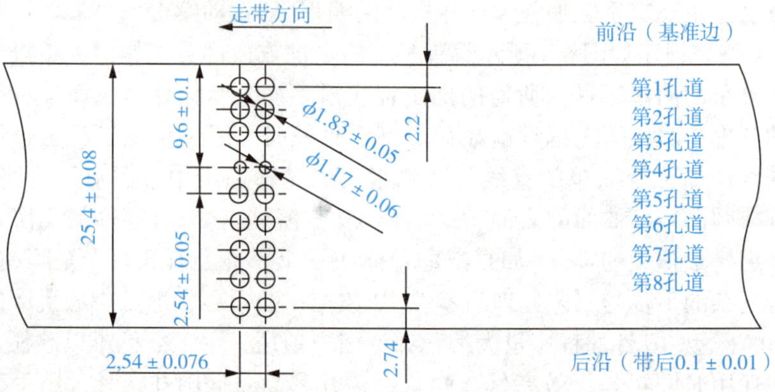

图 6-2　八单元标准穿孔带

代码是数控机床传递信息的语言，程序单上给出的字母和数字以及符号都要按照规定在纸带上穿出孔来，有孔表示"1"，无孔表示"0"，纸带光电读入系统接收从孔中透过的光，并把光信号转变为电脉冲信号输入计算机。在纸带水平方向(宽度方向)上的一排孔组成代表字符、数字的符号。这种符号就是通常所说的代码，也称字符。数控机床上常用的字符有以下几种。

(1)数字 0~9。

(2)字母 A、B、C…K、Y、Z。

(3)特殊记号+(正号)、-(负号)、/(跳过任意程序段)、ER(程序号)、SP(空格)、DEL(注消码)、·(小数点)等。

以上字符(代码)都是按二进制编码，也就是用纸带上有孔或无孔两种状态组合来表示。当前数控机床常用的代码有 ISO 和 EIA 两种代码。ISO 码是国际标准化组织制定的代码，EIA 码是美国电子工业协会制定的代码。编程时一定要了解数控系统能接受哪种代码的信息，不过现代数控系统两种码均可兼容。

ISO 码主要是在计算机和数据通信中使用，1965 年以后才开始在数控机床中使用。ISO 的含义见表 6-1。这种代码的最大特点是表示字符(代码)的孔的数目必须是偶数，故也称 ISO 码为偶数码。为了保证纸带宽度方向(水平方向)上的孔为偶数，第 8 孔道的孔用来补偶用，故称第 8 孔道为补偶校验孔。

表 6-1　ISO 码的含义

机　能	地　址	意　义
程序号	O	程序的编号指令
顺序号	N	顺序编号(程序段编号)
准备机能	G	指令动作方式

（续表）

机　能	地　址	意　义
坐标字	X、Y、Z A、B、C、U、V、W R I、J、K	坐标轴移动地址 附加轴移动地址 圆弧半径地址 圆弧中心坐标地址
进给速度 主轴机能 刀具机能	F S T	进给速度指令 主轴旋转速度指令 刀具编号指令
辅助机能	M B	辅助机能指令 工作台回转(分度)指令
补偿号	H、D	补偿号指令
暂停	P、X	暂停时间指令
程序号指定	P	子程序号的指令
重复次数	L	子程序、固定循环次数的指令
参数	P、Q、R	固定循环参数指令

EIA码(EIARS244-A)是数控机床上常用的一种代码，其主要特点是表示字符(代码)的孔的数目必须是奇数，故也称为EIA码为奇数码。它的第5孔道为补奇孔，故称第5孔道为补奇校验孔。两种代码的含义见表6-2。

表6-2　两种代码的含义

代　码		意　义
EIA	ISO	
空白	NUL	在EIA码中，有效信息范围之内的空白被作为错误检测出来(THB报警)，在范围之外的则忽略。ISO码中NUL总是被忽略
CR	LF/NL	程序段结束(EOB)
/	CR	忽略
Space	SPACE	忽略
ER	%	无条件地倒带和复位
UC	/	忽略
LC	/	忽略
2-4-5	(	控制暂停
2-4-7	)	控制恢复(2-4-5)和(2-4-7)的孔是同时打上的，即在同一排上
+	+	正号(忽略)

（续表）

代码		意义
EIA	ISO	
BS	BS	忽略
Tab	HT	忽略

当穿孔带通过纸带阅读机输入机床的控制系统时，系统要对穿孔带进行奇偶校验(也称 H 校验、水平校验)以判别输入的代码是奇码还是偶码。

2. 准备功能与辅助功能代码

在数控加工程序中，用各种准备功能的 G 代码和辅助功能的 M 代码来描述工艺过程的各种操作和运动特征，G 代码和 M 代码是程序的基础。

准备功能与辅助功能代码

(1)准备功能 G 代码。代码使机床建立起(准备好)某种加工方式的指令，如插补、刀具补偿，固定循环等。

G 代码由地址 G 及其后的两位数字组成，从 G00 ~ G99 共 100 种。表 6-3 为 G 代码定义。

表 6-3　G 代码定义

代码(1)	功能(2)	程序指令类型(3)	功能仅在出现段内有效(4)	代码(1)	功能(2)	程序指令类型(3)	功能仅在出现段内有效(4)
G00	点定位	a		G55	沿 *Y* 轴直线偏移	f	
G01	直线插补	a		G56	沿 *Z* 轴直线偏移	f	
G02	顺时针方向圆弧插补	a		G57	*XY* 平面直线偏移	f	
G03	逆时针方向圆弧插补	a		G58	*XZ* 平面直线偏移	f	
G04	暂停			G59	*YZ* 平面直线偏移	f	
G05	不指定	#	#	G60	准确定位 1(精)	h	
G06	抛物线插补	a		C61	准确定位 2(中)	h	
G07	不指定	#	#	G62	快速定位(粗)	h	
G08	加速			G63	攻螺纹		
G09	减速			G64 ~ G67	不指定	#	#
G10 ~ G16	不指定	#	#	G68	内角刀具偏置	#(d)	#
G17	*XY* 面选择	c		G69	外角刀具偏置	#(d)	#

（续表）

代码(1)	功能(2)	程序指令类型(3)	功能仅在出现段内有效(4)	代码(1)	功能(2)	程序指令类型(3)	功能仅在出现段内有效(4)
G18	*ZX* 面选择	c		G70 ~ G79	不指定	#	#
G19	*YZ* 面选择	c		G80	取消固定循环	e	
G20 ~ G32	不指定	#	#	G81	钻孔循环	e	
G33	切削等螺距螺纹			G82	钻或扩孔循环	e	
G34	切削增螺距螺纹	a		G83	钻深孔循环	e	
G35	切削减螺距螺纹	a		G84	攻螺纹循环	e	
G36 ~ G39	永不指定	#	#	G85	镗孔循环 1	e	
G40	取消刀具补偿或偏置	d		G86	镗孔循环 2	e	
G41	刀具半径补偿-左	d		G87	镗孔循环 3	e	
G42	刀具半径补偿-右	d		G88	镗孔循环 4	c	
G43	刀具长度补偿-正	#(d)	#	G89	镗孔循环 5	e	
G44	刀具长度补偿-负	#(d)	#	G90	绝对值输入方式	j	
G45	刀具偏置+/+	#(d)	#	G91	增量值输入方式	j	
G46	刀具偏置+/-	#(d)	#	G92	预置寄存	j	
G47	刀具偏置-/-	#(d)	#	G93	时间倒数的进给率	k	
G48	刀具偏置-/+	#(d)	#	G94	每分钟进给	k	
G49	刀具偏置（*Y* 轴正向）0/+	#(d)	#	G95	主轴每转进给	k	
G50	刀具偏置 0/-	#(d)	#	G96	主轴恒线速度	i	
G51	刀具偏置+/0	#(d)	#	G97	主轴每分钟转速	i	
G52	刀具偏置-/0	#(d)	#	G98	不指定	#	#
G53	取消直线位移功能	f		G99	不指定	#	#
G54	沿 *X* 轴直线偏移	f					

该表序列号(3)中的 a、c、d、…、k、i 各字母所对应的 G 代码称为模态代码（即续效代码），表示一经被应用（如 a 组中的 G01），直到出现同组（a 组）其他任一 G 代码（如 G03）时才失效，否则保持继续有效，而且可省略不写。其他 c、d、e、f 等各组同理。在同一程序段中出现非同组的几个模态代码时，并不影响 G 代码的续效。现列举一个程序例说明。

```
N001   G01   G17   G42          X.....Y.........LF
N002                            X.....Y.........LF
N003   G03                      X.....Y.........LF
```

```
N004X......Y..........LF
N005   G01X......Y..........LF
N006   G00   G40X......Y..........LF
```

上例中，NXXX为程序段号。在N001程序段中，有3种不同功能G代码，它们不属于同一组，故可出现在同一程序段中；N002程序段的功能与N001程序段是相同的，G01、G17、G42都是模态代码，故继续有效；N003程序段中出现G03，同组的G01失效，但G17、G42因不同组，继续有效；N005程序段中需要的G01必须重新写，此时G03又失效；N006程序段出现同组的G00，因此G01失效，因为G40与G42同组，所以G42失效，但G17继续有效。

表中第(4)列有符号。#的G代码为非模态代码，即只在本程序段有效，下一程序段需要时必须重新写。

表中第(2)列功能说明中的“不指定”代码用于将来修订标准时，有可能指定新的功能定义；“永不指定”代码，即使将来修订标准时也不指定新的定义。“不指定”代码在未指定新的定义之前和“永不指定”代码可由机床数控系统设计者根据需要自行定义除表中已有的新功能定义。这些都必须在机床使用说明书中予以明确定义，以便用户应用。

(2)辅助功能M代码。M代码是控制机床开、关功能的指令，主要用于机床加工时的工艺指令，如主轴的正转、反转、停止，切削液的开、闭，运动部件的夹紧与松开等辅助动作。

表6-4为我国机械行业标准规定的M代码定义，从M00～M99共100种。以下对常用的M代码作简要说明。

M00——程序停止。在完成该程序段其他指令后，用以停止主轴转动、进给和切削液喷注，以便执行某一固定的手动操作，如手动变速、换刀等。此后，须重新起动，才能继续执行以下程序。

M01——计划(任选)停止。它与M00相似，所不同的是，除非操作人员预先按下控制面板上任选停止按钮确认这个指令，否则这个指令不起作用，继续执行以下程序。该指令常用于关键尺寸的抽样检查或有时需要临时停车。

M02——程序结束。它编排在最后一个程序段中，用以表示加工结束。它使主轴、进给、切削液喷注都停止，并使数控系统处于复位状态。

M03、M04、M05——分别命令主轴正转、反转和停转。所谓主轴正转是从主轴往正z方向看去顺时针方向旋转，逆时针方向则为反转。主轴停止旋转是在该程序段其他指令执行完成后才停止。一般在主轴停止转动的同时，进行制动和关闭切削液。

M06——换刀指令，常用于加工中心机床刀库换刀前的准备动作。

M07、M08——分别命令2号切削液(雾状)及1号切削液(液状)开(切削液泵起动)。

M09——切削液停(切削液泵关闭)。

M10、M11——运动部件的夹紧与放松。

M19——主轴定向停止，即指令主轴准确停在预定的角度位置上。

M30——程序结束。虽和M02相似，但M30可使程序返回到开始状态。

表 6-4 辅助功能 M 代码

代码	功能	功能开始		功能保持到被取消或被同字母的程序指令代替	功能仅在程序内有用	代码	功能	功能开始		功能保持到被取消或被同字母的程序指令代替	功能仅在程序内有用
		与运动同时	在运动完成后					与运动同时	在运动完成后		
M00	程序停止		*		*	M36	进给速度范围 1	*		*	
M01	计划停止		*		*	M37	进给速度范围 2	*		*	
		与运动同时	在运动完成后					与运动同时	在运动完成后		
M02	程序结束		*		*	M38	主轴速度范围 1				
M03	主轴顺时针转					M39	主轴速度范围 2				
M04	主轴逆时针转					M40 ~ M45	可作为齿轮换档、不指定	#	#	#	#
M05	主轴停止转动					M46 ~ M47	不指定	#	#	#	#
M06	换刀	#	#			M48	注销 M49				
M07	2 号切削液开					M49	进给率修正旁路				
M08	1 号切削液开					M50	3 号切削液开				
M09	切削液开					M51	4 号切削液开				
M10	夹紧	#	#			M52 ~ M54	不指定	#	#	#	#
M11	夹紧松开	#	#			M55	刀具直线位移，位置 1	*		*	
M12	不指定	#	#	#	#	M56	刀具直线位移，位置 2	*		*	

（续表）

代码	功能	功能开始		功能保持到被取消或被同字母的程序指令代替	功能仅在程序内有用	代码	功能	功能开始		功能保持到被取消或被同字母的程序指令代替	功能仅在程序内有用
		与运动同时	在运动完成后					与运动同时	在运动完成后		
M13	主轴顺时针转动，切割液开					M57 ~ M59	不指定	#	#	#	#
M14	主轴逆时针转动、切削液开					M60	换工件		*		*
M15	正向快速移动					M61	工件直线位移，位置 1	*		*	
M16	反向快速移动					M62	工件直线位移，位置 2				
M17 ~ M18	不指定	#	#	#	#	M63 ~ M70	不指定	#	#	#	#
M19	主轴定向停止转动					M71	工件角度位移，位置 1	*		*	
M20 ~ M29	永不指定	#	#	#	#	M72	工件角度位移，位置 2				
M30	纸带结束		*		*	M73 ~ M89	不指定	#	#	#	#
M31	互馈机构暂时失效	#	#		*	M90 ~ M99	永不指定	#	#	#	#
M32 ~ M35	不指定	#	#	#	#						

注：#——如选作特殊用途，必须在程序说明中说明；
不指定——该代码在将来修订本标准时，可能被规定功能；
M90 ~ M99——永不指定代码，可指定为特殊用途；
*——对该具体情况起作用。

6.1.3　程序结构和格式

程序结构和格式

1. 加工程序的结构

一个完整的加工程序由若干程序段组成；而程序段是由一个或若干个字组成：每个字又由字母和数字组成(有时还包括代数符号)；每一个字母、数字、符号称为字符。

例如，某一加工程序如下所示。

```
%
O020
N001   G01   X80   Z-30   F0.2   S300   T0101   M03   LF
N002      X120   Z-60   LF
… …
N125   G00   X500   Z200   M02   EM
```

这表示一个完整的加工程序。它由 125 条程序段按操作顺序排列而成。整个程序开始用符号“%”，以 M02(或 M30)作为全部程序的结束。每个程序段用序号 N 开头，用 LF(EIA 代码为 CR)结束。

在“%”后的 O020 表示从数控装置的存储器中调出加工程序编号为 020 的加工程序。这是由于目前的计算机数控系统都有可靠和大量的存储器，在存储器中可事先存入多种加工程序，需要时即可调出使用。但不是所有数控机床都具备此功能，有些机床则采用人工调出的方式。

每个程序段表示一种操作。它由若干个字组成，每个字表示一种功能。如第一个程序段除程序段结束字符 LF 外，由 8 个字组成：N001 表示第一条运行的程序段；G01 字定义为直线插补，由准备功能 G 和功能种类代码 01 共 3 个字符组成；X80 字表示 X 轴正向位移至 80(此处指毫米数，也可用脉冲数表示)，由 3 个字符组成；Z-30 字表示刀具位移至 Z 轴负方向 30 mm 处，由 4 个字符组成；F0.2 字为进给量 0.2 mm/min，S300 字表示主轴转速为 300 r/min，T0101 字表示用 1 号刀且用 1 号刀补；M03 为主轴正转。该程序段表示一个完整的操作，即命令机床用 1 号刀以 0.2 mm/min 的进给量和 300 r/min 的主轴正向转速，直线位移至 X80 和 Z-30 处。其中 X80 相当于 X+80，一般规定正号“+”可省略，但负号“-”不可省。

一个程序段的字符数有一定限制，大于限定的字符数时，要分成两个程序段。

2. 程序段格式

程序段格式就是一个程序段中字、字符、数据的表现形式。不同的数控系统往往有截然不同或大同小异的程序段格式。格式不合规定，数控装置会报警出错。

数控发展的初期，常用固定顺序格式，现已不再应用。目前广泛应用字—地址程序段格式，我国早期生产的数控线切割机床的数控系统采用分隔符的固定顺序格式编程。

“字—地址”程序段格式如上例所示：每个字前有地址(N、G、X、Z、F、T、M、…)；各“字”的先后排列并不严格；数据的位数可多可少(但不得大于规定的最大允许位数）；不需要的字以及与上一程序段相同的续效字可以不写（如上例 N002 程序段中，G01、F0.2、S300、T0101、M03 这些续效字继续有效）。这种程序段格式的优点是程序简短、直观、不易出错，故广泛应用。我国已对这种可变程序段“字-地址”格式制订了《信息技术 中文编码字符集》（GB 18030—2022），地址字符集见表 6-5。这对数控系统的设计，特别是程序编制带来很大方便。

表 6-5　地址字符表（GB 18030-2022 标准）

字符	意　义	字符	意　义
A	绕 x 坐标的角度尺寸	N	顺序号
B	绕 y 坐标的角度尺寸	O	不用，有的定为程序编号
C	绕 z 坐标的角度尺寸	P	平行于 x 坐标轴的第三个运动尺寸
D	绕特殊坐标的角度尺寸，或定为偏置号	Q	平行于 y 坐标轴的第三个运动尺寸
E	绕特殊坐标的角度尺寸，第二进给功能	R	平行于 z 坐标轴的第三个运动尺寸
F	进给功能	S	主轴速度功能
G	准备功能	T	第一刀具功能
H	永不指定，有的定为偏置号	U	平行于 x 坐标轴的第二个运动尺寸
I	不指定，平行于 x 轴插补参数	V	平行于 y 坐标轴的第二个运动尺寸
J	不指定，平行于 y 轴插补参数	W	平行于 z 坐标轴的第二个运动尺寸
K	不指定，平行于 z 轴插补参数	X	主 x 坐标轴运动尺寸
L	永不指定，有的定为固定循环次数	Y	主 y 坐标轴运动尺寸
M	辅助功能	Z	主 z 坐标轴运动尺寸

注：如不按上述规定使用 D、E、P、Q、R、U、V、W 时，将“不指定”地址可用做必要的特殊用途。

“分隔符固定顺序”程序段格式的特点是所有字的地址用分隔符 HT（在 EIA 标准中为 TAB）表示。但各字的顺序为固定的，不可打乱；不需要或与上一程序段相同的续效字可以省略，但必须补上分隔符。这种程序段格式不需要判别地址的电路，数控系统简单，主要用于功能不多且较固定的数控系统，但程序不直观、易错。

3. 主程序和子程序

在一个加工程序中，如果有几个一连串的程序段完全相同（即一个零件中有几处的几何形状相同，或顺序加工几个相同的工件），为缩短程序可将这些重复的程序段单独抽出，按规定的程序格式编成子程序，并事先存储在子程序存储器中。子程序以外的程序段为主程序。主程序在执行过程中，如需执行该子程序即可调用，并可多次重复调用，从而可以大大简化编程工作。

主程序和子程序的内容不同，但两者的程序格式应相同。其具体编程方法应按具体机床说明书的规定。

任务评价

评价内容	评价标准	分值	自评	师评
程序编制的一般步骤与方法	掌握程序编制的基本步骤	10		
	了解程序编制的方法	10		
程序编制有关指令代码	熟悉数控机床的指令代码	25		
	能够正确运用这些代码进行程序编制	25		
程序结构和格式	了解加工程序的结构和格式	10		
	能够编写符合规范的加工程序	20		
总分		100		

任务2 数控车床和数控铣床编程基础

任务描述

本任务旨在全面介绍数控车床和数控铣床的编程基础，包括数控车床和数控铣床的坐标系设定、主要功能指令的使用以及编程实例。读者将深入了解数控车床的直径编程方式，掌握数控车床和数控铣床的基本编程指令，为后续的数控加工实践打下坚实基础。

任务分析

要完成此任务，读者需要首先理解数控车床和数控铣床的坐标系和运动方向，这是编程的基础。其次，读者需要掌握数控车床和数控铣床的主要功能指令，包括快速移动、直线插补、圆弧插补、螺纹加工、暂停、米制和英制输入、返回参考点检验、固定循环加工等指令。最后，读者还需要通过编程实例来加深对编程指令的理解和掌握。在学习过程中，读者应参照机床的用户手册或编程手册，了解不同数控系统和机床的编程差异。

任务重点与实施

程序编制就是将零件的工艺参数、工艺过程、刀具位置移动量与方向以及其他辅助动作(如换刀、开闭切削液、夹紧等)，按运动顺序和所用数控机床规定的指令代码及程序格式编成加工程序单(对数控机床的一系列运动或状态指令)，再将程序单中的全部内容记录在控制介质上(如穿孔纸带、磁带、磁盘等)，然后输入到数控装置中，从而指挥数控机床加工。这种从零件图样到制成控制介质的过程称为数控程序编制。

数控车床主要用于轴类、套类和盘类零件的加工，由于这些零件的径向尺寸都是以直径值表示的，所以数控车床采用直径编程方式，即规定用绝对值编程时，*X* 为直径值，用相对值编程时，则以刀具直径向实际位移量的 2 倍值为编程值。对于不同的数控车床、不同的数控系统，其编程基本上是相同的，个别有差异的地方要参照机床的用户手册或编程手册。

6.2.1　数控车床的坐标系和运动方向

1. 机床坐标系和运动方向

在数控机床上加工零件时，只有在确定的坐标系中才能按规定的程序进行加工。为了便于编程时描述机床的运动，ISO 标准对数控机床坐标系和运动方向做了统一的标准规定。我国机械行业标准与 ISO 标准等效，各数控系统程序设计都以此为基础。

根据标准机床的坐标轴命名规定如下：机床的直线运动采用右手笛卡尔直角坐标系，如图 6-3 所示，其坐标命名为 *X*、*Y*、*Z*，使用右手定则规定方向。围绕 *X*、*Y*、*Z* 各轴的回转运动及其正方向+*A*、+*B*、+*C* 分别用右手螺旋法则判定，与+*X*、+*Y*、+*Z*、+*A*、+*B*、+*C* 相反的方向用+*X*′、+*Y*′、+*Z*′、+*A*′、+*B*′、+*C*′表示。

图 6-4 为数控车床的坐标系。机床的坐标系是以径向为 *X* 轴方向，纵向为 *Z* 轴方向，指向主轴箱的方向为 *Z* 轴的负方向，而指向尾座方向是 *Z* 轴的正方向。而 *X* 轴是以操作者面向的方向为 *X* 轴正方向。根据右手法则，*Y* 轴的正方向指向地面(编程中不涉及 *Y* 坐标)。

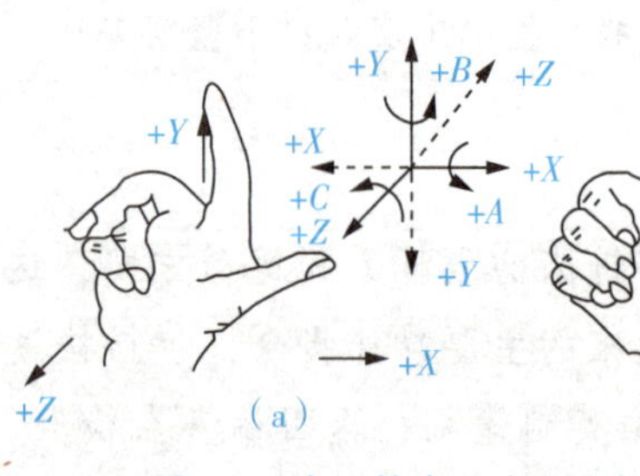

图 6-3　右手笛卡儿直角坐标系

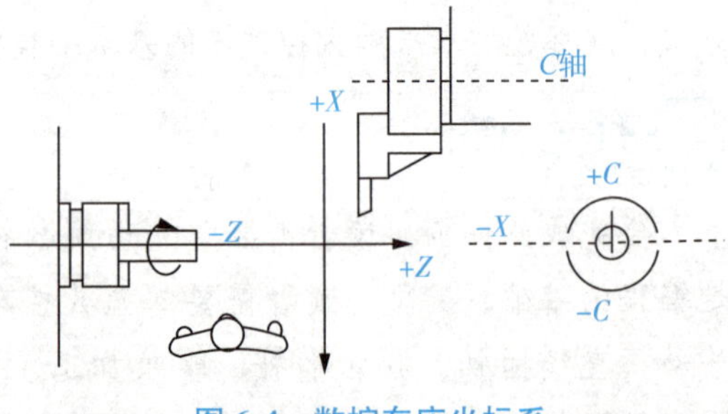

图 6-4　数控车床坐标系

2. 工件坐标系

机床上具有机械原点，它是不可改变的，但在机床工作台上还可任意设定 6 个工件坐标系(G54 ~ G59)，如图 6-5 所示。

工件坐标系的设定可采用输入每个坐标系距机械原点的 *X*、*Y*、*Z* 值实现。图中分别设定 G54 和 G59 时可采用下列方法。

工件坐标系

G54 时，$X—X_1$　$Y—Y_1$　$Z—Z_1$。

G59 时，$X—X_2$　$Y—Y_2$　$Z—Z_2$。

当工件坐标系设定后，如果在程序中写成 G90　G54　X30.0　Y40.0 时，机床就会向预先设定的 G54 坐标系中的 A 点(30.0，40.0)处移动。

同样，当写成 G90　G59　X30.0　Y30.0 时，机床就会向预先设定的 G59 中的 B 点(30.0，30.0)处移动，如图 6-6 所示。

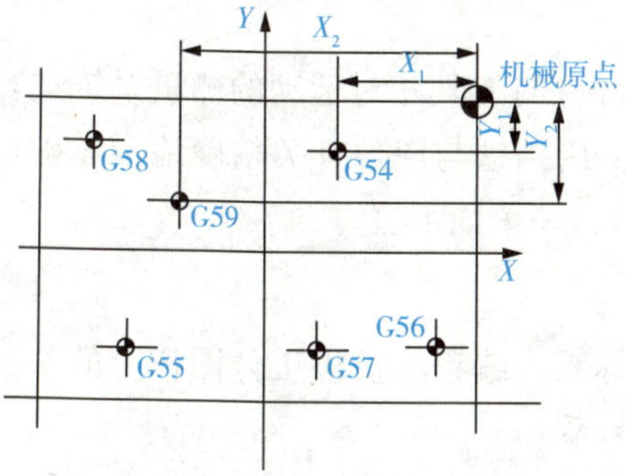

图 6-5　工件坐标系及设定

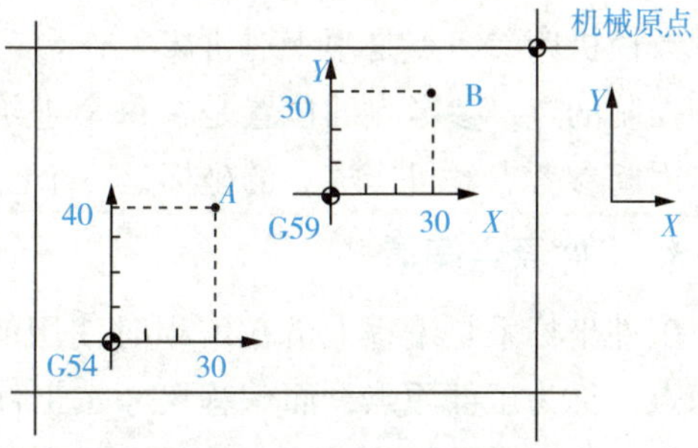

图 6-6　工件坐标系的使用

3. 程序原点

程序原点是指程序中的坐标原点，即在数控加工时刀具相对于工件运动的起点，所以也称为对刀点。

在编制数控车削程序时，首先要确定作为基准的程序原点。对某一加工工件，程序原点的设定通常是将主轴中心设为 X 轴方向的原点，将加工工件精切后的右端面或精切后的夹紧定位面设定为 Z 轴方向的原点，如图 6-7 所示。

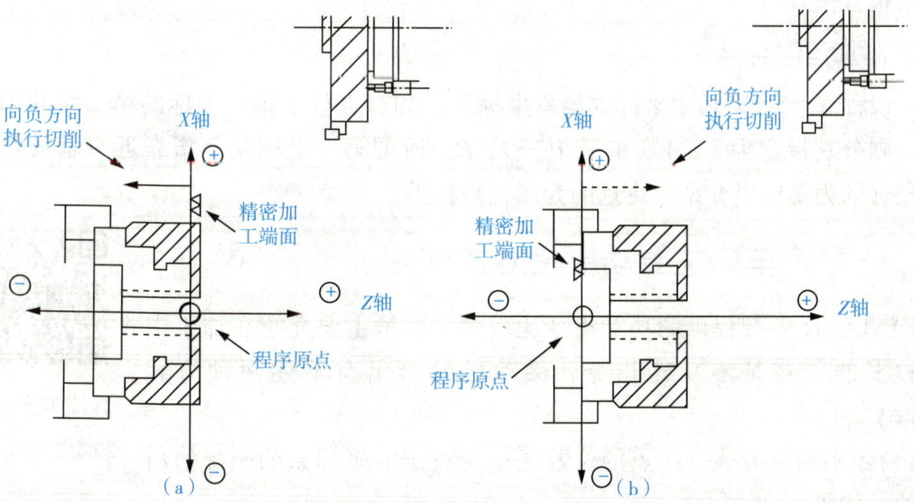

图 6-7　程序原点

4. 机械原点(或称机床原点)与参考点

机械原点是由数控车床的结构决定的，与程序原点是两个不同的概念，将机床的机械原点设定以后，它就是一个固定的坐标点。每次启动机床后，必须首先进行原点复归操作，使刀架返回机床的机械原点。

数控车床的原点一般设在主轴前端面的中心。由于车床用以加工回转体零件，因此其坐标系是从车床原点开始建立的 X、Z 轴二维坐标系。Z 轴与主轴平行，为纵向进刀方向；X 轴与主轴垂直，为横向进刀方向。

数控机床参考点是用于对机床工作台(或滑板)与刀具相对运动的测量系统进行定位和控制的点。参考点的位置是在每个进给轴上用挡铁与限位开关精确地预先确定好的，因此参考点对机床零点的坐标是一个已知数，一个固定值。

5. 工件原点偏置

工件坐标系是编程人员在编程时使用的坐标系。编程人员以工件图样上的某一点为原点，称为工件原点，而编程尺寸按工件坐标系中的尺寸确定。在加工时，工件随夹具安装在机床上，测量工件原点与机床原点间的距离，这个距离称为工件原点偏置，如图 6-8 所示。该偏置值需存到数控系统中，加工时工件原点偏置便能自动加到工件坐标系上，使数控系统可按机床坐标系确定加工时的坐标值。因此编程人员可以不考虑工件在机床上的安装位置和安装精度，而通过工件原点偏置位置补偿，补偿工件在工作台上的位置误差。现在大多数数控机床都有这种功能，使用起来很方便。

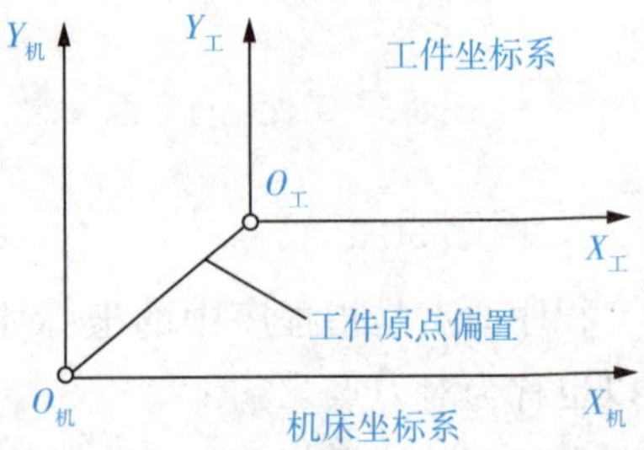

图 6-8　工件原点偏置

6. 附加运动坐标

一般称 X、Y、Z 为主坐标或第一坐标系，如有平行于第一坐标的第二组和第三组坐标，则分别指定为 U、V、W 和 P、Q、R。所谓第一坐标系是指靠近主轴的直线运动，稍远的为第二坐标系，更远的为第三坐标系。

6.2.2　数控车床主要功能指令的使用

数控车床主要功能指令的使用

FANUC 6T 系统提供的功能指令比较多，这里主要介绍在加工中使用较多的一些基本功能指令。移动量的给出有下述两种方式(表 6-6)。

(1)绝对指令方式，终点的位置是由所设定的坐标系的坐标值所给定的，代码为 G90。

(2)增量指令方式，终点的位置是相对前一位置的增量值及移动方向所给定的，代码为 G91。

表 6-6　移动量给出的两种方式

绝对指令编程			增量指令编程		
N	*X*	*Y*	N	*X*	*Y*
N001	X20. 00	Y15. 00	N001	X20. 00	Y15. 00
N002	X40. 00	Y45. 00	N002	X20. 00	Y30. 00
N003	X60. 00	Y25. 00	N003	X20. 00	Y-20. 00

图 6-9 为 *Z* 轴由原点按顺序向 1，2，3 点移动时两种不同指令的区别。编程中采用哪种方式都是可行的，但却有方便与否之分。例如，当加工尺寸如图 6-10(a)所示，由一个固定基准给定时，显然采用绝对指令方式是方便的。而当加工尺寸是以图 6-10(b)的形式，给出了各孔之间的间距时，采用增量指令方式则是方便的。

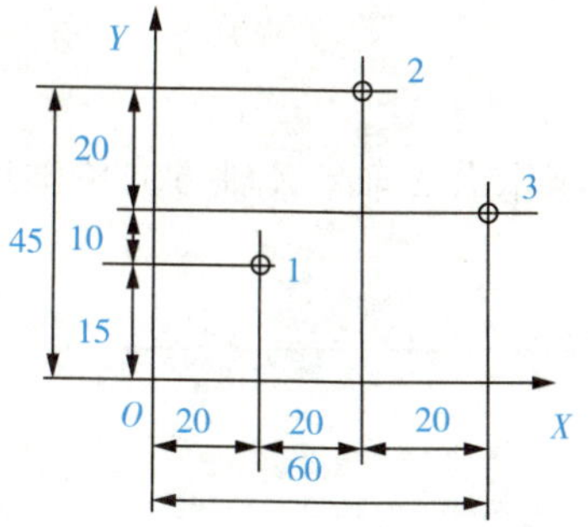

图 6-9　两种指令方式

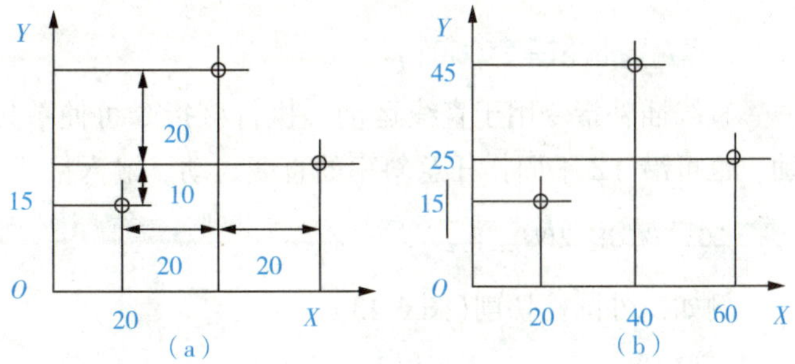

图 6-10　指令方式的选择

1. 快速移动指令(G00)

快速移动指令命令刀具以点位控制方式从刀具所在点快速移动到目标位置，无运动轨迹要求，不需要特别规定进给速度。输入格式

```
G00 X(U)_Z(W)_
```

其中，X(U)坐标按直径值输入，分两种情况。

(1)用卡盘夹持，不用尾座时，如图 6-11 所示。

```
程序:G00   X100. 0   Z0. 2(从 a 点到 b 点)
     G00   X200. 0   Z200. 0(从 b 点到 a 点)
```

(2)用三爪卡盘及尾座夹持时，如图 6-12 所示。

```
程序:G00   Z2. 0(从 a 点到 b 点)
     G00   X80. 0(从 b 点到 a 点)
     G00   X200. 0(从 c 点到 b 点)
     G00   Z100. 0(从 b 点到 a 点)
```

因有尾座顶尖干涉，规定同时只能有一个轴运动。应注意，因 *X* 轴和 *Z* 轴的进给速率不同，快速定位时，两轴运动轨迹并不是一条直线，程序编制时要注意避免刀具与机床部件碰撞。

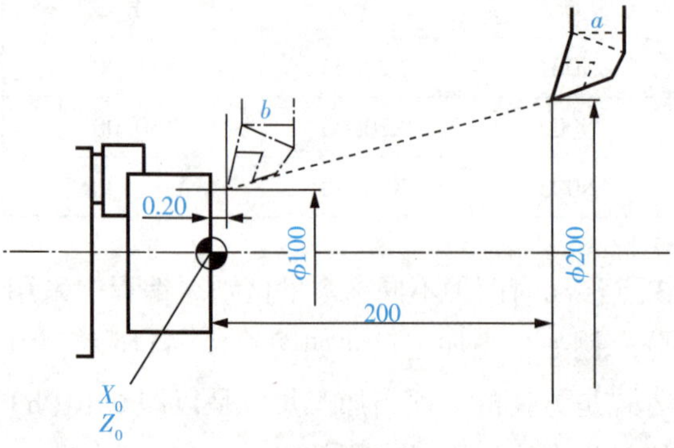

图 6-11　快速定位(不用尾座时)

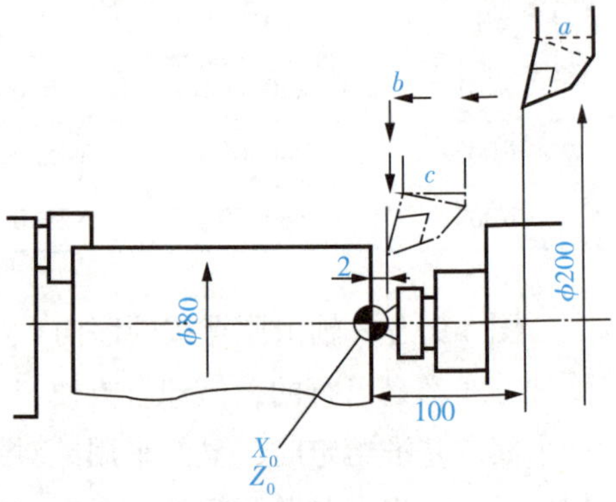

图 6-12　快速定位(用尾座时)

2. 直线插补指令(G01)

直线插补指令用于直线运动。执行该指令可使数控车床沿 X 轴、Z 轴方向单轴运动，也可沿 XZ 平面作任意斜率的直线运动。输入格式

```
G01   X(U)__Z(W)__F__
```

例如，外圆柱切削(图 6-13)。

```
程序:G01  U0  W-80.0  F0.3 或 G0l  X60.0  Z-80.0  F0.3
```

又如外圆锥切削(图 6-14)。

```
程序:G01  X80.0  Z-80.0  F0.3
```

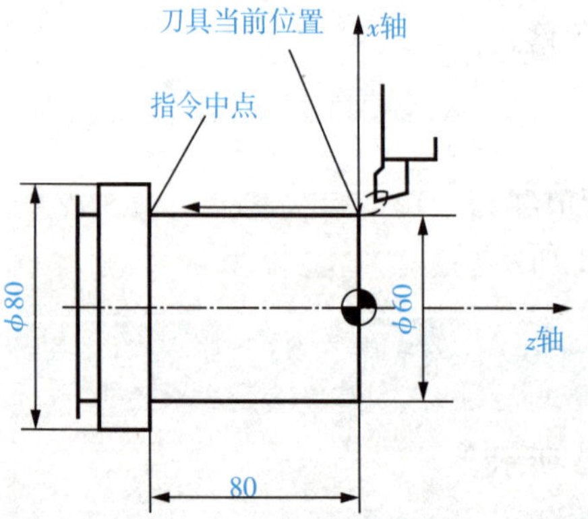

图 6-13　G01 指令切外圆柱

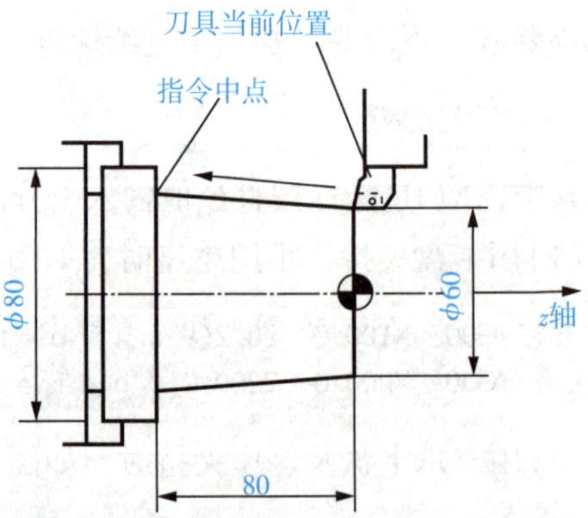

图 6-14　G01 指令切外圆锥

G01 指令在编程时还有一种特殊的用法，即倒角和倒圆。

例如：倒角(图 6-15)。

绝对坐标编程

```
N001   G01        Z-20.    C4. F0.4;
N002              X-50.    C-2.;
N003              Z-40.;
```

相对坐标编程

```
N001   G0I     W-22. C4.    F0.4;
N002           U20. C-2.;
N003           W-20.;
```

例如，倒圆(图 6-16)。

绝对坐标编程

```
N001   G01   Z-20.    R4.    F0.4;
N002   X50.    R-2.;
N003   Z-40.;
```

相对坐标编程读者可以自己练习。

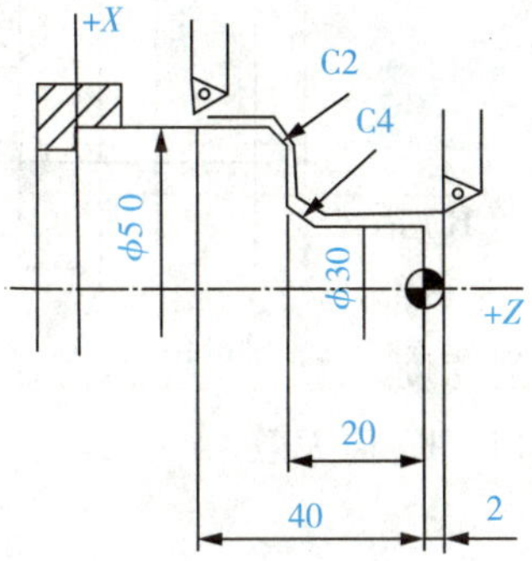

图 6-15　G01 指令倒角

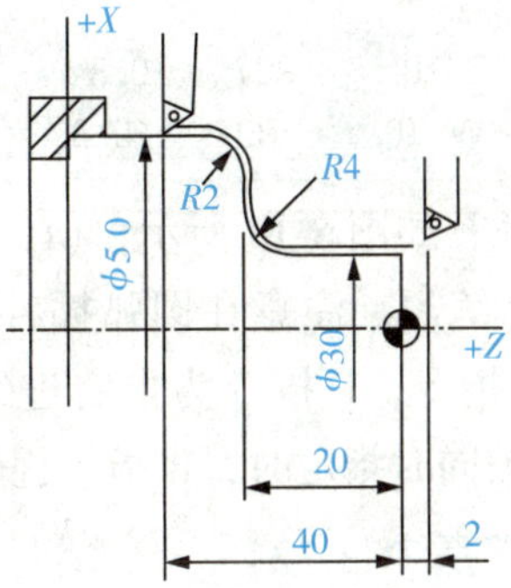

图 6-16　G01 指令倒圆

3. 圆弧插补指令(G02　G03)

圆弧插补指令能使刀具沿着圆弧运动，切出圆弧轮廓。G02 为顺时针圆弧插补指令，G03 为逆时针圆弧插补指令，表 6-7 列出了 G02、G03 程序段中各地址代码的含义。

输入格式

```
G02   X(U)_Z(W)_I_K_F_
或   G02   X(U)_Z(W)_R_F_
G03   X(U)_Z(W)_I_K_F_
或   G03   X(U)_Z(W)_R_F_
```

表 6-7　G02、G03 程序段的含义

序号	考虑的因素	指令	含义
1	回转方向	G02	刀具轨迹顺时针回转
		G03	刀具轨迹逆时针回转

（续表）

序号	考虑的因素	指令	含义
2	终点位置	X，Z，（U，W）	加工坐标系中圆弧终点的 X，$Z(U, W)$值
3	从圆弧起点到圆弧中心的距离	I，K	圆心相对圆弧起点的坐标值
	圆弧半径	H	指圆弧的半径，取小于 180°的圆弧部分

注：1. 编程时，X，Z 是圆弧终点坐标值，U、W 是终点相对始点的坐标。

2. 半径编程时，R 为圆弧半径值；I、K 编程时，I、K 为圆心在 X 轴和 Z 轴方向上相对始点的坐标增量。

例如，G02 顺时针圆弧插补（图 6-17）。

（I，K）指令

```
G02   X50.    Z-10.    I20.    K17.    F0.3
G02   U30,W-10.    I20.    K17.    F0.3
```

（R）指令

```
G02   X50.    Z-10.        R27.    F0.3
G02   U30.    W-10.        R27.    F0.3
```

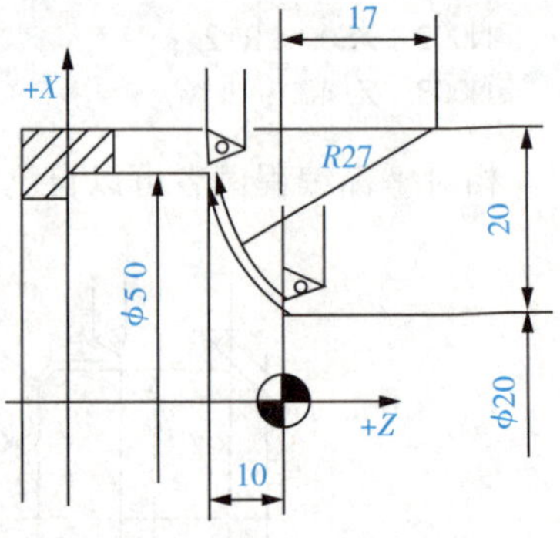

图 6-17　G02 顺时针圆弧插补

逆时圆弧插补如图 6-18 所示，（I，K）、（R）指令读者可以自己练习。注意在圆弧插补程序内不能有刀具功能（T）指令，F 指令为指定进给切削速度。当（I，K）和 R 被同时指定时，R 指令优先，（I，K）值无效。

4. 螺纹加工指令（G32）

螺纹加工指令执行切削圆柱螺纹、圆锥螺纹、端面螺纹（涡形螺纹）。这里只介绍圆柱螺纹加工。例如，圆柱螺纹加工（图 6-19）。

输入格式

```
G32   X(U)_Z(W)_F_或 G32   X(U)_Z(W)_E_
```

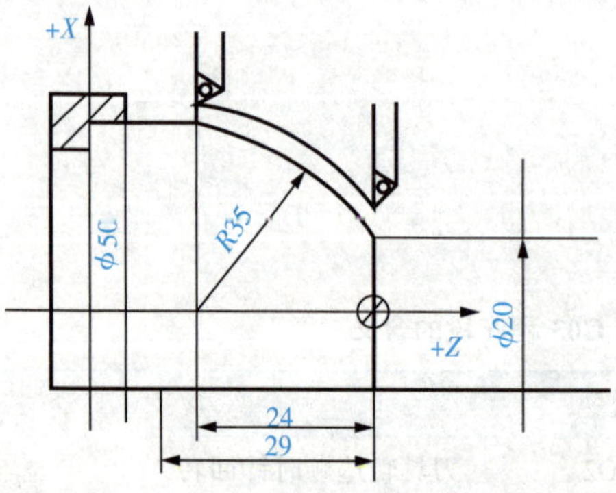

图 6-18　G03 逆时针圆弧插补

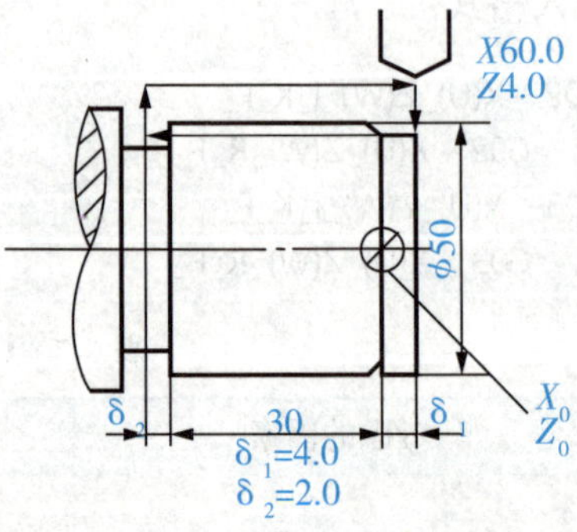

图 6-19　圆柱螺纹加工

程序说明

```
G00   X60.0   Z4.0  M03;      刀具到起始点、主轴正转
      X49.12;                 刀具切进
G32   Z-32.0F4.0;             切削螺纹
G00   X60.0;                  退刀
      Z4.0;                   返回
```

图中 δ_1 和 δ_2 表示由于伺服系统的延迟而产生的不完全螺纹，其螺距不均匀，所以决定螺纹长度时要考虑这一因素。δ_1 和 δ_2 的数值可以参考有关手册计算。

5. 暂停指令(G04)

该指令可使刀具作短时间(几秒钟)无进给，进行光整加工，主要应用于车削环槽、不通孔及自动加工螺纹等场合。

输入格式

```
G04  P_
G04  X(U)_
```

其中：P 后面的数字为整数，单位为 ms；X(U)后面的数字为带小数点的数，单位为 s。

例如：欲暂停 1.5 s 时，程序段为

```
G04  X1.5 或 G04  U1.5 或 G04  P1500
```

6. 米制和英制输入指令(G21、 G20)

G21 和 G20 是两个互相取代的代码，机床出厂前一般设定为 G21 状态，机床的各项参数均以米制单位设定，所以数控车床一般适用于米制尺寸工件的加工。在一个程序内，不能同时使用 G20 与 G21 指令，且必须在坐标系确定前指定。G20 和 G21 指令断电前后一致，除非重新设定。

7. 返回参考点检验(G27)、 自动返回参考点(G28)

返回参考点检验(G27)，输入格式

```
G27  X(U)_Z(W)_T0000
```

G27 指令用于检查 X 轴与 Z 轴是否能正确返回参考点。执行 G27 的前提是机床在通电后必须返回一次参考点，各轴按指令中给定的坐标值快速定位。执行该指令后，如果欲使机床停止，必须加入辅助功能 M00 指令，否则机床将继续执行下一程序段。

自动返回参考点(G28)，输入格式

```
G28  X(U)_Z(W)_T0000;
```

执行该指令时，刀具快速移到指令值所指定的中间点位置，然后自动返回参考点，同时相应坐标方向的指示灯亮，如图 6-20 所示。

8. 单一固定循环加工指令(G90、G92、G94)

外径、内径、端面、螺纹切削的粗加工，刀具常常要反复执行相同的动作，才能切到工件要求的尺寸，这时在一个程序中常常要写入很多的程序段。为了简化程序，数控装置可用一个程序段指定刀具作反复切削，这就是固定循环功能。例如切入—切削—退刀—返回 4 个程序段用 G90 指令可以简化为一个程序段。

单一固定循环加工指令说明如下。

G90——外圆或内孔切削循环。

G94——端面加工循环。

G92——螺纹切削循环。

外径、内径切削循环(G90)，输入格式

```
G90  X(U)_Z(W)_R_F_
```

G90 可以进行外圆及内孔直线加工和锥面加工循环。刀具从起始点经由规定的路线运动，以 F 指令的进给速度进行切削，而后快速返回起始点，R 值为工件被加工锥面的大、小端直径差的 1/2。

① 切削圆柱面循环(图 6-21)，若起始点 *X*55.5，*Z*2.0，吃刀量为 2.5 mm。

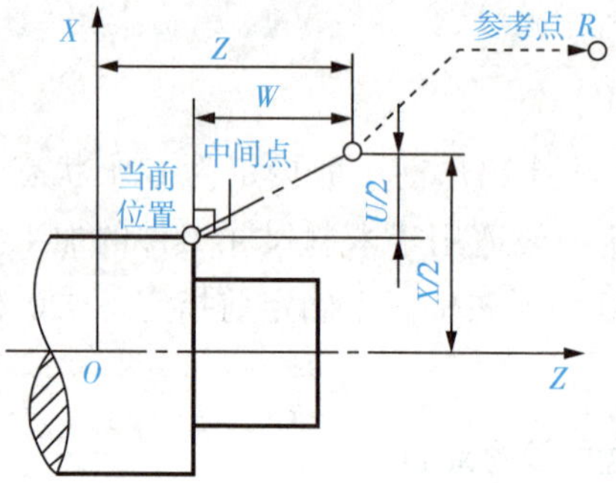

图 6-20 自动返回参考点

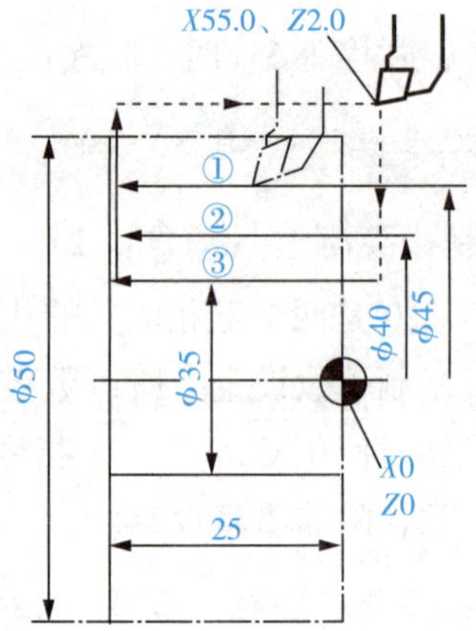

图 6-21 切削圆柱面循环

程序如下

```
N101  T0100  M40;
N102  G97    S695   M08;
N103  G00    X55.0  Z10.0   M03;
N104  G01    G96    Z2.0    F2.5  S120;
N105  G90    X45.0  Z-25.0  F0.35;——①
N106  X40.0;——②
N107  X35.0;——③
N108  G00    G97    X200.0  Z200.0  S695;
N109  M01;
```

程序中 G90 是一种模态代码，在被另一个 G 代码（如 G00）删除前一直有效。

② 圆锥面加工循环（图 6-22）。若起始点 *X*65.0，*Z*2.0，吃刀量 3 mm，*R* 为 5 mm，方向为负值（锥面方向的判别如图 6-23 所示）。

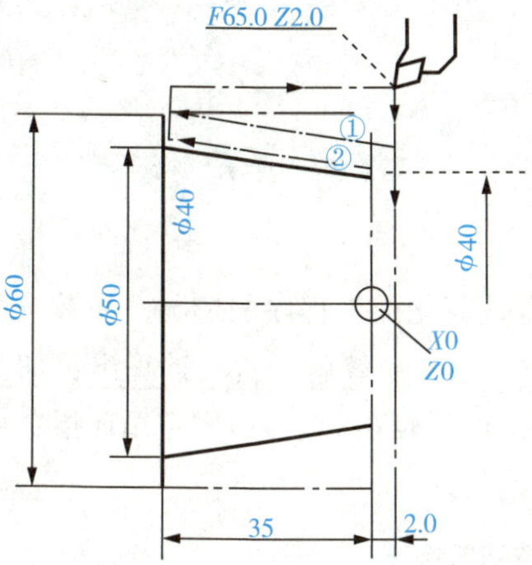

图 6-22　圆锥面加工循环

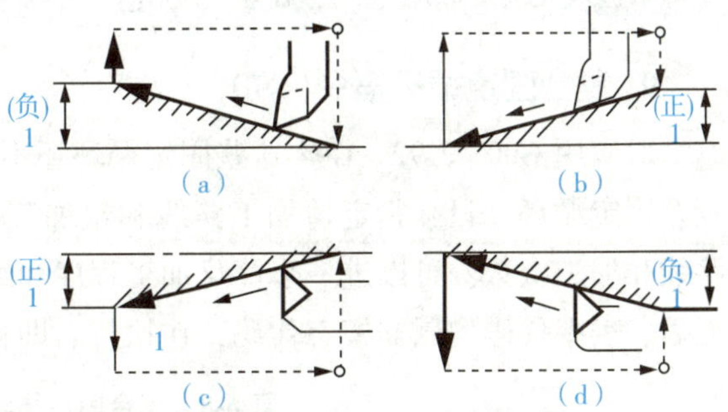

图 6-23　锥面方向的判别

程序如下

```
N101  T0100  M40;
N102  G97    S695      M08;
N103  G00    X65.0     Z10.0     M03;
N104  G01    G96       Z2.0  F3  S120;
N105  G90    X60.0  Z-35.0  F0.3;——①
N106  X50.0;——②
N107  G00    G97  X200.00  Z200.0  S695;
N108  M0l;
```

（2）螺纹切削循环指令（G92），圆柱螺纹加工输入格式

```
G92  X(U)_Z(W)_R_F_
```

其中：X（U），Z（W）为螺纹切削终点坐标；F 为螺纹螺距或导程；R 为螺纹锥度。本处只介绍圆柱螺纹加工循环，如图 6-24 所示，起始点 *X*40.0，*Z*5.0。

程序如下

```
N101  T0100  M40;
N102  G97  S450  M08;
N103  G00  X40.0    Z5.0  M48;
N104   G92   X29.3       Z-42.0
F2.0;——①
```

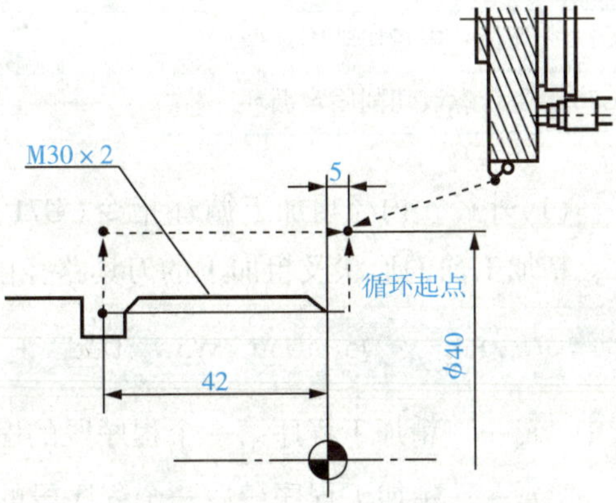

图 6-24　圆柱螺纹加工循环

```
N105  X28.8;——②
N106  X28.42;——③
N107  X28.18;——④
N108  X27.98;
N109  X27.82;
N110  X27.72;
N111  X27.62;
N112  G00  X200.0  Z200.0  S450;
```

9. 复合固定循环指令(G70 ~G73)

对应用 G90、G92、G94 这些固定循环还不能有效简化加工程序的情况，如果应用复合固定循环，只须指定精加工路线和粗加工的吃刀量，系统就会自动计算出粗加工路线和加工次数，可以进一步简化加工程序和编程工作。表 6-8 为复合固定循环指令功能表，表中代码均属非模态代码，在执行后即自动消失。

表 6-8　复合固定循环指令功能表

<table>
<tr><td>G70</td><td>精加工固定循环，完成 G71、G72、G73 切削循环之后的精加工，达到工件尺寸</td><td></td><td rowspan="3">能够进行刀尖半径补偿</td></tr>
<tr><td>G71</td><td>外径、内径粗加工固定循环，执行粗加工固定循环，将工件切至精加工之前尺寸</td><td rowspan="2">应用 G70 进行精加工</td></tr>
<tr><td>G72</td><td>端面粗加工固定循环同 G71 具有相同的功能，只是 G72 沿 Z 轴方向进行循环切削而 G72 沿 X 轴方向进行循环切削</td></tr>
<tr><td>G73</td><td>闭合切削固定循环
沿工件精加工相同的刀具路径进行粗加工固定循环</td><td></td><td></td></tr>
<tr><td>G74</td><td>端面切削固定循环</td><td colspan="2" rowspan="3">不能进行刀尖半径补偿</td></tr>
<tr><td>G75</td><td>外径、内径切削固定循环</td></tr>
<tr><td>G76</td><td>复合螺纹切削固定循环</td></tr>
</table>

(1)外径、内径粗加工循环指令(G71)。G71 指令将零件切削至精加工之前的尺寸，精加工前的形状及粗加工的刀具路径由系统根据精加工尺寸自动设定。输入格式

G71　Pn_s　Qn_f　UΔu　WΔw　DΔd　(F_S_T_)

式中　n_s——精加工程序第一个程序段的序号；

n_f——精加工程序最后一个程序段的序号；

Δu——X 轴方向精加工余量(直径值)；

Δw——Z 轴方向精加工余量(直径值)；

Δd——粗加工每次切深(半径值，无正负号)。

在G71指令程序段内要指定精加工工件的程序段的顺序号、精加工余量、粗加工每次切深、F功能、S功能、T功能等。

(2)端面粗加工循环指令(G72)。G72指令与G71指令类似，不同之处就是刀具路径是按径向方向循环的，输入格式与G71相同。输入格式

```
G72  Pn_s  Qn_f__  UΔu  WΔw  DΔd  (F_S_T_)
```

式中　n_s——精加工程序第一个程序段的序号；

n_f——精加工程序最后一个程序段的序号；

Δu——X轴方向精加工余量(直径值)；

Δw——Z轴方向精加工余量(直径值)；

Δd——粗加工每次切深(半径值，无正负号)。

(3)闭合车削循环指令(G73)。G73指令与G71、G72指令功能相同，只是刀具路径是按工件精加工轮廓进行循环的。例如，铸件、锻件等工件毛坯已经具备了简单的零件轮廓，这时粗加工使用G73循环指令可以省时，提高功效。输入格式

```
G73  Pn_s  Qn_f  IΔi  KΔk  UΔu  WΔw  DΔd  (F_S_T_)
```

式中　n_s——精加工程序第一个程序段的序号；

n_f——精加工程序最后一个程序段的序号；

Δi——X轴方向退出距离和方向；

Δk——Z轴方向退出距离和方向；

Δu——X轴方向精加工余量(直径值)；

Δw——Z轴方向精加工余量(直径值)；

Δd——粗加工每次切深。

(4)精加工循环指令(G70)。执行G71、G72、G73粗加工循环指令以后的精加工循环，在G70指令程序段内需要指定精加工第一个程序段序号和精加工程序最后一个程序段序号。输入格式

```
G70  Pn_s  Qn_f
```

式中　n_s——精加工程序第一个程序段的序号；

n_f——精加工程序最后一个程序段的序号。

10. 主轴转速控制指令(G96、G97、G50)

(1)主轴最高速度限定(G50)。G50除有坐标系设定功能外，还有主轴最高转速设定功能。

```
G50_S_
```

式中 S 后面的数字是主轴最高转速，单位为 r/min。

(2)设定主轴线速度恒定指令(G96)。G96 是接通恒线速度控制的指令。系统执行 G96 后，便认定用 S 指定的数值作为切削速度。

```
G96_S_(M39)
```

S 后面的数字表示为线速度恒定，切削速度单位为 r/min。

在恒线速度控制中，数控系统以刀尖处的 X 坐标值作为工件的直径值来计算主轴转速，所以在使用 G96 指令前必须正确地设定工件坐标系。

(3)主轴转速控制(G97)。G97 具有取消主轴线速度恒定、再设定主轴转速的功能。

```
G97_S_(M38 或 M39);
```

S 指定的数值表示主轴转速，单位为 r/min。

用恒线速度控制加工端面、锥度和圆弧时，由于 X 坐标不断变化，故当刀具逐渐移近旋转中心时，主轴转速会越来越高，工件有可能从卡盘中飞出。为了防止出现事故，必须限定主轴最高转速。

```
G97_S600(M38)
```

S 后面的数字表示取消线速度恒定功能，主轴转速 600 r/min。

11. 进给量设定指令(G98、 G99)

G98、G99 指令与 F 指令相结合，分以下两种形式来设定刀具的进给速度。

(1)每转进给量(G99)。若系统处于 G99 状态，则认为 F 所指定的进给速度单位为 mm/r。若要取消 G99 状态，必须重新指定 G98。输入格式

```
G99    G01    X_Z_F_
```

F 后面的数字即为主轴每转刀具的进给量，输入范围为 0. 000 1 ~ 500. 000 0 mm/r。

(2)每分钟进给量(G98)。系统在执行了有 G98 的程序段后，在遇到 F 指令时，便认为 F 所指定的进给速度单位为 mm/min。

G98 被执行后，系统将保持 G98 状态，即使断电也不受影响。直至系统又执行了含有 G99 的程序段，此时 G98 才被否定，而 G99 将发生作用。输入格式

```
G98    G01X_Z_F_;
```

F 后面的数字即为刀具每分钟的进给量，输入范围为 1 ~ 15 000 mm/min。

12. 刀具功能指令(T 指令)

T 指令由字母 T 和其后的 4 位数字表示。输入格式

```
T_ _   _ _
```

前两位为刀具序号 0 ~ 99，后两位为刀具补偿号 0 ~ 32。每一刀具加工结束后，必须取消其刀具补偿。

刀具的序号可以和刀盘上的刀位号相对应。

刀具补偿包括形状补偿和磨损补偿。

刀具序号和刀具补偿序号不必相同，但为了方便通常使它们一致。取消刀具补偿，指令格式为

```
T_ _或T_ _ _ _
```

例如，刀具功能（图 6-25）

程序如下

```
G00  X20.0  Z20.0  T0303;(参考刀具快速移动到 A 点)
G00  X20.0  Z20.0  T0505;(镗孔刀具快速移动到 A 点)
```

13. 辅助功能指令（M 指令）

辅助功能指令用于设定各种辅助动作及其状态，由字母 M 及其后面的两位数字组成。下面介绍该系统几个特殊 M 代码的使用方法。

（1）M03、M04、M05 指令如下。

① M03：主轴或旋转刀具顺时针旋转（CW）。

② M04：主轴或旋转刀具逆时针旋转（CCW）。

③ M05：主轴或旋转刀具停止旋转。

图 6-26 为 M03、M04 所规定的主轴或旋转刀具的转向。

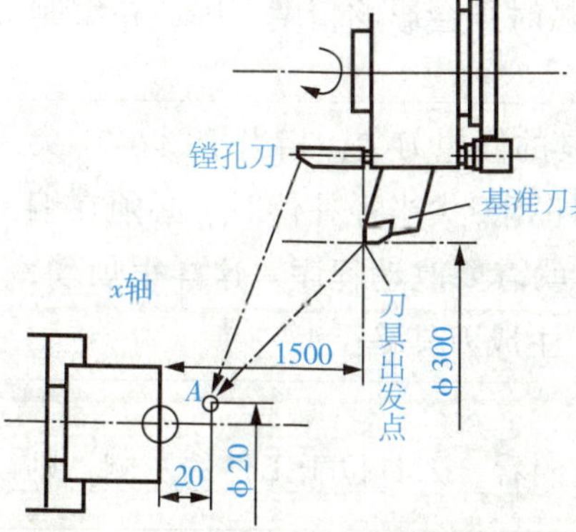

图 6-25　刀具功能

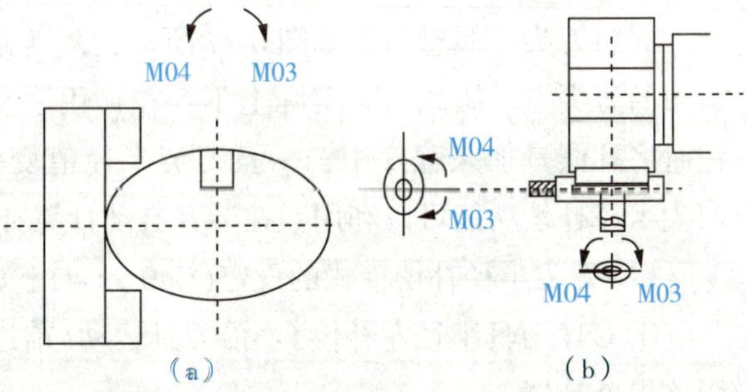

图 6-26　M03、M04 的方向

（2）M52、M53、M54、M55 指令。M52 ~ M54 只适用于车削中心。下面以日本 TECNO WASINO 公司的数控车削中心（LJ-10MC）为例介绍 M52 ~ M55 的功能及使用方法。

① M52：主轴锁紧，当执行铣削时（除去 X 轴和主轴 C 轴联动或 Z 轴和主轴 C 轴联动），必须使主轴固定在某一位置，这时就要用 M52 指令。

② M53：主轴松开，使动力从铣削轴转向主轴。当完成铣削以后，必须确认使用M53指令解除主轴的锁紧状态。

③ M54：主轴(C轴)离合器合上。将动力从主轴齿轮换到C轴齿轮准备铣削，该命令可以控制C轴，并使旋转刀具进行切削，使用M54命令后，必须确认C轴返回参考点。

④ M55：主轴(C轴)离合器打开，将动力从C轴齿轮切换到主轴齿轮。通过控制执行铣削之后，一定要执行M55指令并且在指令M55之前还必须使C轴返回一次参考点。

(3)M82、M83指令如下。

① M82：尾架体前进。

② M83：尾架体后退。

(4)在每一个程序段内只允许有一个M代码，下列M代码在紧急停止、复位或其他情况下要重新指定：M10、M11、M32、M33、M40、M41、M52、M54、M55。

14. 刀具半径补偿功能指令(G40、G41、G42)

对具有刀具半径(直径)自动补偿功能(以下简称刀具半径补偿功能)的数控车床编程时，只要按工件轮廓尺寸编程，再通过系统补偿一个刀具半径值即可。下面介绍数控车床刀具半径补偿的概念和方法。

(1)刀尖半径和假想刀尖(图6-27)

刀尖半径：为了提高刀具强度和工件表面加工质量，一般车刀均有刀尖半径，即以车刀刀尖部分为一圆弧构成假想圆的半径值，如图6-27所示。用于车外径或端面时，刀尖圆弧大小并不起作用，但用于车倒角、锥面或圆弧时则会影响精度，因此在编制数控车削程序时必须给予考虑。

假想刀尖：假想刀尖如图6-27所示，*P*点为该刀具的假想刀尖，相当于图6-27尖头刀的刀尖点。假想刀尖实际上不存在，用手动方法计算刀尖半径补偿时，必须在编程时将补偿量加入程序中，一旦刀尖半径值变化时，就需要改动程序，这样很烦琐；刀尖半径补偿功能可以利用数控装置自动计算补偿值，生成刀具路径。

(2)刀尖半径补偿模式的设定(G40、G41、G42)

① G4(刀具半径左补偿)：沿刀具运动(前进)的方向看，刀具位于工件的左侧，则用该指令补偿。

② G42(刀具半径右补偿)：沿刀具运动(前进)的方向看，刀具位于工件的右侧，则用该指令补偿。

③ G40(解除刀具半径补偿)：G40指令是用来取消G41、G42的指令。

6.2.3 数控车床编程举例

[例6-1]应用G00、G01、G02和G03指令编写加工如图6-28所示零件的程序。

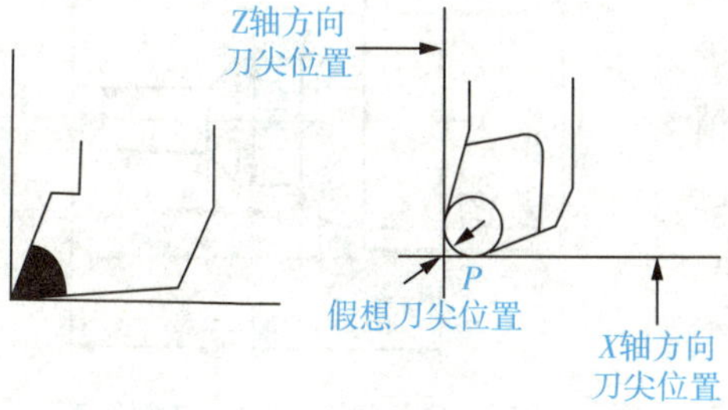

图 6-27　刀尖半径与假想刀尖

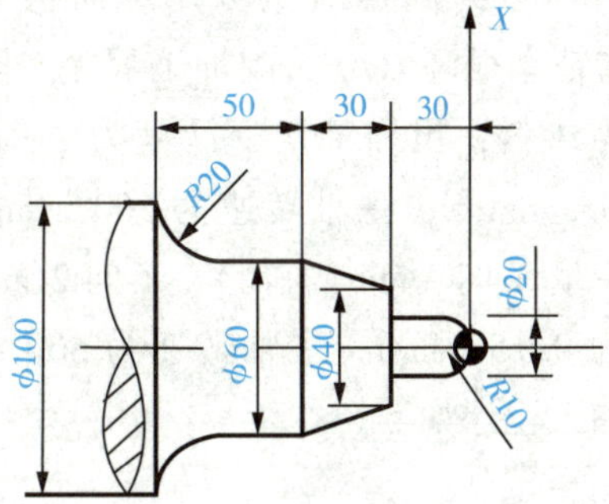

图 6-28　车床编程例图

编程方法一：用 I、K 圆心坐标编程，采用绝对值编程。

```
…
N010   G01   X0   Z0   F80;
N011   G03   X20.0   Z-10.0   I0   K-10.0   F60;
N012   G01   Z-30.0   F80;
N013   X40.0;
N014   X60.0     Z-60.0;
N015   Z-90.0;
N016   G02   Xl00.0     Z-ll0.0   I20.0   K0   F60;
…
```

采用增量值编程。

```
…
N010   G01   X0   Z0   F80;
N011   G03   U20.0   W-10.0   I0   K-10.0   F60;
N012   G01   U0   W-20.0   F80;
N013   U20.0;
N014   U20.0   W-30.0;
N015   W-30.0;
N016     G02     U40.0     W-20.0   I20.0   K0   F60;
…
```

编程方法二：用圆弧半径 R 编程，采用绝对值编程。

```
…
N010   G01   X0   Z0   F80;
N011   G03   X20.0   Z-10.0   R10.0   F60;
N012   G01   Z-30.0   F80;
N013   X40.0;
N014   X60.0   Z-60.0;
N015   Z-90.0;
N016   G02   Xl00.0     Z-110.0   R20.0   F60;
…
```

[例 6-2]图 6-29 为采用纵向粗车循环 G71 与精车循环 G70 编制加工程序。取零件毛坯为棒料，粗加工切削深度为 7 mm，进给量 0.3 mm/r，主轴转速为 500 r/min，精加工余量 X 向 4 mm(直径)，Z 向 2 mm，进给量为 0.15 mm/r，主轴转速为 800 r/min，编写加工程序如下。

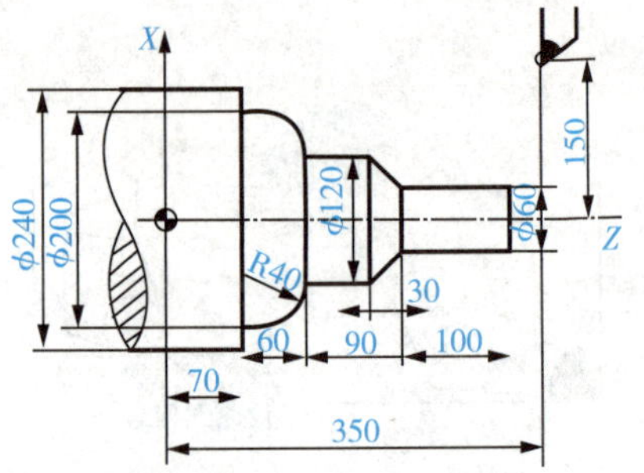

图 6-29　G71、G70 程序例图

```
O171
N001  G50  X300.0  Z350.0;(坐标系设定)
N002  G00  X250.0  Z330.0  M03  S800;
N003  G71  P004  Q010  U4.0  W2.0  D7.0  F0.3  S500;(纵向粗车循环)
N004  G00  X60.0  S800;
N005  G01  W-110.0  F0.15;
N006  X120.0  W-30.0;
N007  W-60.0;
N008  G03  X200.0  W-40.0  R40.0;
N009  G01  W-20.0;
N010  X250.0;
N011  G70  P004  Q010;
N012  G00  X300.0  Z350.0;
N013  M05;
N014  M30;
```

上述程序在执行加工路线中，刀具从起始点(X300.0，Z350.0)出发，到 N002 程序段坐标(X250.0，Z330.0)这一点。N003 程序段开始进入 G71 固定循环，该程序段中的内容是通知数控系统计算循环过程中的运动路线并按 G71 中指定的精车循环程序段的顺序号执行。在该程序段中，U4.0 和 W2.0 表示粗加工后应留出的精加工余量，D7.0 表示粗加工循环时切削深度是 7 mm。N011 程序段是精加工循环。精加工轮廓尺寸按 P004 到 Q010 程序段的运动指令确定。完成精加工循环后刀具返回到(X300.0，Z350.0)这一点。

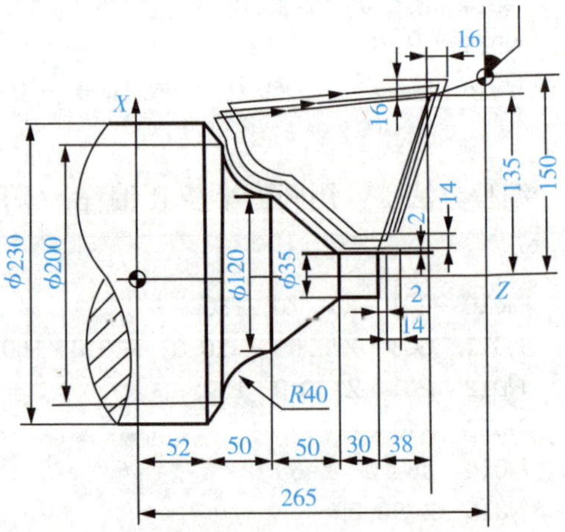

图 6-30　G73、G70 程序例图

[例 6-3]图 6-30 为用 G73 粗车循环和

G70精车循环的示例。设粗加工分3刀进行，第一刀加工后，后两刀在X、Z方向上的加工总留量X向是14 mm(单边)，Z向是14 mm。精加工余量X方向(直径)是4.0 mm，Z向是2.0 mm，粗加工时进给量是0.3 mm/r，主轴转速是800 r/min。

数控铣床通过两轴联动可加工工件的平面轮廓，通过两轴半、三轴或多轴联动可加工复杂的空间曲面工件。数控铣床的形式和数控系统的种类很多，不同公司生产的数控系统在功能指令和编程形式上都有一定的区别，但基本方法和原理相同。

6.2.4　数控铣床的坐标系

1. 坐标系设定和坐标轴的确定方法

数控铣床的坐标系建立原则也遵循国际标准，这是所有数控机床的共性，规定采用右手直角笛卡儿坐标系来对机床的坐标轴命名。

2. 基本坐标系及其方向

铣削类数控铣床通常有立式、卧式及床身式、升降台式、龙门式数控铣床或加工中心等。一般的数控铣床可作为刀具进给的坐标轴有4个常用轴，即3个基本轴(X、Y、Z)和1个第四轴(3个回转轴A、B、C中的一个)，大型的或功能较全的数控铣床往往设有多个坐标轴，包括3个附加的辅助线性轴(平行于X、Y、Z的坐标运动U、V、W)。

在确定机床坐标轴时，一般先确定Z轴，再确定X轴，然后确定Y轴，最后确定其他轴。规定平行于机床主轴的坐标轴为Z轴，X轴为水平方向且垂直于Z轴，Y坐标轴垂于X和Z。规定X、Y、Z轴运动的正方向是使刀具与工件之间距离增大的方向，Z坐标的正向取刀具远离工件的方向。X坐标的正方向分两情况：当Z轴为水平时，沿刀具主轴向零件的方向看，朝右的方向为X轴的正向；当Z轴为垂直时，对单立柱铣床，面对刀具主轴向立柱看，朝右的方向为X轴的正向。Y坐标的正负要根据已确定的X、Z坐标正向按右手定则判定，当拇指指向X轴正方向，中指指向Z轴正方向时，那么食指指向的就是Y轴正方向。绕着X、Y、Z轴运动的3个回转坐标，可根据已确定的X、Y、Z坐标按右手螺旋法则来确定。

3. 机床坐标系与工件坐标系

机床坐标系又称机械坐标系，它是以机床上的参考点(又称为机械原点)为原点建立的，是机床运动部件的进给运动坐标系，其坐标轴及方向按标准规定，其坐标原点的位置则由各机床生产厂设定。立式铣床通常指定X轴正方向、Y轴正方向和Z轴正方向的极限为参考点，参考点是机床上一个固定点，与加工程序无关，数控机床的型号不同，其参考点的位置也不同。

数控铣床机床坐标系的原点一般位于机床零点(机械原点)，即机床移动部件沿其坐标轴的行程极限位置，或者说是坐标轴的回零位置，如图6-31所示。在机床坐标系下，CRT(显示屏)上显示主轴的端面及中心，即对刀参考点的坐标值均为零。机械原点在各个机床的系统参数中设定，用户不能随意改变，一般情况下刀具不能移动到该点。

工件坐标系是指加工工件时所需建立的坐标系，又称编程坐标系，供编程用。工件坐标系的原点，简称工件原点，也称工件零点或编程零点，其位置由编程者自行设定，一般设在工件的设计、工艺基准处，总之要便于编程、便于坐标尺寸的计算。编程时必须首先设定工件坐标系，程序中的坐标值均以工件坐标系为依据。工件原点是以机床原点为参考的，工件原点与机床原点之间的偏移量称为零点偏移，如图 6-31 所示。因此，常将工件零点称为工件零偏，这一偏置需要在机床上实际测定，并可通过机床操作面板或程序编制在机床数控系统中设置。这样在计算零件加工刀具路径时可不考虑机床原点，简化了各坐标点的数值计算。例如，根据图 6-32 所示的数控立式铣床结构图，试确定 X、Y、Z 坐标。

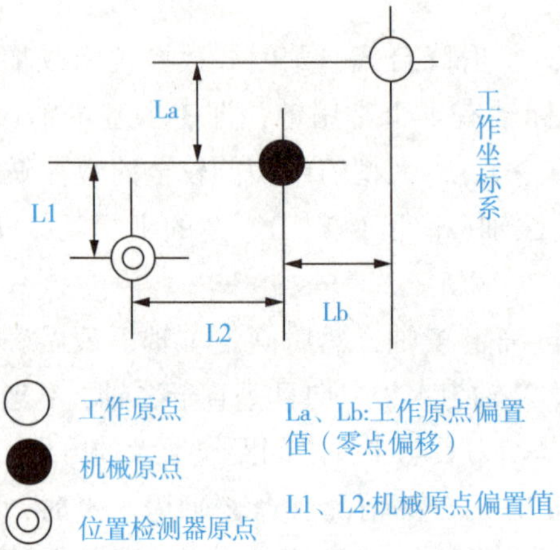

图 6-31　机床坐标系与工件坐标系

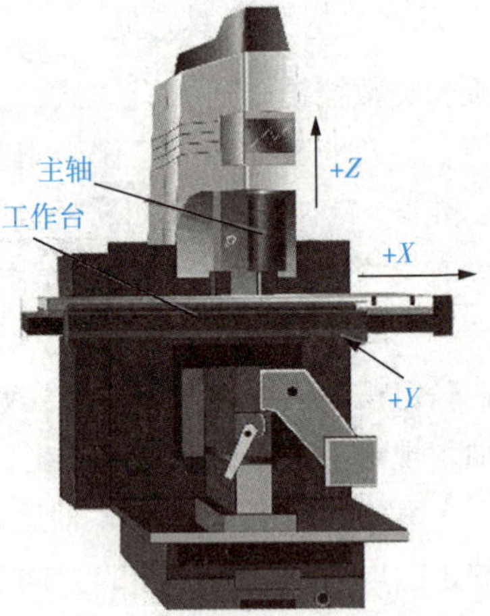

图 6-32　数控立式铣床的坐标系

(1) *Z* 坐标。平行于主轴，刀具离开工件的方向为正。

(2) *X* 坐标。与 *Z* 坐标垂直，因刀具旋转，所以面对刀具主轴向立柱方向看，向右为正。

(3) *Y* 坐标。在 *Z*、*X* 坐标确定后，用右手直角坐标系来确定。

6.2.5　数控铣床主要功能指令

1. 常用准备功能 G 指令

准备功能代码是用地址字 G 和后面的两位或三位数字来表示的，见表 6-9。G 代码有两种模态：模态式 G 代码和非模态式 G 代码。表中标有"◎"符号的 G 代码属于非模态式的 G 代码，只限定在被指定的某个程序段中有效。而未标"◎"符号的 G 代码属于模态式 G 代码，又称为续效代码，具有延续性，在后续程序段中，只要同组其他 G 代码未出现之前一直有效。另外，表中标有"○"符号的 G 代码可以通过机床状态参数来设定，使它成为默认的有效状态；标有“※”符号的 G 代码是当机床加电后就被设定为有效状态。

表 6-9　常用的准备功能 G 代码

OKUMA OSP7000M/700M CNC 系统					
G 代码	组号	意义	G 代码	组号	意义
G00○	1	点定位(快速移动)	G61	14	准停模式
G01○		直线插补	G62	19	可编程镜像加工
G02		圆弧插补(顺时针)	G64※	14	切削模式(取消 G61)
G03		圆弧插补(顺时针)	G71	21	固定循环返回位置设定，与 M53 配合使用
G04◎	2	暂停			
G09◎	18	准停检查	G73	11	固定循环(高速深孔钻削循环)
G10※	3	取消 G11			
G11		坐标系平移和旋转	G74		固定循环(反向攻丝循环)
G15	4	选择工件坐标系	G76		固定循环(精镗循环)
G16◎		选择工件坐标系	G80※		取消固定循环
G17	5	*XY* 平面指定	G81		固定循环(钻孔循环)
G18		*ZX* 平面指定	G82		固定循环(钻孔循环)
G19		*YZ* 平面指定	G83		固定循环(深孔钻削循环)
G20◎	15	英制输入	G84		固定循环(攻丝循环)
G21◎		公制输入	G85		固定循环(镗孔循环)
G40※	17	取消刀具半径补偿	G86		固定循环(镗孔循环)
G41		刀具半径补偿(左偏)	G87		固定循环(反镗循环)
G42		刀具半径补偿(右偏)	G89		固定循环(镗孔循环)
G50※	9	取消 G51	G90○	12	绝对位置尺寸模式
G51		图形的放大和缩小	G91○		增量位置尺寸模式
G60	1	单方向定位	G92○	20	工件坐标系变更
G53○	10	取消刀具长度补偿	G94○	13	每分钟进给
G54		*X* 轴刀具长度补偿	G95○		每转进给指令
G55		*Y* 轴刀具长度补偿			
G56○		*Z* 轴刀具长度补偿			

不同组的 G 代码在同一个程序段中可以编写多个，但如果在同一个程序段中编写了两个或两上以上属于同一组的 G 代码时，则只有最后一个 G 代码有效。在固定循环

中，如果编写了第1组的G代码，则固定循环将被自动取消或为G80状态(即取消固定循环)，但第1组的G代码不受固定循环G代码的影响。

2. 常用辅助功能指令

(1)辅助功能M(代码)。辅助功能代码是用地址字M及两位或三位数字表示，可编程的M代码范围是0~611。它主要用于机床加工操作时的工艺性指令、启动电磁阀等操作，如主轴的启停、切削液的开关等。除去一些固定、通用的M代码，许多数控功能的M代码都由机床制造厂商确定产生。

① M00程序停止。M00实际上是一个暂停指令，当执行含有M00指令的程序段后，主轴停转、进给停止、切削液关、程序停止。它像执行单个程序段操作一样，把状态信息全部保存起来，利用NC命令启动(按下"起动"按钮)，可使机床继续运转。

② M01选择停止。该指令的作用和M00相似，但它必须是在预先按下操作面板上"任选停止"按钮(使指示灯亮)的情况下，当执行完含有M01指令的程序段的其他指令后，才会停止执行程序。如果不按下"任选停止"按钮，M01指令无效，程序继续执行。

③ M02，M30主程序结束。这两个指令实际上是一样的，都用于主程序的结束，执行该指令后，机床便停止自动运转，使主轴、进给都停止，冷却液关，机床及控制系统复位，包括数控程序返回到程序的开始字符位置。

④ M03主轴正转(顺时针方向旋转)。

⑤ M04主轴反转(逆时针方向旋转)。

⑥ M05主轴停转。

⑦ M06换刀循环指令。

⑧ M08冷却液开。

⑨ M09冷却液关。

⑩ M19主轴定向停。

⑪ M52固定循环返回位置指定，返回到固定循环轴(常为Z轴)正向行程极限附近，与该程极限相差0.1mm的位置。

⑫ M53固定循环返回位置指定，返回到由G71指定的位置。

⑬ M54固定循环返回位置指定，返回到由固定循环参数R指定的位置。

⑭ M61主轴刀具操作完毕。

⑮ M62主轴刀具操作准备。

⑯ M68主轴刀具夹紧操作。

⑰ M69主轴刀具松开操作。

在一个程序段中只能编写一个M代码，如果在一个程序段中同时编写了两个或两个以上的M代码时，则只有最后一个M代码有效，其余的M代码均无效。

(2)其他辅助代码(F、S，T、H、D)。

① 进给功能代码F表示进给速度，用F及其后面的若干位数字来表示，单位为mm/min(公制)或inch/min(英制)。例如，公制的F150表示进给速度为150 mm/min。

② 主轴功能代码 S 表示主轴转速，用 S 及其后面的若干位数字来表示，单位为 r/min。例如，S200 表示主轴转速为 200 r/min。

③ 刀具功能代码 T 表示选刀功能，凡有刀具交换装置的机床，在进行多道工序加工时，必须选取合适的刀具。每把刀具应安排一个刀号，刀号在程序中指定，数控系统按照 T 指令准备下一把刀，而实际的刀具交换要用 M06 实现。刀具功能用 T 及其后面的 1 ~4 位数字来表示，即 T0 ~ T9999，但实际的机床用不了这么多的刀号，具体由机床制造商来控制。例如，T6 表示将准备第 6 号刀具。

④ 刀具长度补偿功能代码 H 表示刀具长度补偿号，它由 H 及其后面的几位数字表示，H 及其后的数字存放刀具长度补偿值的寄存器地址字。例如，H18 表示刀具长度补偿量用第 18 号的值。

⑤ 刀具半径补偿功能代码 D 表示刀具半径补偿号，它由 D 及其后面的几位数字表示，D 及其后的数字为存放刀具有半径补偿的寄存器的地址字。例如，D16 表示刀具半径补偿量用第 16 号的值。

3. 基本移动指令

(1)快速移动指令 G00

G00 是快速移动指令，它指令刀具(或零件)以快速进给方式移动到定位点。它的移动速度已由制造商预先设定，可以用改变参数来改变快速移动的速度，但不能用程序指令来直接更改移动速度。本机床设定的 G00 的移动速度为 1.5 m/min。快速移动的指令格式如下

```
G00  X_Y___Z_
```

当采用 G90 时，X__、Y__、Z__为目标点相对工件零点的坐标值；当采用 G91 时，X__、Y__、Z__为目标点相对刀具当前位置点的增量值。

(2)直线进给指令 G01，该指令一般格式如下

```
G01  X_Y_Z_F_
```

其中 F 后面的数值为进给速度，单位是 mm/min。执行该段程序时，刀具以 F 所给定的进给速度从刀具当前点(直线起点)向目标点(直线终点)(X__，Y__，Z__)直线进给。

当采用 G90 时，X__、Y__、Z__为直线终点相对工件零点的坐标值；当采用 G91 时，X__、Y__、Z__为直线终点相对直线起点的坐标值。

(3)圆弧进给指令 G02、G03。G02、G03 是坐标轴按指定进给速度进行圆弧运动。

在 *XY* 平面内，编程格式如下

```
G17   G02/G03   X_Y_I_J_F_
或 G17   G02/G03   X_Y_R_F_
```

在 *XZ* 平面内

```
G18   G02/G03   X_Z_I_K_F_
或 G18   G02/G03   X_Z_R_F_
```

在 *YZ* 平面内

```
G19   G02/G03   Y_Z_J_K_F_
或 G19   G02/G03   Y_Z_R_F_
```

当采用绝对方式编程时，其中 X、Y、Z 为工件坐标系中圆弧的终点坐标；当采用增量方式编程时，其中 X、Y、Z 为圆弧终点相对于圆弧起点的坐标。

I、J、K 为圆弧的圆心坐标，它们是圆心相对于圆弧起点的坐标，如图 6-33 所示。

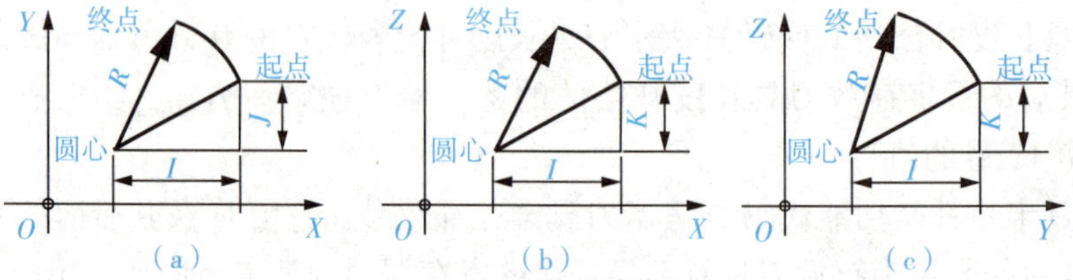

图 6-33　圆弧的坐标

R 为圆弧半径。当圆弧所夹的圆心角小于 180°时，R 值为正；当圆弧所夹的圆心角大于 180°时，R 值为负。

例如，顺时针加工 *XY* 平面内的某圆弧，如图 6-34 所示，则可编程如下。

绝对方式

```
G90   G17   G02   X60.   Y10.   I-30.   J-40.   F150
或   G90   G17   G02   X60.   Y10.   R50.   F150
```

增量方式

```
G91   G17   G02   X20.   Y-40.   I-30.   J-40.   F150
或   G91   G17   G02   X20.   Y-40.   R50.   F150
```

其中 G17 指令用来指定 *XY* 平面，当加工表面为 *XZ* 或 *YZ* 平面，分别用 G18 和 G19 指令。

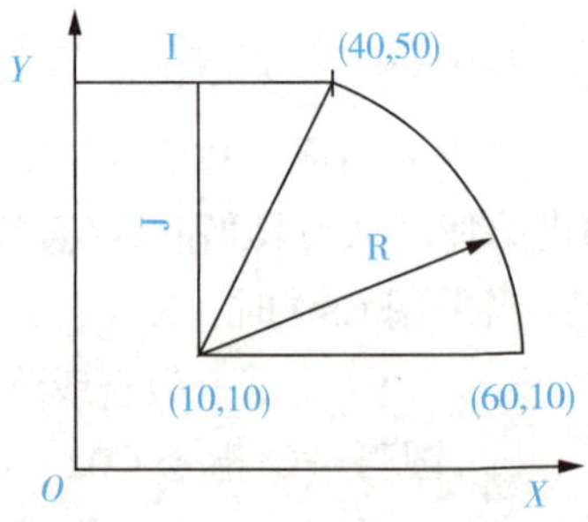

图 6-34　圆弧插补

(4)进给暂停指令 G04。G04 指令可使进给暂停，刀具在某点停留一段时间后再执行下一段程序。其格式为

```
G04   X__或 G04   P__
```

X、P 均为指定进给暂停时间。两者区别为：X 后面的数值可带小数点，单位为 s；P 后面的数值不能带小数点，单位为 ms。例如，要使刀具暂停 3.5 s，可用 G04　X3.5 或 G04　P3500。

4. 补偿指令

(1)刀具半径补偿(G40、G41、G42)。使用 G40、G41 和 G42 刀具半径补偿指令，并将刀具半径的数值用 CRT/MDI 的方式设定后，数控系统将按这一数值自动地计算出刀具中心的轨迹，并按刀具中心轨迹运动。

G41——刀具半径左刀补偿指令。

G42——刀具半径右刀补偿指令。

G40——刀具半径补偿撤消指令。

建立刀具半径补偿格式为

```
G41/G42  G00/G01  X_Y_D_
```

撤消刀具半径补偿格式为

```
G40  G00/G01X_Y_
```

(2)刀具长度补偿(G53～G59)。刀具长度补偿是为了使刀具顶端(通常是刀尖)到达编程位置，而进行的刀具位置补偿。切削中有刀具长度补偿时，可不考虑刀具长度的变化值，该值可用数控系统的补偿功能予以补偿。刀长的测量通常是从主轴的端面到刀尖(或所要求的刀刃的某个位置)。这样，当刀具长度变化或更换新的刀具时，就不必重新编程，只要改变机床面板上“刀具补偿画面”里补偿号的值就可以了。

编程格式为

```
G54IP_H_(刀具长度补偿X轴)
G55IP_H_(刀具长度补偿Y轴)
G56IP_H_(刀具长度补偿Z轴)
G57IP_H_(刀具长度补偿第四轴)
G58IP_H_(刀具长度补偿第五轴)
G59IP_H_(刀具长度补偿第六轴)
G53(刀具长度补偿注销)
```

其中IP代表补偿后的刀尖的当前位置坐标(*X*、*Y*、*Z*等)。H代码为补偿功能代号，后面的数字是指定长度补偿的寄存器号，如H01是指01号寄存器，在该寄存器中放刀具长度的补偿值。补偿值要事先在刀具设定画面中设定，标准的补偿量号是H00～H50，可扩展到H300。

5. 固定循环指令

固定循环功能是用一个特定的G指令代替某个典型加工中几个固定、连续的动作，使加工程序简化。固定循环主要用于孔加工，通常包括以下6个基本动作(图6-35)。

操作1-*X*、*Y*轴快速定位(初始点)。

操作2-快速移到*R*点。

操作3-以切削进给的方式进行孔加工。

操作4-执行孔底动作(包括暂停、刀具移位等)。

操作5-返回到*R*点。

操作6-快速返回到初始点。

固定循环的一般格式为

G98(G99)G_ X_ Y_ Z_ R_ Q_ P_ L_

G98 和 G99 用来指定刀具返回点位置，G98 指令返回初始点，G99 返回 R 点；G_ 为孔加工固定循环方式，本系统的孔加工固定循环方式主要有深孔钻削循环(G73)、攻螺纹循环(G74)、定点钻孔循环(G81)、精镗孔(G85)和镗孔(G86)。

X_、Y_为初始点坐标值；Z_为孔底的坐标值，当采用增量方式时为相对 *R* 点的增量值；R_为 *R* 点的 *Z* 坐标值，当采用增量方式时为相对初始点的增量值；Q_为每次切削深度，P_为孔底停留时间；F_为切削进给速度；L 为循环次数，当写为 L0 时，只存入加工数据不做加工，当不写 L 时，循环次数默认为 1。

当要结束固定循环时，可用 G80 指令。使用 G80 指令后，从 G80 的下一程序段开始执行一般的 G 进给指令。

6. 编程实例

如图 6-36 所示，工件是用一块 45 钢的板材铣出零件的外轮廓，零件的粗加工已经完成，为精铣留余量 1 mm。

机床可选择 XKA5032A 或 XKA5040A 数控立式升降台铣床，这两种机床配备的数控系统都是 OKUMA OSP-700MC-TKl。对于这个零件，机床要在 *XY* 平面内进行插补运动(直线插补和圆弧插补)，采用刀具半径补偿功能，工件坐标原点见图 6-36。

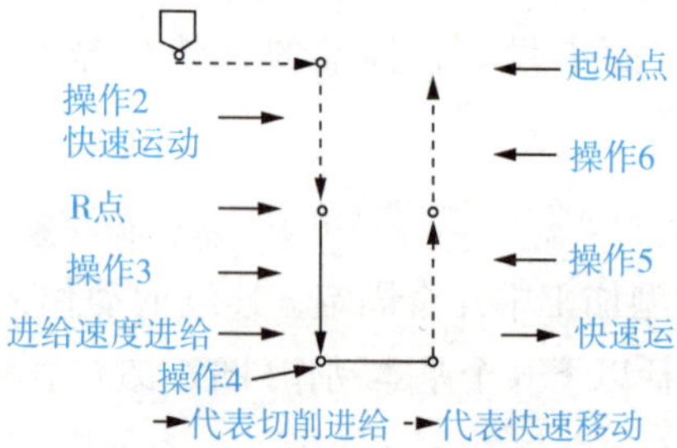

图 6-35　固定循环的基本动作

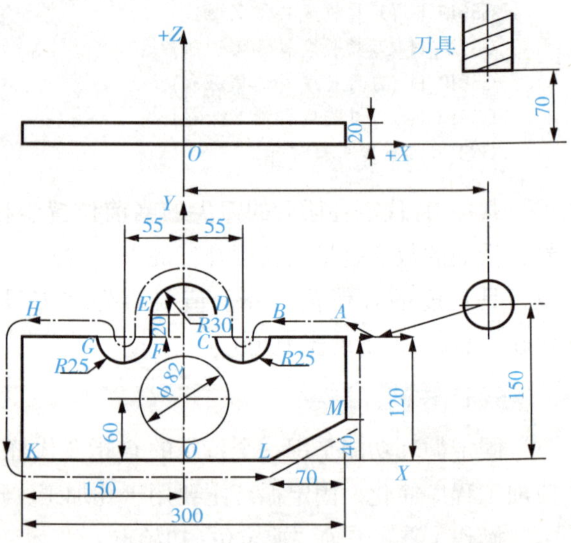

图 6-36　数控铣床加工编程实例

刀具采用 *Φ*30 mm 的立铣刀(材料是高速钢)，刀柄的锥柄形式为 50XT。装夹零件时一般利用零件中间中 *Φ*82 mm 孔，采用压板、螺栓、螺母等元件即可。

NC 程序及中文注释见表 6-10。

表 6-10　NC 程序及中文注释

NC 程序内容	中文说明部分
O5032	程序名
(XKA5032A/XK　A5040A)	注明所使用的设备
(FOR　OKUMA　OSP-700M-TKl)	注明机床所用的数系统
(G90，G15H1)	绝对方式编程：选择一号工件坐标系
(G15　H1-X0Y0：SETING　THE　CEN-TER OFD82)	第一号工件坐标系在 X 和 Y 轴设定的位置
(G15H1-Z0：SETING　THE　BOTTOM-FACE OF　WORKPLEE)	一号工件坐标系在 Z 轴设定的位置
(TOOL：D30ENDMILL)	刀具用 Φ30 的立铣刀
(TOOL　LENGTH　AND　RADIU：H01　AND D01)	刀具长度补偿号为 H01，半径补偿号为 D01。下面就是程序体部分，有与机床的状态和动作有关的一些代码指令，其中地址 N 后接数字代表程序的顺序号
N005　G90　G17　G40　G80　G15　H1	准备功能 G 代码：采用绝对位置指令方式编程、选择 XY 坐标平面、取消刀具半径补偿和固定循环功能、第一号工件坐标系有效
N0015G00　X400　Y150	X 轴和 Y 轴快速定位至所给坐标处
N0020　G56　H01　Z70	给 Z 轴加刀具长度补偿，补偿值从机床的刀具页面中第一号数值取得，同时 Z 轴快速定位至所给坐标处
N0025S220　F100M03	给定主轴转速(r/min)和坐标轴的进给速度(mm/min)，同时执行主轴正转
N0030G00　X175　Y60	X 和 Y 轴快速定位至 175 mm 和 60 mm 处
N0035　Z-5	刀尖沿 Z 轴快速定位至-5 mm 处
N0040　G01　C42　X150D01	以 F 所设定的进给速度直线插补至该点，刀具半径右补偿 D01 = 15 mm
N0045　X80	直线插补至 X80Y60
N0050G02　X30　Y60　R25	刀具在 XY 平面内以 F 所设定的进给速度顺时针圆弧插补至该点(轨迹是半圆)
N0050　G01　Y80	直线移动至该点
N0055　G03　X-30　R30	逆时针圆弧插补走出一半圆弧

（续表）

NC 程序内容	中文说明部分
N0060 G01 Y60	直线移动至该点
N0070 G02 X-80 I-25 J10	顺时针圆弧插补至该点(用 I、J 地址能精确地指明圆心相对于起点的坐标位置)
N0075 G01 X-150	直线移动至该点
N0080 Y-60	直线移动至该点
N0090 X80	直线移动切至该点
N0100 X150 Y-20	直线插补至该点
N0110 Y65	直线移动切至该点
N0120G00 G40 X175 Y60	快速进给至该点，并且取消刀具半径补偿
N0130 M05	主轴停转
N0150G00 Z100	刀尖沿 *Z* 轴快速定位至 100 mm 处，刀具离开工件
N0160 M30	主程序结束

任务评价

评价内容	评价标准	分值	自评	师评
数控车床的坐标系和运动方向	理解机床坐标系、工件坐标系、程序原点、机械原点等概念	10		
	掌握坐标系和运动方向的设定方法	5		
数控车床主要功能指令的使用	掌握快速移动、直线插补、圆弧插补、螺纹加工、暂停等指令的使用方法	25		
	能够正确编写简单的数控车床加工程序	10		
数控车床编程举例	能够根据零件图样和加工工艺要求，编写符合规范的数控车床加工程序	15		
	能够进行调试和优化	5		
数控铣床的坐标系	理解数控铣床的坐标系设定和坐标轴的确定方法	10		
数控铣床主要功能指令	掌握常用准备功能 G 指令、辅助功能 M 指令、基本移动指令、补偿指令、固定循环指令等的使用方法	20		
总分		100		

任务 3　数控线切割机床的基本编程方法

任务描述

本任务旨在全面介绍数控线切割机床的基本编程基础和编程方法，包括 ISO 格式编程、3B 格式编程和 4B 格式编程。读者将通过本任务，了解并掌握不同编程格式的基本原理、指令构成以及编程技巧，为实际数控线切割加工提供坚实的理论基础。

任务分析

要完成此任务，读者需要掌握 ISO 格式编程、3B 格式编程和 4B 格式编程的指令构成、编程规则。通过实例分析和实践操作，读者将进一步加深对编程方法的理解和掌握，提高编程能力和实践技能。

任务重点与实施

6.3.1　数控线切割机床编程基础

1. 数控线切割机床的坐标系

机床坐标系是线切割机床上固有的坐标系，是机床坐标工作台的进给运动坐标系，其坐标轴及其方向按有关标准的规定，采用右手直角笛卡儿坐标系，参考电极丝的运动方向来决定。面向机床正面，坐标工作台平面为坐标系平面，纵向为 x 坐标轴方向，且电极丝向右运行为 x 的正方向，向左运行为 x 的负方向，横向为 y 坐标轴方向，且电极丝向外运行为 y 的正向，向内运行为 y 的负向。

为了能够加工锥度零件，数控线切割机床的导丝装置中另设有两坐标轴：与 x 轴平行的为 U 轴，与 y 轴平行的为 V 轴，其正负方向的确定与 x、y 轴相同。

机床坐标系的原点是在机床上设置的一个固定的坐标点，在机床装配、调试时就已确定下来，是坐标工作台进行进给运动的基准参考点，一般取在坐标工作台平面上 x、y 两坐标轴正方向的极限位置上。

编制数控线切割机床的加工程序时，一般采用相对(增量)坐标系，编程原点随程序段的不同而变化。切割直线段时是以该直线的起点作为编程坐标系的原点，切割圆弧段时以该圆弧的圆心作为编程坐标系的原点，以此计算直线段或圆弧段上其余各点的坐标。通常，数控线切割机床的数控系统都允许设置多个编程坐标系。

2. 数控线切割机床的程序格式

和其他数控机床一样，要使数控线切割机床自动完成切割加工，必须事先编制数控加工程序。我国早期的数控线切割机床采用的是3B、4B格式，目前仍在一些企业应用。近年来生产的数控线切割机床使用的是计算机数控系统，采用符合国际标准的ISO格式。

6.3.2 ISO格式编程

目前各种线切割数控系统所使用的ISO格式指令与国际标准基本一致，但也存在个别不同之处。在编程之前应仔细了解所选用数控线切割机床的规格、性能及数控系统所具有的功能，详细阅读该数控系统的编程说明书及指令格式等，尤其要注意区分那些指令形式相同而功能有所区别的指令和本系统特有的那些指令，然后按照具体机床规定使用的指令格式，将零件的尺寸、切割轨迹、电极丝半径和放电间隙补偿等加工数据编入加工程序。表6-11中列出了一般线切割数控系统所特有的典型指令的功能和程序段的格式。

此外，线切割数控系统还允许利用T或M功能指令以实现打开、关闭工作液泵，启动、关闭走丝机构，切割暂停或结束等操作。

表6-11 一般线切割数控系统所特有的典型指令的功能和程序段的格式

指令	功能	程序格式
G92	设置电极丝的位置坐标，确定程序的加工起点	G92*x* 坐标值1，*y* 坐标值2 坐标值单位：μm
G40	取消电极丝半径和放电间隙补偿	G40
G41	电极丝半径和放电间隙左补偿。沿电极丝切割轨迹的前进方向上，电极丝向左偏移指定量	G41 D D：电极丝半径与放电间隙之和
G42	电极丝半径和放电间隙右补偿。沿电极丝切割轨迹的前进方向上，电极丝向右偏移指定量	G42 D D：电极丝半径与放电间隙之和
G50	取消锥度	G50
G51	锥度左倾斜。沿电极丝切割轨迹的前进方向上，电极丝上端向左倾斜指定角度	G51 A A：锥度值
G52	锥度右倾斜。沿电极丝切割轨迹的前进方向上，电极丝上端向右倾斜指定角度	G52 A A：锥度值

例如，编制如图6-37所示冲裁凹模刃口的线切割加工程序，已知电极丝的直径为Φ0. 20 mm，放电间隙为0. 01 mm。

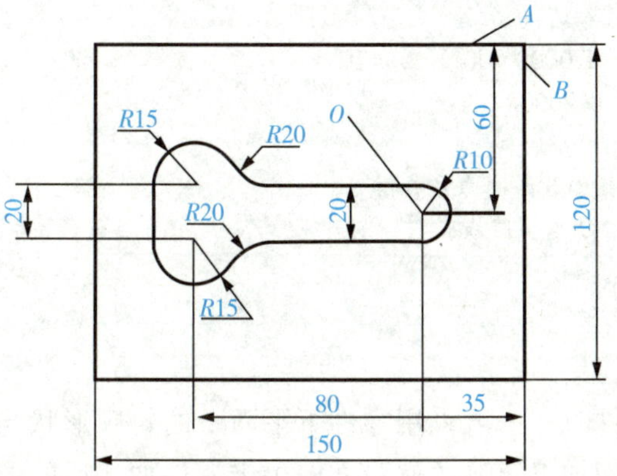

图6-37　冲裁凹模

其加工程序为

```
G92  X  0  Y  0                          定义加工起点坐标。
G90                                      采用绝对坐标系编程。
T84                                      打开工作液泵。
T86                                      启动走丝机构。
G41  D110                                电极丝左补偿。
G01  Y-10000                             直线插补。
G03X  0  Y  10000  I0  J10000            逆时针圆弧插补。
G01X-51277
G02X-67690  Y  18571  I0  J20000         顺时针圆弧插补。
G03X-95000  Y  10000  112310  J-8571
G01X-10000
G03X-67690  Y-18571  I15000  J0
G02X-51277  Y-10000  I16413  J-11429
G01X  0  Y-10000
G40                                      取消电极丝补偿。
T85                                      关闭工作液泵。
T87                                      关闭走丝机构。
M02                                      程序结束。
```

又例如编制一圆锥台的线切割程序，已知圆锥台的底圆直径为 Φ40 mm，高 50 mm，锥度为4∶1，电极丝直径为 Φ0.20 mm，放电间隙为0.01 mm。其加工程序为：

```
G92X-30000  Y0 定义加工起点坐标。
W60000 下导丝轮到工作台面的高度。
H50000 零件的厚度。
S100000 工作台面到上导丝轮的高度。
T84 打开工作液泵。
T86 启动走丝机构。
G52  A4 加工锥度,右倾斜。
G41  DI10 加工电极丝半径和放电间隙左补偿。
```

```
C01X-20000   Y0 进给路线。
G02X   20000   Y0   I20000   J0 加工锥面。
G02X-20000   Y0   L-20000   J0
G50 取消锥度。
G40 取消电极丝半径和放电间隙左补偿。
G01   X-30000   Y   0 退出路线。
T85 关闭工作液泵。
T87 关闭走丝机构。
M02 程序结束。
```

加工带锥度的零件时，一般采用零件下平面上的轮廓形状与尺寸编程，由上平面加工轨迹相对于下平面加工轨迹的偏置方向决定零件加工后的形状。为了实现锥度加工，必须确定并输入 3 个数据：上导丝轮到工作台面的高度 S、下导丝轮到工作台面的高度 W 及零件的厚度 H。否则，即使程序中设置了锥度切割指令也无法正确执行。

6.3.3 3B 格式编程

3B 格式程序段的格式，见表 6-12。

3B 格式编程

1. 坐标值 x、y

在 3B 格式中，使用相对(增量)坐标编程。加工平行于坐标轴的直线时，x 和 y 均为 0；加工斜线时，以该斜线的起点作为编程原点，x、y 为斜线的终点坐标值，由于此时 x、y 值仅用来表示斜线的角度，因此允许将两值按相同的比例缩小或放大；加工圆弧时，编程原点取在圆心，x、y 为圆弧起点的坐标值。x、y 值的单位为 μm，为负值时负号不写。

近些年来，我国已较为普遍的使用带有自动补偿电极丝半径和放电间隙功能的线切割机床，即只需按照零件的轮廓编制程序，再给出相应的补偿量和偏移方向，电极丝的中心就会从零件轮廓自动向外(或内)偏移一个数值，不需要带入补偿量进行繁琐的坐标值计算。

表 6-12　3B 格式程序段的格式

B	x	B	y	B	J	G	Z
分隔符	X 坐标值	分隔符	Y 坐标值	分隔符	计数长度	计数方向	加工指令

2. 分隔符 B

因为 x、y、J 均为数值，为避免混淆，需要用分隔符将它们隔开。当 x、y 为零省略不写时，分隔符必须写。

3. 计数方向 G

计数方向就是计数时选作投影轴的坐标轴方向。加工斜线时，必须用进给距离较长的一坐标轴作为控制进给长度的计数方向，以免漏步。以斜线的起点作为编程原点，若斜线在某坐标轴上的投影长度最长，就按该坐标轴方向计数。如图 6-38 所示，可将坐标系以 45°线为界划分成不同区域，当斜线的终点落在阴影区域内时，取 y 轴方向为计数方向，记为 G_y；落在阴影区域以外时，取 x 轴方向为计数方向，记为 G_x。若斜线正好为 45°时，计数方向可任意选取 G_y 或 G_x，加工圆弧时，应以与终点附近的圆弧趋于平行的坐标轴作为计数方向。如图 6-39 所示，若圆弧终点落在阴影区域内，计数方向应取 G_x；而圆弧终点落在非阴影区域时，计数方向应取 G_y。当圆弧终点正好落在 45°线上时，可任意选取 G_y 或 G_x。

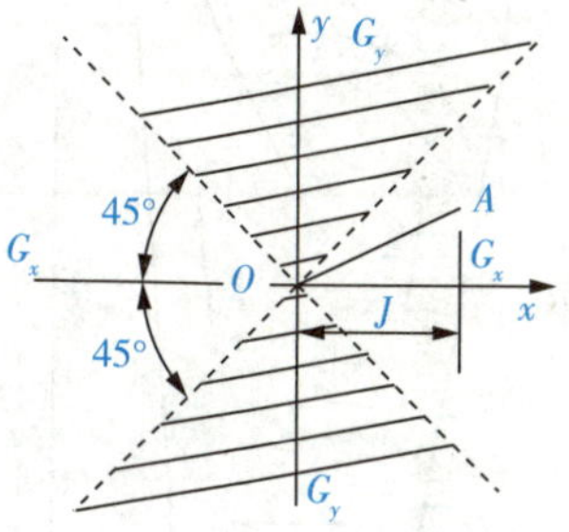

图 6-38　加工斜线的计数方向

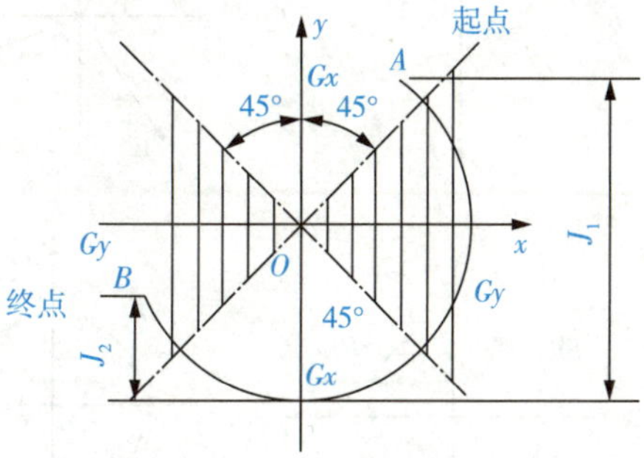

图 6-39　加工圆弧的计数方向

4. 计数长度 J

计数长度是在计数方向的基础上确定的，是从起点加工到终点时，切割轨迹在规定的计数方向上投影的总长度，单位为 μm。如图 6-40 所示，切割斜线 OA 时，计数方向为 G_x，计数长度为 OB，在数值上等于 A 点的 x 坐标值；切割半径为 500 mm 的圆弧 MN 时，计数方向为 G_x，计数长度为 3 段 90°圆弧在该方向上投影的总和，即 500×3 = 1 500。

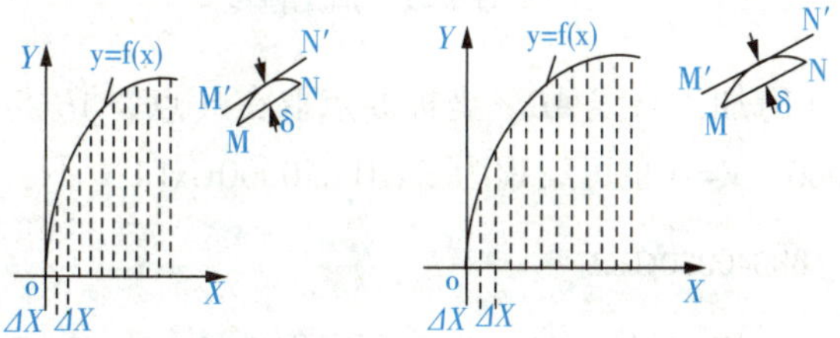

（a）切割斜线　（b）切割圆弧

图 6-40　计数长度的确定

5. 加工指令 Z

加工指令是用来确定切割轨迹的形状、起点或终点所在象限和加工方向等信息的。数控系统根据这些指令，正确选用偏差计算公式、进行偏差计算、控制工作台进给方向，从而实现机床的自动化加工。加工指令共有 12 种，可分为斜线和圆弧两类。如图 6-41 所示，被加工的线段在第一、二、三、四象限的斜线时，加工指令分别用 L_1、L_2、L_3、L_4 表示；被加工的线段是在与某坐标轴平行的直线上时，根据进给方向，加工指令亦分别用 L_1、L_2、L_3、L_4 表示，为区别于斜线，在编程时取 $x = y = 0$。加工圆弧时，被加工的圆弧有可能跨越几个象限，此时的加工指令应由圆弧起点所在的象限及圆弧走向来确定。若起点在第一、二、三、四象限，并按顺时针方向切割时，加工指令分

别用 SR_1、SR_2、SR_3、SR_4 表示，按逆时针方向切割时，则分别用 NR_1、NR_2、NR_3、NR_4 表示。

[例 6-4] 设要切割如图 6-42 所示的工件，该图形由 3 条直线和 1 条圆弧组成，故分 4 条程序编制。

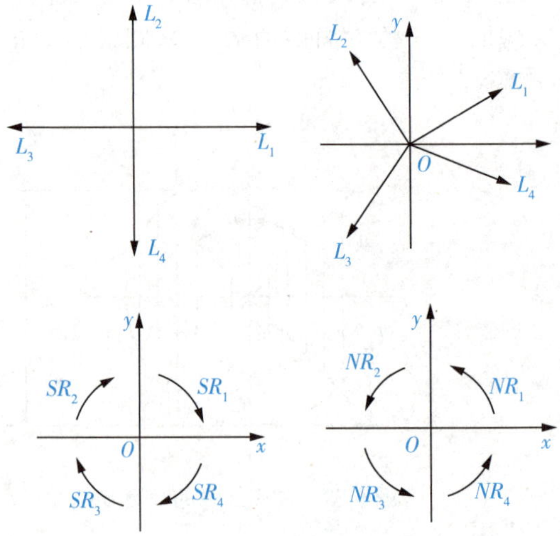

图 6-41　加工指令

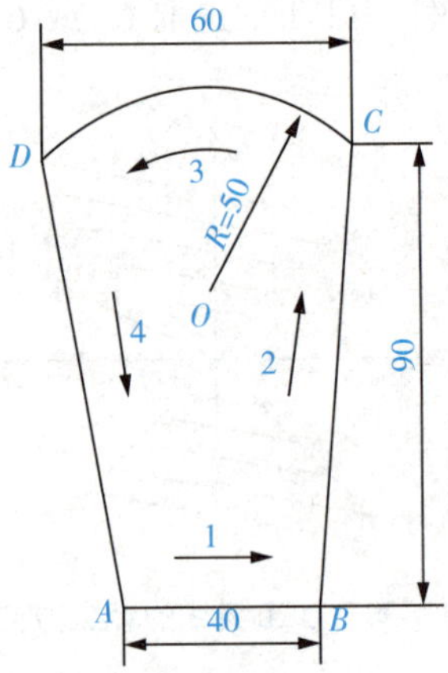

图 6-42　编程图形

(1) 加工直线 AB。坐标原点取在 A 点，AB 与 x 轴正重合，x、y 均可作 0 计(按 x=40 000，y=0 也可编程为 B4BB040000GxL1，不会出错)，故程序为

```
BBB40000GxL1
```

(2) 加工斜线 BC。坐标原点取在 B 点，终点 C 的坐标值是 x=10 000，y=90 000，故程序为

```
B1B9B90000GyL1
```

(3) 加工圆弧 CD。坐标原点取在圆心 O，这时起点 C 的坐标为 x=30 000，y=40 000，故程序为

```
B30000B40000B60000Gx   NR1
```

(4) 加工斜线 DA。坐标原点应取在 D 点，终点 A 坐标为 x=10 000，y=90 000，故程序为

```
B1B9B090000GyL4
```

6.3.4　4B 格式编程

4B 指令用于具有间隙补偿功能和锥度补偿功能的数控线切割机床的程序编制，间隙补偿指的是钼丝在切割零件时，钼丝中心运动轨迹能根据要求自动偏离编程轨迹一段距

离(即补偿量)。当补偿量设定为偏移量f时，编程轨迹即为零件的轮廓线。显然按零件的轮廓编程要比按钼丝中心运动轨迹编程方便得多，轨迹计算也比较简单。而且当钼丝磨损直径变小，当单边放电间隙Z随切割条件的变化而变化后，也无需改变程序，只需改变补偿量即可。锥度补偿指的是系统能根据要求，同时控制x、y、U、V四轴的运动，x、y为机床工作台的运动，即零件的运动，U、V为上线架导轮的运动，它们分别平行于x、y，使钼丝偏离垂直方向一个角度(即锥度)，切割出具有锥度的零件来。

1. 4B 指令编程格式

(1)4B 指令就是带“±”符号的 3B 指令。为了区别于一般的 3B 指令，故称之为 4B 指令，4B 指令格式见表 6-13，表中的“±”符号用以反映间隙补偿信息和锥度补偿信息，其他与 3B 指令完全一致。

表 6-13 4B 指令格式

±	B	x	B	y	B	J	G	Z
正、负补偿	分隔符	x 坐标值	分隔符	y 坐标值	分隔符	计数长度	计数方向	加工指令

(2)间隙补偿切割时，“±”符号的使用。“+”号表示正补偿，当相似图形的线段大于基准轮廓尺寸时为正补偿；“-”号表示负补偿，当相似图形的线段小于基准轮廓尺寸时为负补偿。对于直线，在 B 之前加“±”符号的目的仅是为了使指令的格式能够一致，无需严格的规定；对于圆弧，规定以凸模为准，正偏时(圆半径增大)加“+”号，负偏时(圆半径减小)加“-”号。在进行间隙补偿切割时，线和线之间必须是光滑的连接，若不是光滑的连接，则必须加过渡圆弧使之光滑。

(3)锥度切割时，“±”符号的使用。锥度切割时，必须使钼丝相对于垂直方向倾斜一个角度。钼丝的倾斜方向由程序的第一条 4B 指令决定，即由第一条引入程序中的“±”符号决定。第一条指令之前加“+”号，则按照如下规则倾斜钼丝(若加“-”号，则向相反方向倾斜钼丝)。

① 若引入程序段是直线，则按照直线的法线方向倾斜钼丝，如图 6-43 所示，图中与L直线相垂直的直线为L直线的法线，箭头所指方向即为钼丝的倾斜方向。

② 若引入程序段是圆弧，则钼丝的倾斜方向和切割开始点的圆半径方向一致。锥度切割一般采用正锥度角，所切割零件为上大下小，若有必要切割上小下大的零件，则可输入负的锥度角，系统会自动控制向所定义方向的相反方向倾斜钼丝。

2. 编程实例

如图 6-44 所示，凹模未注圆角半径为 1 mm，机床的脉冲当量为 0.001 mm/脉冲，用直径 0.15 mm 的钼丝加工，放电间隙取经验值$Z=0.014$ mm，则$f=0.089$ mm。选择圆弧中心O_1为引入点(穿丝孔位置)，a点为程序起点，钼丝中心运动轨迹如图 6-44 中的点划线所示，根据编程规则编写出凹模的加工程序。

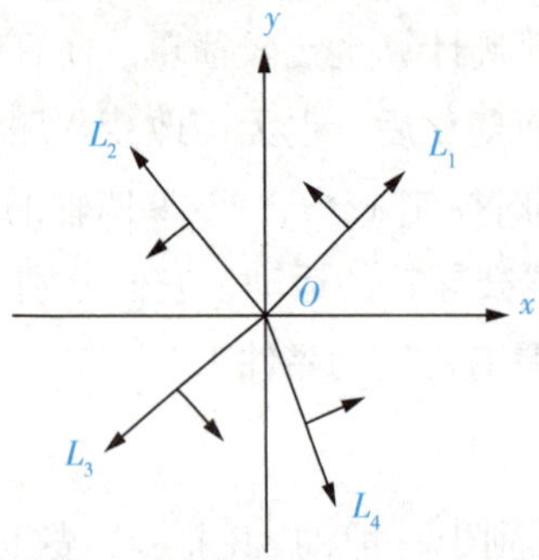

图 6-43 钼丝倾斜方向

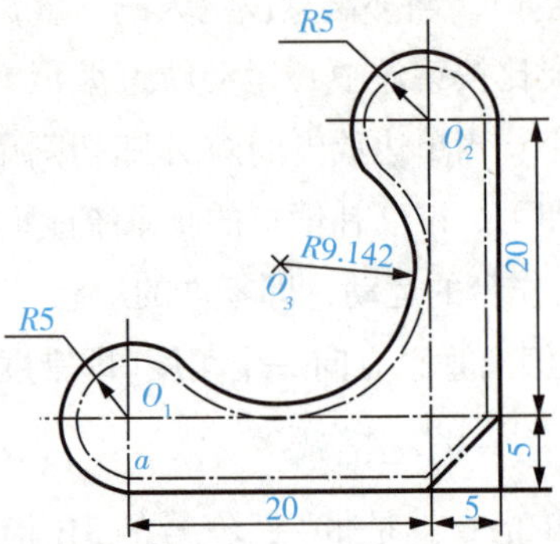

图 6-44 凹模

① 不考虑切割锥度，机床不具有间隙补偿功能的加工程序(3B 指令编程)为

000	B0	B0	B4911	Gy	L4
001	B0	B0	B19586	Gx	L1
002	B0	B911	B644	Gx	NR4
003	B4414	B4414	B4414	Gy	L1
004	B144	B144	B144	Gy	NR4
005	B0	B0	B19586	Gy	L2
006	B4911	B0	B13295	Gx	NR1
007	B6527	B6527	B18463	Gy	SR1
008	B3473	B3473	B13295	Gy	L2
009	B0	B0	B4911	Gy	L2
010	D				

② 若进行正锥度切割，机床具有间隙补偿功能的加工程序(4B 指令编程)为

000	+B0	B0	B5000	Gx	L1
001	- B0	B0	B19586	Gy	L4
002	- B1000	B0	B707	Gx	SR4
003	- B4414	B4414	B4414	Gy	L3
004	- B707	B707	B707	Gx	SR4
005	- B0	B0	B19586	Gx	L3
006	- B0	B5000	B13536	Gx	SR3
007	+B6464	B646	B18284	Gx	NR3
008	- B3536	B3536	B13536	Gy	SR3
009	- B0	B0	BS000	Gx	L3
010	D				

任务评价

评价内容	评价标准	分值	自评	师评
数控线切割机床编程基础	了解数控线切割机床编程基础	10		

（续表）

评价内容	评价标准	分值	自评	师评
ISO 格式编程	掌握 ISO 格式编程格式	10		
3B 格式编程	熟练掌握 3B 格式编程指令	35		
	能够正确编写 3B 格式数控线切割加工程序	10		
4B 格式编程	了解 4B 格式编程的指令构成和编程规则	25		
	学会进行 4B 格式编程	10		
总分		100		

任务 4 程序编制中的数学处理

任务描述

本任务旨在全面介绍数控编程中所需的数学处理技巧，包括基点坐标计算、节点坐标计算、刀位点轨迹的坐标计算、列表曲线的数学处理、简单立体形面零件的数值计算以及组合曲面的数学处理等。

任务分析

要完成此任务，读者需要具备一定的数学基础和数控编程知识。首先，读者需要理解数控加工中常用的数学工具和方法。其次，读者需要掌握各种数值计算方法的原理和步骤，包括联立方程组求解、三角函数求解、直线和圆弧逼近、三次样条曲线拟合等。最后，读者需要能够灵活运用这些数值计算方法，解决实际加工中的复杂问题。

任务重点与实施

数控系统编程中的数值计算是指根据零件图样，按照已确定的加工路线和允许的编程误差，计算数控系统所需输入的数据。对于带有自动刀补功能的数控装置来说，通常要计算出零件轮廓上一些点的坐标值。除了点位加工的情况外，一般需经烦琐、复杂的数值计算。

6.4.1 基点坐标计算

基点是构成零件轮廓的两相邻几何元素的交点或切点，如直线与直线的交点、直线与圆弧、圆弧与圆弧、圆弧与其他二次曲线的交点或切点，均称为基点。数控机床一般只有平面直线和圆弧插补功能，因此对于由直线和圆弧组成的平面轮廓，编程时数值计算的主要任务是求各基点的坐标。基点可以直接作为其运动轨迹的起点或终点，如图 6-45 所示，A、B、C、D、E 各点都是该零件轮廓上的基点。基点直接计算的是每条运动轨迹(线段)的起点或终点在选定坐标系中的坐标值和圆弧运动轨迹的圆心坐标值，可根据图样给定条件，用几何、解析几何、三角函数的方法求得。

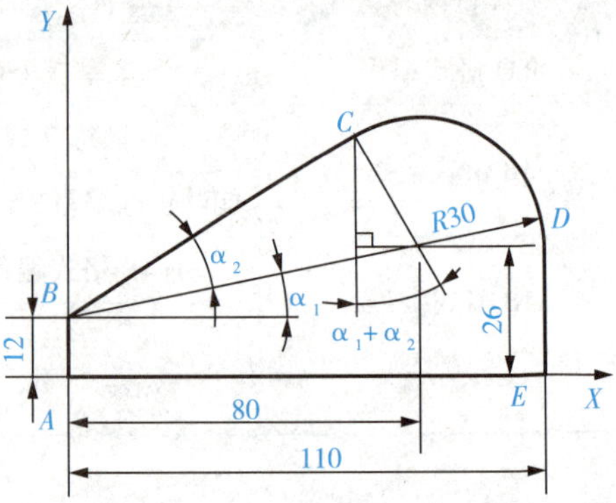

图 6-45　零件的基点

1. 联立方程组求解基点坐标

如图 6-45 所示的零件，其轮廓由直线和圆弧组成。加工外形轮廓时必须向数控机床输入各基点和圆心的坐标数据。由图可知，应确定的基点坐标为 A、B、C、D、E 各点。其中 A、B、D、E 各点的坐标可直接由图上的数据得到，而 C 点是过 B 点并与圆 O_1 相切的直线和圆 O_1 的切点，C 点的坐标可采用直线方程和圆方程联立求解的方法获得。

设 BC 直线方程为 $y=kx+b$，以 O_1 为圆心的圆弧方程的一般表达式为 $(x-x_1)^2+(y-y_1)^2=R^2$。

求切点 C 的坐标可通过直线方程与圆方程联立求解。即

$$\begin{cases} y=kx+b \\ (x-x_1)^2+(y-y_1)^2=R^2 \end{cases} \tag{6-1}$$

经计算和整理得如下参数

$$\begin{cases} A=1+k^2 \\ B=2[k(b-y_1)-x_1] \end{cases} \tag{6-2}$$

则切点坐标 $C(x_c,\ y_c)$ 得

$$x_c=-\frac{B}{2A}$$
$$y_c=kx_c+b \tag{6-3}$$

根据图 6-45 中各坐标位置关系可知

$$\begin{cases} \Delta x=x_1-x_B=80-0=80 \\ \Delta y=y_1-y_B=26-12=14 \end{cases}$$

则

$$\begin{cases} \alpha_1=\arctan\left(\dfrac{\Delta y}{\Delta x}\right)=9.926\ 25° \\ \alpha_2=\arcsin\left(\dfrac{R}{\sqrt{\Delta x^2+\Delta y^2}}\right)=21.677\ 78° \end{cases}$$

直线方程 $y=kx+b$ 中的 k 表示 BC 的斜率，$k=\tan(\alpha_1+\alpha_2)=0.6153$；$b$ 表示 BC 的截距，$b=12$。通过 O_1 的圆方程与直线 BC 的方程联立求解。则

$$\begin{cases} y=0.6153x+12 \\ (x-80)^2+(y-26)^2=30^2 \end{cases}$$

$$\begin{cases} A=1+k^2=1.3786 \\ B=2[k(b-y_1)-x_1]=-177.23 \\ x=-\dfrac{B}{2A}=64.279 \\ y=kx_c+b=51.551 \end{cases}$$

2. 三角函数求解基点坐标

求基点坐标时也可以直接利用图形间的几何三角关系来求解。计算过程相对于联立方程组求解要简单一些。仍以图6-45中求 C 点的坐标为例，过 C 点作 x 轴的垂线与过 O_1 点作 y 轴的垂线相交于 G 点。

在直角三角形 CGO_1 中，$\angle O_1CG=\alpha_1+\alpha_2$，已经求出 $\alpha_1=9.92625°$，$\alpha_2=21.67778°$。

根据三角函数关系，可求出 C 点坐标值

$$x_c=x_1-R\sin(\alpha_1+\alpha_2)=80-30\sin 31.60403°=64.2786$$

$$y_c=y_1+R\cos(\alpha_1+\alpha_2)=26+30\cos 31.60403°=51.5507$$

应用三角函数求解基点坐标，计算工作量明显减少。但用这种方法求解时，必须考虑组成零件轮廓的直线、圆的方向性。只有这样，在多数情况下的解才是唯一的。如图6-46(a)所示，为求得两圆的公切线，按作图法应该有4条，这就需要对图形中的直线和圆赋予方向性，这样的解才是唯一的。如图6-46(b)所示，假设圆 O_1 和圆 O_2 都是顺时针走向，则按照带轮法则，从 O_1 到 O_2 的公切线只能是 L_1，而从 O_2 到 O_1 的公切线只能是 L_2，图6-46(c)表示了其他两种情况。

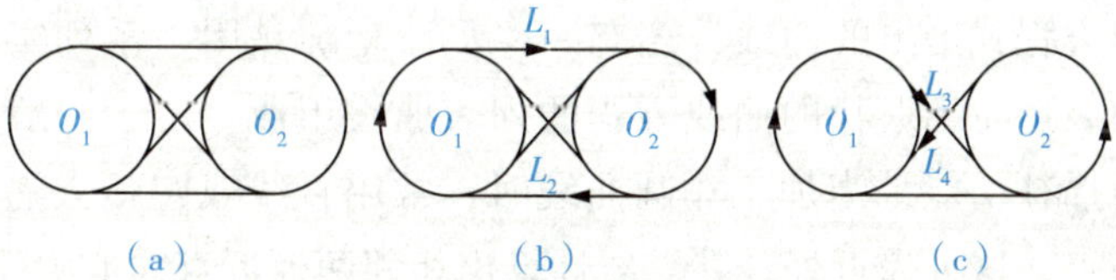

图6-46 两圆的公切线

图6-47为利用这种定向关系，采用三角函数求解公切线上两圆的公切点的示例。已知两圆的圆心坐标及半径分别为 (x_1, y_1)，R_1，(x_2, y_2)，R_2。一直线与两圆相切，求切点坐标 $T_1(x_{T1}, y_{T1})$，$T_2(x_{T2}, y_{T2})$。

计算的步骤为

$$\begin{cases} \Delta x=x_2-x_1 \\ \Delta y=y_2-y_1 \end{cases} \tag{6-4}$$

$$\begin{cases}\tan\alpha_1=\dfrac{\Delta y}{\Delta x}\\ \sin\alpha_2=\dfrac{R_2\pm R_1}{\sqrt{\Delta x^2+\Delta y^2}}\end{cases}\tag{6-5}$$

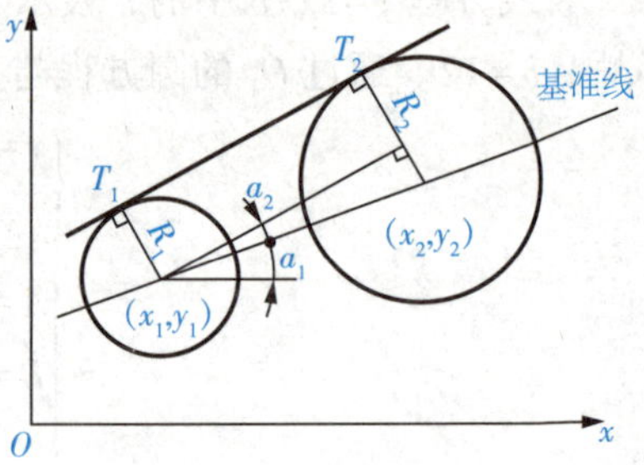

图 6-47　公切点的计算

式中　求内公切线的切点坐标——“+”号；

求外公切线的切点坐标——“-”号；

R_2——较大圆的半径；

R_1——较小圆的半径。

$$\beta=|\alpha_1\pm\alpha_2|\tag{6-6}$$

$$\begin{cases}x_{T1}=x_1\pm R_1\sin\beta\\ y_{T1}=y_1\pm R_1\cos\beta\end{cases}\tag{6-7}$$

同理

$$\begin{cases}x_{T2}=x_2\pm R_2\sin\beta\\ y_{T2}=y_2\pm R_2\cos\beta\end{cases}\tag{6-8}$$

式中　β——公切线与水平线的夹角(角度值取绝对值不大于90°的那个角)，计算β时，α_2前面的“±”号取决于已知切线 L 相对于基准线的旋向。当已知切线 L 相对于基准线逆时针方向旋转时，取“+”号；顺时针方向旋转时，取“-”号；角度取绝对值不大于90°的那个角(选择α_2角的旋向，在计算时至关重要)。

计算切点 $T(x_T,\ y_T)$时，其“±”号的选择，取决于 x_T、y_T 相对于该切点所在圆的圆心坐标(x_i，y_i)所处的象限位置。如果 x_T 在 x_i 右边时取“+”号，反之 x_T 在 x_i 左边时取“-”号；如果 y_T 在 y_i 的上边时取“+”号，反之 y_T 在 y_i 的下边时取“-”号。

6.4.2　节点坐标计算

平面轮廓曲线除直线和圆弧外，还有椭圆、双曲线、抛物线、一般二次曲线、阿基米德螺线等以方程式给出的曲线，还有一些平面轮廓是用一系列实验或经验数据点表示的，没有由表达轮廓形状的曲线方程的列表曲线组成。由于一般数控装置只具备直线插补和圆弧插补功能，当加工非圆曲线时，常用直线或圆弧去逼近，这些逼近线段的交点称为节点。这种逼近处理就需要计算出相邻两逼近直线或圆弧的节点坐标。

1. 直线逼近零件轮廓曲线时的节点计算

用直线逼近零件轮廓曲线的常用方法有等间距法、等步长法和等误差法(变步长法)。

(1)图 6-48 为等间距直线逼近法，这种方法由起点开始根据给定的 Δx 计算出 x_1，$x_2\cdots$，代入数学方程式求出相应的 y_1，y_2，……，即求出各节点的坐标值，以这些坐标值进行编程。等间距直线逼近节点计算的方法较为简单，其特点是使每个程序段的某一个坐标增量相等，然后根据曲线的表达式求出另一个坐标值，即可得出节点的坐标。在直角坐标系中，可使相邻节点间的 x 坐标增量或 y 坐标增量相等；在极坐标系中，使相邻节点间的转角坐标增量或径向坐标增量相等。

在实际生产中常根据加工精度要求凭经验选取间距值，例如取 $\Delta x=0.1$ mm，然后验算误差最大值是否小于 $\delta_{允}$。其验算方法是：求得逼近某一线段的方程 $Ax+By+C=0$ 和与之平行法向距离为 δ 的直线方程

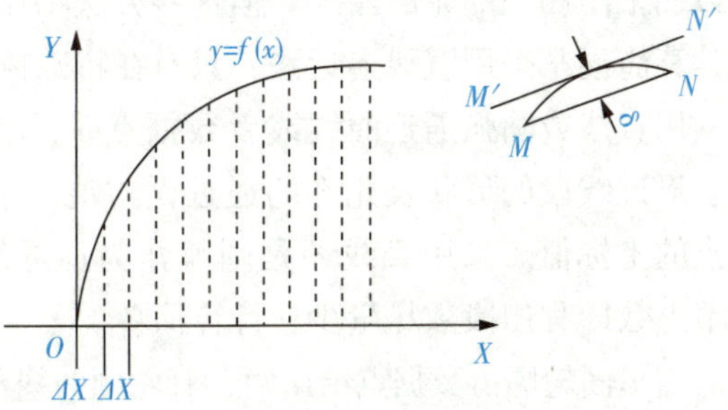

图 6-48 等间距直线逼近法

$$Ax+By=C\pm\delta\sqrt{A^2+B^2} \tag{6-9}$$

再求解联立方程

$$\begin{cases}Ax+By=C\pm\delta\sqrt{A^2+B^2}\\ y=f(x)\end{cases} \tag{6-10}$$

在满足相切的条件下求得 δ，使其 $\delta\leqslant\delta_{允}$。一般取 $\delta_{允}$ 为零件公差的 10% ~20%。

(2)图 6-49 为等步长直线逼近法。这种方法是选择每个程序段的直线段长度相等。

由于零件轮廓曲线各处的曲率不同，因此各段的逼近误差就不相等，必须使最大误差小于 $\delta_{允}$。用直线逼近时，一般认为误差的方向是在曲线的法向方向上计量的，同时误差的最大值产生在曲线的曲率最小处。据此，先确定曲率半径最小的地方，然后在该处按照逼近误差小于或等于 $\delta_{允}$ 的条件求出逼近线段的长度，用此弦长分割零件的轮廓曲线，即可求出各切点的坐标。

(3)图 6-50 为等误差直线逼近法。这种方法是使每个直线段的逼近误差相等，并小于或等于 $\delta_{允}$。先在曲线起点 a 处，以 $a(x_a, y_a)$ 为圆心，以 $\delta_{允}$ 为半径作圆，作此圆与曲线的公切线 PT，作过 A 点作平行于 PT 的直线交曲线于 b 点；再以 b 点为起点，用上述方法求出 c 点，顺序进行即可求出曲线上所有节点。此方法与上述两种方法比较，虽然计算较繁琐，但程序段数少，故应用较多。

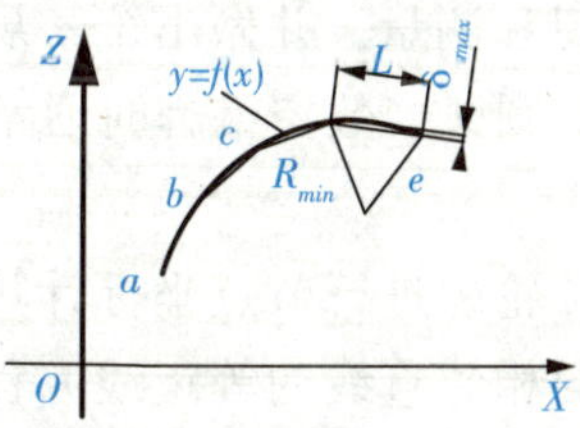

图 6-49 等步长直线逼近法

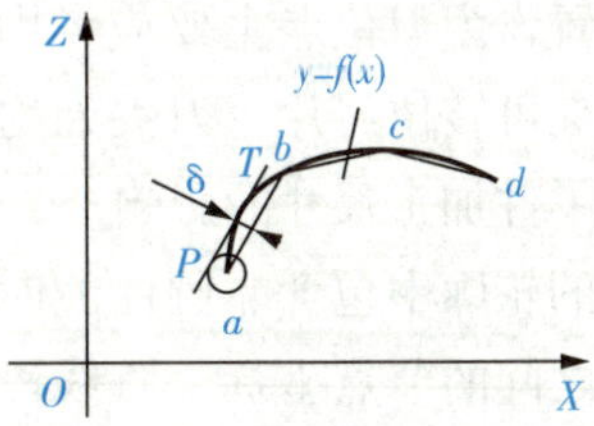

图 6-50 等误差直线段逼近

2. 圆弧逼近零件轮廓曲线时的节点计算

零件轮廓曲线除用直线逼近外，还可用一段段的圆弧逼近，用圆弧逼近曲线时，常用的方法有圆弧分割法、三点作图法等方法，采用这些方法可求得非圆曲线各段逼近圆弧的始点和终点坐标、圆弧半径以及圆心坐标，将相关数据输入到数控系统，就

可以加工出相应的轮廓曲线。但这些方法都比较复杂，计算烦琐，因此在一般情况下，为计算简便都采用直线逼近法，只有在特殊情况下，才采用圆弧逼近法。

用直线或圆弧逼近曲线或者数据点时，切点的数目及坐标值主要取决于曲线的特性、逼近线段的形状及允许的逼近误差值。根据这 3 个条件，可以用数学方法求出各节点的坐标值。采用直线还是圆弧作为逼近线段，主要是在保证逼近精度的前提下，使节点数即程序段数尽量少，计算简单。

当平面轮廓由数据点给出时，其轮廓曲线不符合数学方程，图样上只给出点的坐标。当给出的坐标点密度能满足加工精度要求时，直接在相邻列表点间用直线段或圆弧编程。当给出的坐标点较少时，需根据已知点的坐标推导插值方程，再根据插值方程进行插点加密，求得新的节点，常用的方法有牛顿插值法、双圆弧法、样条函数法等。

6.4.3　刀位点轨迹的坐标计算

刀位点是刀具上代表刀具在工件坐标系中所在位置的一个点。编程时用该点的运动来描述刀具的运动，运动所形成的轨迹称为编程轨迹。轮廓加工时刀具沿刀具中心轨迹运动，与工件轮廓相差一个刀具半径，刀具中心轨迹为工件轮廓的等距线。另外刀具在加工两个几何元素过渡段的棱角时，为了防止干涉、过切，需要进行增长、插入或缩短一段行程。故编程时，都应根据工件的加工轮廓和设定的刀具半径值，按刀具半径补偿方法编制刀具中心运动轨迹的程序段，即需完成刀具中心运动轨迹上各基点或节点坐标值的计算。

钻头类刀具通常用钻头的钻尖位置作为刀位点，但编程时应根据图样上对孔加工的尺寸标注，适当增加钻尖的长度。而旋转型的刀具，如各种立铣刀、钻头等，刀位点的选择比较简单，一律使刀位点位于刀具轴心线某一确定的位置上。对平底铣刀，选择刀底中心为刀位点。球形立铣刀可以用球心作为刀位点，也可以作为刀端点。用刀端点作为刀位点时，可以直接测量其位置，而用球心作为刀位点时，仍应测量刀端点，然后再换算为球心点坐标。对于像切槽刀之类的刀具，实际上存在两个刀尖位置，选择哪个位置作为刀位点主要应考虑如何便于对刀和测量，并做出统一规定。目前数控机床用机夹可转位刀片，刀尖处均有半径不大的圆弧，数控编程时通常应考虑刀尖圆弧半径对零件加工尺寸的影响。

当零件的轮廓中包含非圆曲线时，应先按零件轮廓进行节点坐标计算，然后再求相应等距线之间的节点坐标。直线段逼近时，用两相邻直线的等距线方程求解；用圆弧段逼近时，用两圆弧段的等距线方程联立求解。采用相切的圆弧逼近时，不解方程组就可求出等距线节点坐标数据。

在数控车削加工中，为了对刀的方便，总是以“假想刀尖”点来对刀。所谓假想刀尖点，是指如图 6-51(a)所示 M 点的位置。由于刀尖圆弧的影响，在车削锥面或圆弧面时，仅仅使用刀具长度补偿而不对刀尖圆弧半径进行补偿会产生欠切的情况。目前，较高级的车床控制系统，不仅具有刀尖圆弧半径补偿功能，而且可以根据刀尖的实际状况，选择刀位点的位置，编程和补偿都十分方便。大多数车床用简易数控系统，是不具备半径补偿功能的。因此当零件精度要求较高且又有圆锥或圆弧表面时，要么按刀尖圆弧中心编程，要么在局部进行补偿计算。图6-51(b)为车削锥体表面时由于刀尖圆弧半径$r_{刀}$引起的刀位补偿量计算简图。$r_{刀}$补偿量既可采用在Z向(纵向)与X向(径向)同时进行刀具位置补偿计算，也可在Z向或X向单独进行补偿计算。

此外还可用刀具中心轨迹方法处理。刀具中心轨迹也就是刀位点轨迹，是由于在许多情况下，刀具中心被作为刀位点而得名。如图6-52所示的零件由3个圆弧组成，可用虚线所示的3段等距圆弧编程处理，即圆O_1的半径为R_1+r，圆O_2的半径为R_2+r，圆O_3的半径为R_3+r，3个圆弧的终点坐标由等距圆的切点关系求得。当刀具磨损时r改变，需重新计算，以避免产生误差，这将使计算更加烦琐。

6.4.4 列表曲线的数学处理

在航天、航空、汽车及其他机器制造工业中，有许多零件具有轮廓曲线，如飞机机翼、整流罩、螺旋桨、凸轮样板、叶片等，其轮廓形状是通过实验或测量方法得到的数据，以列表坐标点的形式给出，而不给出方程式。这样用数学拟合的方法逼近零件轮廓曲线时，就根据已知列表坐标点(也称型值点)推导出用于拟合的数学模型。

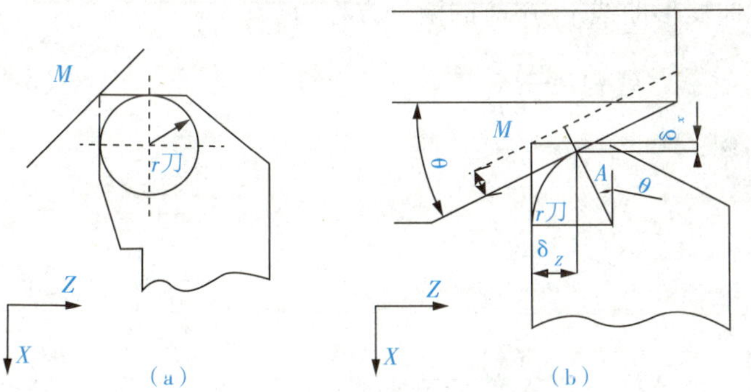

图6-51 假想刀尖编程时的补偿

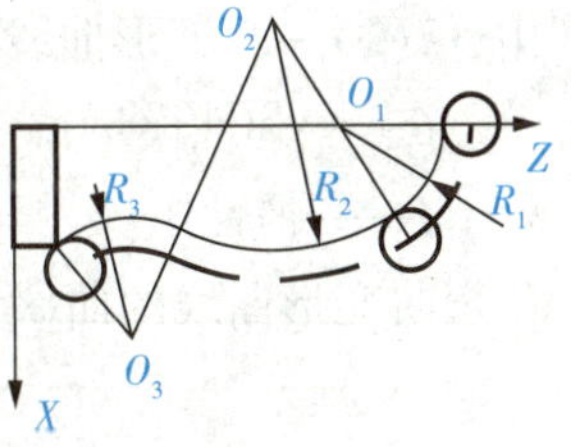

图6-52 刀心轨迹编程

列表曲线是指已给出曲线上某些坐标点(由实验或测量方法得到的型值点)但没有给出方程式的曲线。当给出的列表点已密到不影响曲线精度时，可直接在相邻列表点间用直线段或圆弧段编制程序。实际上，往往给出的只是很少的几个点，为保证精度就要增加新的节点，为此，处理列表曲线的一般方法是根据已知列表点导出插值方程(常称为一次曲线拟合)，再根据插值方程进行插值点加密求得新的节点(常称为二次曲线拟合)，从而编制逼近线段的程序(一般多用直线程序)。

对于用方程式给出的描述零件轮廓的列表曲线，应满足如下要求。

(1)用方程式描述的零件轮廓的列表曲线必须通过列表点。

(2)用方程式描述的零件轮廓曲线与列表点给出的曲线凹凸性一致，不应在列表点的凹凸性之外再增加新的拐点。

(3)拟合曲线在方程式的连接处有连续的一阶或二阶导数，保证曲线光滑。

列表曲线拟合的方法很多，但经过实践及综合分析各种方法后，目前常采用三次参数样条函数对列表曲线进行第一次拟合，然后使用双圆弧样条进行二次逼近的拟合方法。

1. 三次样条曲线拟合

三次样条曲线拟合原理如图 6-53 所示，样条是指用模拟弹性梁弯曲变形的方法模拟出曲线方程，所拟合的曲线都通过给定的列表点(图中的加压点)，而且具有连续的曲率。在相邻 3 个列表点间建立的样条函数称二次样条，而在 4 点间建立的样条函数称三次样条。有了样条函数，即可进行第二次拟合(插值加密)。

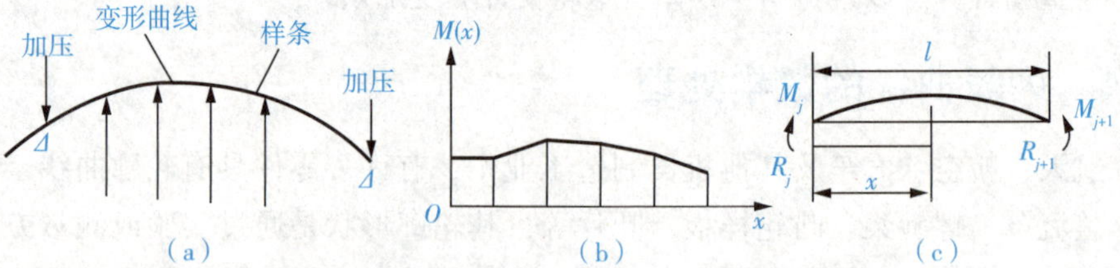

图 6-53　三次样条曲线拟合原理

由材料力学可知，梁的弯曲变形曲线 $y=f(x)$ 的微分方程为

$$k(x)=\frac{M(x)}{EJ} \tag{6-11}$$

式中　$k(x)$——变形曲线的曲率；

E——弹性模量；

J——惯性矩。

弯曲变形曲线的曲率为

$$k(x)=\frac{y''(x)}{[1+y'^2(x)]^{3/2}} \tag{6-12}$$

式(6-12)为非线性微分方程，它的解不能用初等函数表示，对于小挠度的情况，$|y|\leqslant 1$，可忽略 y'项，且假定 $EJ=1$，使问题得到简化，则曲线在 x 处的弯矩 $M(x)$ 可用函数 $y=f(x)$ 在 x 处的二阶导数表示：$y''(x)=M(x)$。

由于曲线变形是载荷集中在各个型值点而形成的，因此 $M(x)$ 为 x 的线性函数，在整个梁上弯矩成折线分布，其原函数可表示为三次多项式。

$$\begin{cases} y(x)=Ax^3+Bx^2+Cx+D \\ y'(x)=3Ax^2+2Bx+C \\ y''(x)=6Ax+2B \end{cases} \tag{6-13}$$

如果有 0，1，2，……，n 共 $n+1$ 个型值点，在每两个相邻型值点之间，便有一个三次多项式，因此应求出 n 个三次多项式，n 个三次多项式的求法是确定三次多项式中的系数。设各阶导数均可由式(6-13)决定。把这种由 n 组三次项式组成的曲线称为三次样条曲线，其函数称为三次样条函数，用 $y=s(x)$ 表示。

2. 三次参数样条曲线拟合

三次参数样条曲线拟合，是在三次样条曲线拟合的基础上，选择适当的参数 t，用参数方程拟合列表曲线，如图 6-54 所示。

设平面上给出 $n+1$ 个型值点 $P_j(j=0,1,2,\cdots,n)$，对 x_j，y_j 分别作三次样条函数 $x_j(t)$ 和 $y_j(t)$，这样构成的曲线方程，称为三次参数样条函数。例如，把相邻两个型值点连接起来的弦长作累加，对于每个型值点都有一个确定的累加弦长与之对应。选取累加弦长作为曲线参数方程中的参数，作 x、y 关于 t 的三次样条，便得到所需要的参数样条曲线函数 $s(t)$。

6.4.5　简单立体形面零件的数值计算

以某一直线为母线，沿轨迹运动而形成的立体形面称为简单立体形面。三坐标立体形面是机械加工中经常遇到的零件表面，在具有相互垂直移动的三坐标数控铣床上加工此类零件，通常可采用行切法来加工。

1. 行切法简介

用行切法加工时，把立体形面看作由无数条平面曲线所叠成。按零件表面粗糙度的允许范围，将立体形面分割成若干行。这样每一行都是一条平面曲线，可采用平面轮廓线的程序编制数值计算方法。如图 6-55 所示，零件轮廓曲面的母线是一条与 z 轴夹角为 θ 的直线，轨迹是一个椭圆。

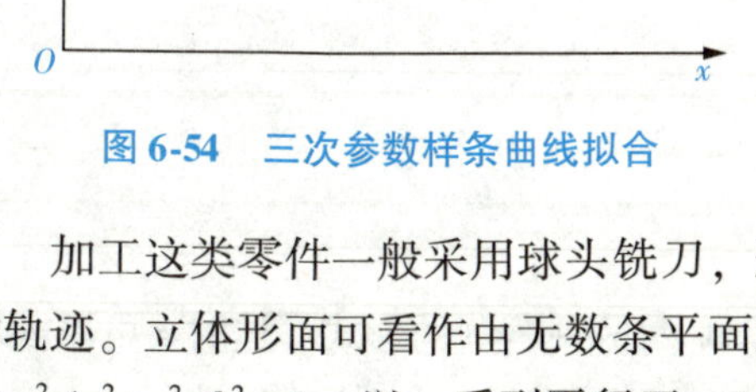

图 6-54　三次参数样条曲线拟合

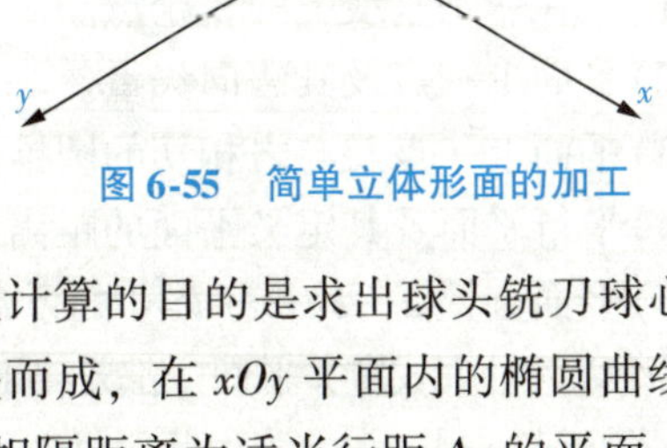

图 6-55　简单立体形面的加工

加工这类零件一般采用球头铣刀，进行数值计算的目的是求出球头铣刀球心的运动轨迹。立体形面可看作由无数条平面曲线相叠而成，在 xOy 平面内的椭圆曲线方程为 $x^2/a^2+y^2/b^2=1$。以一系列平行于 xOy 平面而相隔距离为适当行距 Δz 的平面，将立体形面分割成若干行，每行都是一个椭圆。一行加工完毕，铣刀沿 z 轴移动一个行距 Δz，再加工相邻的下一行，这样立体形面的加工就成了平面曲线轮廓的连续加工问题。

用行切法加工简单立体形面的程序编制称为两轴半坐标的程序编制。严格地说，不能算作三坐标程序编制。由于这种程序编制方法比较简单，所以经常被采用。

2. 自由曲面的数学处理及算法

自由曲面零件，如蜗轮叶片及各种其他叶片、机翼翼型、汽车覆盖件的模具等，不管是通过计算机辅助设计还是通过实验手段测定，这类形面反映在图样上的数据是列表数据(或由各种截面曲线构成的自由曲面)。因此，对这类零件进行数控加工程序编制时，常常都是以三维坐标点(x_i，y_i，z_i)表示的。

自由曲面的拟合方法很多，有 B 样条法，贝齐尔(Bezier)法、孔斯(Coons)法等。B 样条法和孔斯法需用反求法实现插补，因而适于精度要求高的曲面．在粗加工和半精加工中常采用贝齐尔法。

6.4.6　组合曲面的数学处理

组合曲面是指由多种曲面，包括解析曲面及自由曲面相贯而成的复杂曲面，这种曲面在飞机、舰船、汽车、模具及其他制造业中有着广泛的应用。组合曲面的处理是 CAD/CAM 中的一个较难解决的问题，可通过曲面求交等方法来处理，但都有一定的局限性，其中“最高点法”是处理组合曲面的方法之一。

“最高点法”是首先在 xoy 坐标面上确定一个有限的矩形区域，将这个矩形区域按一定的步长网络化，然后在每一个节点上解曲面方程组，得出各个曲面元素上的 z 坐标值，则最大的坐标值即为组合曲面在该点的 z 坐标。“最高点法”就是求取一组曲面在规定范围内的矢量组($R=xh_i+yh_i+zh_k$)的方法。如果这些曲面是解析的，要求最高点必须求出投影面上每个点(x，y)对应的 z 坐标。

例如，模具型腔是由设计图样或物理模型给出的，组成型腔的曲面元素两面交出一条空间曲线或折线，有时设计者能设法求出这些交线方程。

最高点法可一次求出组合曲面的加工数据，而不需求相贯线，适用于解析曲面。自由曲面的组合和计算方法简单、直观。

1. 平面上 z 坐标的计算

关于平面上 z 坐标的计算，首先是定义平面，若用 EXAPT 等自动编程语言，允许以如下的形式定义平面。

(1)不在一条直线上的 3 个点。

(2)平面上一点及其法向矢量。

(3)平面上一点及与之相切的圆锥或圆柱。

(4)平行平面及其定义平面的距离。

(5)平面方程 $ax+by+cz+d=0$ 的系数。

无论以何种方式定义平面，都要将平面处理成 $ax+by+cz+d=0$ 的形式。这时 z 可以表示为 x，y 的函数 $z=f(x, y)$。由此，对于每个点(x，y)，都可求出一个对应的 z 坐标。

2. 圆柱面、圆锥面、椭球面、椭圆抛物面、椭圆柱面及旋转面上 z 坐标的计算

首先给出各曲面的标准方程式。

(1)圆柱面 $x^2+y^2=z^2$，设中心轴为 z 轴。

(2)圆锥面 $z^2+a^2=x^2+y^2$，设中心轴为 z 轴。

(3)椭圆柱面$\frac{x^2}{a^2}+\frac{y^2}{b^2}=1$，设中心轴为 z 轴。

(4)旋转面，母线方程 $ax^2+by^2+cz^2+d=0$(a 不为0，b、c 不同时为0)，设旋转轴为 z 轴，则旋转面方程为 $a(x^2+y^2)+cz+d=0$。

(5)椭球面$\frac{x^2}{a^2}+\frac{y^2}{b^2}+\frac{z^2}{c^2}=1$。

(6)椭圆抛物面$\frac{x^2}{a^2}+\frac{y^2}{b^2}=z$。

把这些曲面所在的特定坐标系称为局部坐标系。在局部坐标系中，曲面才具有标准方程。综合以上几种曲面形式，可用下列方程统一表示为

$$ax^2+by^2+cz^2+dz+e=0 \tag{6-14}$$

如 x、y 已知，要求出曲面上对应的 z 值，只要能求出这些曲面在整体坐标系中的方程即可。由于局部坐标系与整体坐标系的位置是任意的，要想求出曲面在整体坐标系中的方程几乎是不可能的。因此可采用的方法是：取两点(x，y，0)、(x，y，m)，其中 m 为不等于0的任意值，过两点有一条直线 l，经过旋转、平移等坐标变换，得出它们在局部坐标系中的坐标值 $P_1(x_1, y_1, z_1)$、$P_2(x_2, y_2, z_2)$，则直线 l 在局部坐标系中的参数方程为

$$\begin{cases}x=x_1+(x_2-x_1)t\\ y=y_1+(y_2-y_1)=t\\ z=z_1+(z_2-z_1)t\end{cases} \tag{6-15}$$

式中　t——参数，将其代入曲面方程 $ax^2+by^2+cz^2+dz+e=0$ 得

$$a[x_1+(x_2-x_1)t]^2+b[y_1+(y_2-y_1)t]^2+c[z_1+(z_2-z_1)t]^2+d[z_1+(z_2-z_1)t]+e=0 \tag{6-16}$$

求出两个解 t_1 和 t_2，即可求出两个交点在局部坐标系中的坐标。再通过旋转、平移变换，便可求出这两点在整体坐标系中的坐标。

3. 二次曲面

已知二次曲面方程为

$$A_1x^2+A_2y^2+A_3z^3+A_4xy+A_5yz+A_6xz+A_7x+A_8y+A_9y+A_{10} \tag{6-17}$$

求对应于(x，y)的 z 坐标值。

二次曲面的普通方程可以化成以 z 为未知数的二次方程 $az^2+bz+c=0$

得到

$$\begin{cases}a=A_3\\ b=A_5y+A_6x+A_9\\ c=A_1x^2+A_2y^2+A_4xy+A_7x+A_8y+A_{10}\end{cases} \tag{6-18}$$

解该方程，即得到对应于(x，y)的 z 值。

任务评价

评价内容	评价标准	分值	自评	师评
基点坐标计算	学会使用联立方程组求解基点坐标	10		
	正确应用三角函数求解基点坐标	10		
节点坐标计算	准确计算直线逼近零件轮廓曲线时的节点计算	10		
	准确计算圆弧逼近零件轮廓曲线时的节点计算	10		
刀位点轨迹的坐标计算	根据加工要求准确计算刀位点轨迹的坐标计算	15		
列表曲线的数学处理	准确应用三次样条曲线拟合方法处理列表曲线	10		
	了解并掌握三次参数样条曲线拟合方法	5		
简单立体形面零件的数值计算	了解并掌握自由曲面的数学处理及算法	5		
组合曲面的数学处理	能够正确计算 z 坐标的计算	15		
	了解并掌握二次曲面的数学处理方法	10		
总分		100		

项目小结

本项目主要介绍了数控加工程序编制的基本概念、步骤与方法，详细阐述了数控车床、数控铣床以及数控线切割机床的编程基础，首先介绍了包括坐标系、运动方向、主要功能指令及编程举例；其次介绍了程序编制中的数学处理，包括基点坐标、节点坐标、刀位点轨迹的坐标计算；最后介绍了列表曲线、简单立体形面零件和组合曲面的数值计算方法。通过本项目的学习，读者能够掌握数控加工程序编制的核心知识和技能，为后续的实践操作打下坚实的基础。

项目习题

1. 简述数控机床程序编制的内容和方法。

2. 解释名词：对刀点、到位点、工件零点、程序原点。

3. 编制图 6-56 中的数控加工程序。

4. 简述 3B 编程指令与 4B 编程指令的异同点。

5. 试用 3B 指令编制如图 6-57 所示的钼丝轨迹程序。

6. 什么叫基点？什么叫节点？它们在零件轮廓上的数目分别取决于什么？

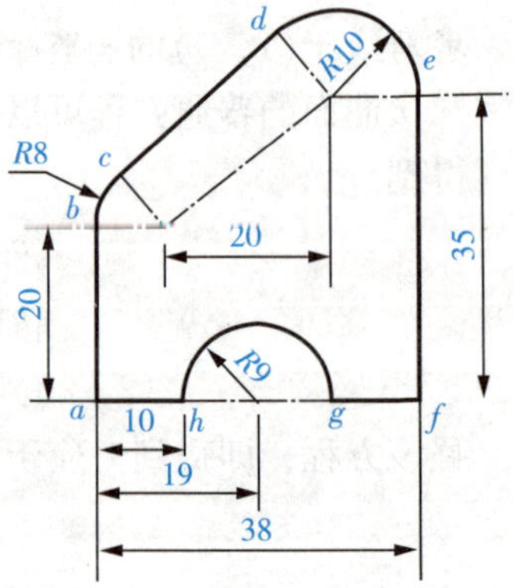

图 6-56 习题 3 零件示意图

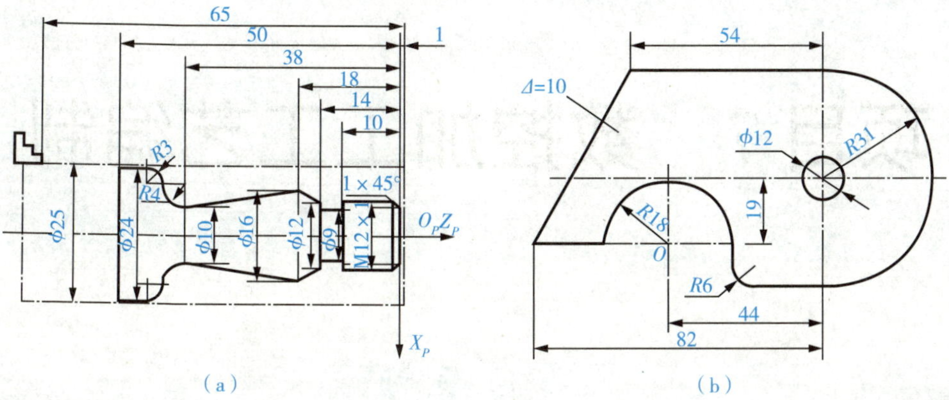

图 6-57　习题 5 零件示意图

7. 等间距法、等弦长法和等误差法常被用来求取非圆曲线的插补节点，它们在应用中各有何特点？

8. 直线和圆弧轮廓的基点坐标计算有哪些方法？哪种方法计算过程要简单？

9. 用数控机床加工椭圆形工件，方程为 $x^2/20+y^2/15=1$，允许的插补误差 $\Delta_{允} \leqslant 3$。当采用等误差法直线逼近时，试求 3 个插补点的坐标。

10. 用圆弧逼近法计算节点有哪些方法？试简述其计算过程。

11. 简述零件轮廓形状及其等距线在几何上的相互关系。

12. 零件轮廓为列表曲线时，常用的数值计算方法有哪几种？

项目7　数控加工工艺编制

项目导读

数控加工工艺是数控加工的重要组成部分，从某种意义上说是数控加工的总体控制和决策单元。本项目将通过大量实例介绍数控加工工艺的一般编制方法与技巧。

学习目标

◆ 知识目标

- 熟悉并掌握常用的数控加工方法。
- 了解并掌握数控加工工艺的制订流程。
- 掌握铣削零件的几何尺寸分析、刀具路径规划、尺寸公差处理方法等关键步骤。
- 了解工件的定位与夹紧、刀具选择、切削用量等关键要素。

◆ 技能目标

- 能够根据零件类型和加工要求，选择合适的数控加工方法和设备。
- 能够根据零件图及技术要求，制订出合理的数控加工工艺方案。
- 能够使用数控车床和铣床进行实际操作，完成典型零件的数控加工。

◆ 素质目标

- 锻炼学生解决问题的能力和创新思维，能够在数控加工工艺设计和实施过程中提出优化建议。
- 培养学生团队协作和沟通能力，能够与团队成员共同协作完成数控加工工艺的分析、制订和实施工作。

思政目标

- 结合生产实际，培养学生实际工作能力及职业素养。
- 提高学生的爱国主义精神，满足学生成长发展需求和期待。

任务1　数控加工工艺概述

任务描述

本任务全面介绍数控加工工艺的主要内容、特点及常用的加工方法。读者将通过本任务的学习，深入理解数控加工工艺的核心要素，熟悉其在现代制造业中的应用范围及优势，并掌握针对不同类型零件进行数控加工的基本策略。

任务分析

要完成此任务，读者需要首先掌握数控加工工艺的主要内容，了解数控加工工艺的独特特点，其次，读者需掌握并识别常用的数控加工方法，特别是针对平面孔系零件、旋转体类零件、平面轮廓件和立体轮廓件等不同类型零件的加工方法。

任务重点与实施

7.1.1　数控加工工艺的主要内容

(1)分析加工零件的图样，明确加工内容及技术要求，并根据数控编程的要求对零件图作数学处理。

(2)制定数控加工路线，确定数控加工方法。

(3)确定工件的定位与装夹方法，确定刀具、夹具。

(4)调整数控加工工序，如对刀点、换刀点的选择、刀具的补偿等。

(5)分配数控加工中的加工余量，确定各工序的切削参数。

(6)填写数控加工工艺卡片。

(7)填写数控加工刀具卡片。

(8)绘制各道工序的数控加工路线图。

7.1.2　数控加工工艺的特点

由于数控加工是利用程序进行加工，因此数控加工工艺就必须有利于数控程序的编写并体现数控加工的特点，一般数控加工工艺具有如下的特点。

(1)数控加工工艺要充分考虑编程的要求。

(2)数控加工工艺中工序相对集中。

因此工件各部位的数控加工顺序可能与普通机床上的加工顺序有很大区别。数控工艺规程中的工序内容要求特别详细。如加工部位、加工顺序、刀具配置与使用顺序、刀具加工时的对刀点、换刀点及走刀路线、夹具及工件的定位与安装、切削参数等，都要清晰明确，数控加工工艺中的工序内容比普通机床加工工艺中的工序内容详细得多。

7.1.3 常用的数控加工方法

1. 平面孔系零件

平面孔系零件常用点位、直线控制数控机床(如数控钻床)加工，选择加工方法时，主要考虑加工精度和加工效率两个原则，即用什么加工方法能保证零件的加工精度，用什么加工方法能提高零件的加工效率。

2. 旋转体类零件

旋转体类零件常用数控车床或数控磨床加工。选择加工方法时，主要考虑加工效率和刀尖强度两个原则。在车床上加工时，通常加工余量大，必须合理安排粗加工路线，以提高加工效率。实际编程时，一般不宜采用循环指令(否则，以工进速度的空刀行程太大)。比较好的方法是用粗车尽快去除材料，再精车。数控车床上经常用到低强度刀具加工细小凹槽，在确定加工方法时必须考虑选用刀具的刀尖强度。

3. 平面轮廓零件

平面轮廓零件常用数控铣床加工。选择加工方法时，主要考虑加工精度和加工效率两个原则，在确定加工方法时应注意以下事项。

(1)刀具的切入与切出方向的控制。如图 7-1 所示，铣削棱形时刀具沿切削边 A_1B 的延长线方向切入、沿切削边 DD1 的延长线方向切出，工件表面轮廓光滑。如果刀具不是沿切削边的延长线方向切入、切出，则在工件表面轮廓上会留下刀具切削的痕迹。

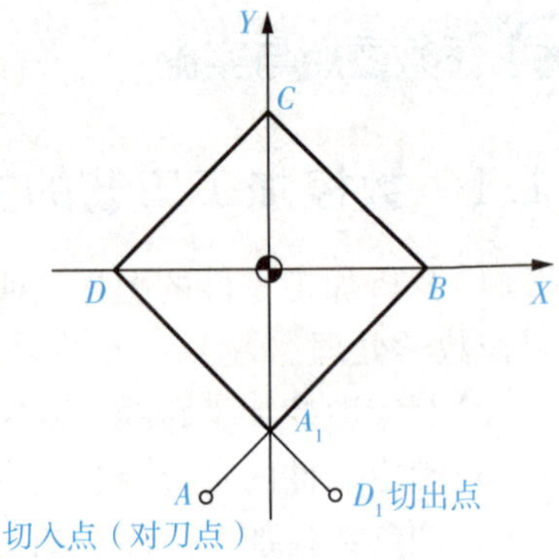

图 7-1 刀具切入与切出方向

(2)一次逼近方法的选择。用微小直线段或圆弧段逼近非圆曲线轮廓的方法称为一次逼近。在只具有直线和圆弧插补功能的数控铣床上加工非圆曲线轮廓时，微小直线段或圆弧段与被加工轮廓之间的误差称为一次逼近误差。选择一次逼近方法时，应该使工件的轮廓误差在合格范围内，同时程序段的数量少为佳。

4. 立体轮廓零件

立体轮廓零件常用多坐标轴联动数控机床(加工中心)加工。选择加工方法时，主要考虑加工精度和加工效率两个原则，在确定加工方法时应考虑以下方面。

(1)工件强度及表面质量。立体轮廓零件上的强度薄弱部位，常常难以承受粗加工时的切削量，同时对表面质量要求高的部位要采取相应的工艺措施。

(2)机床的插补功能。机床的插补功能是实现复杂轮廓加工的关键。在选择加工方法时，需充分了解和利用机床的插补功能，现代数控机床通常具备多种插补方式，如直线插补、圆弧插补、样条曲线插补等，根据零件轮廓的复杂程度和精度要求，选择合适的插补方式可以显著提高加工效率和精度。

任务评价

评价内容	评价标准	分值	自评	师评
数控加工工艺的主要内容	掌握数控加工工艺的主要内容	30		
数控加工工艺的特点	了解数控加工工艺的特点	15		
常用的数控加工方法	列举至少两种数控加工方法，并解释相关方法	55		
总分		100		

任务2 数控加工工艺分析

任务描述

本任务旨在全面介绍数控加工工艺分析的过程，包括零件图的工艺分析和数控加工工艺的制订。

任务分析

要完成此任务，读者需要掌握零件图的工艺分析方法，这包括对零件结构工艺性的分析、精度及技术要求的解读以及零件图的数学处理。此外，读者还需了解并掌握数控加工工艺的制订流程，包括数控加工工序的划分、加工余量的确定、加工路线的规划、工件的定位与安装、夹具的选择、刀具的选用、对刀点与换刀点的确定、切削用量的选择以及加工方案的确定等关键步骤。最后，读者需能够根据分析结果，正确填写数控加工工艺卡片。

任务重点与实施

制订数控加工工艺是数控加工的前期工艺准备工作。数控加工工艺贯穿于数控程序中，数控加工工艺制订的合理与否，对程序的编制、机床的加工效率和零件的加工精度都有重要影响，因此应遵循一般的工艺原则并结合数控加工的特点认真而详细地分析零件的数控加工工艺。

7.2.1 零件图的工艺分析

分析零件图是工艺制订中的首要工作，它主要包括以下内容。

1. 零件结构工艺性分析

零件结构工艺性是指零件对加工方法的适应性，即零件结构是否便于加工成型。在进行零件结构分析时，若发现零件的结构不合理等问题应向设计人员或有关部门提出修改意见。

如图 7-2 所示，一个槽的槽宽为 4 mm，一个槽的槽宽为 5 mm，一个槽的槽宽为 3 mm，槽深也不相等，这给数控编程和加工增加了难度。如果不影响零件的强度和使用，建议把三个槽宽和三个槽深修改成一样的尺寸。

2. 轮廓几何要素分析

零件轮廓是数控加工的最终轨迹，也是数控编程的依据。在手工编程时，要计算零件轮廓上每个基点的坐标，在自动编程时，要对构成零件轮廓的所有几何元素进行定义。因此在分析零件图时，要分析零件轮廓的几何元素的给定条件是否充分。由于设计等多方面的原因，可能在图样上出现构成零件加工轮廓的条件不充分，尺寸模糊不清及缺陷，增加了编程工作的难度，有的甚至无法编程。

例如，在手柄零件轮廓(图 7-3)中，*R*8 的球面和 *R*60 的弧面相切，要确定切点必须通过计算求出切点的位置，如图中的 *Φ*14.77 和 4.923，否则不能编程。同理，*R*60 的弧面和 *R*40 的弧面的相切点，也必须通过计算求出切点的位置，如图中的 *Φ*21.2 和 44.8；*R*40 的弧面和 *Φ*24 的外圆柱相交，也要通过计算求出交点的位置，如图中的 *Φ*24 和 73.436。只有这样，手工编程才能顺利进行。

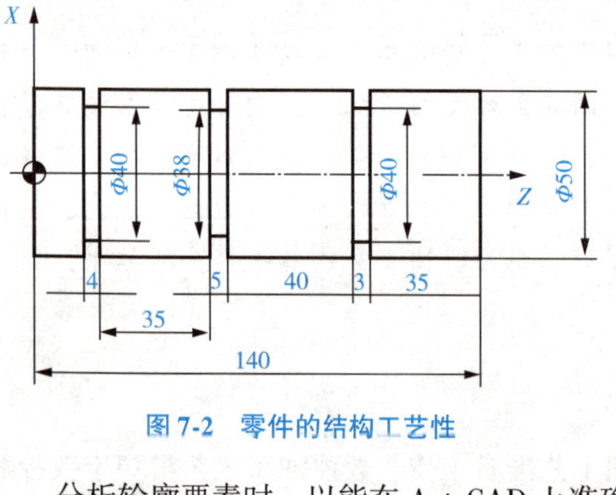

图 7-2　零件的结构工艺性

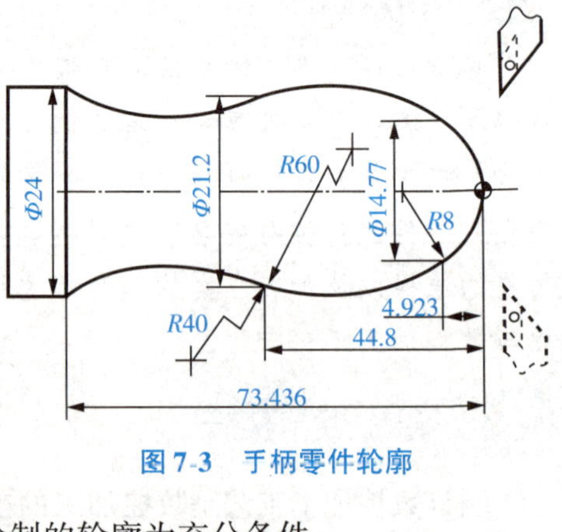

图 7-3　手柄零件轮廓

分析轮廓要素时，以能在 AutoCAD 上准确绘制的轮廓为充分条件。

3. 精度及技术要求分析

对被加工零件的精度及技术要求进行分析，是零件工艺性分析的重要内容，只有在分析零件尺寸精度、形状精度、位置精度和表面粗糙度的基础上，才能对加工方法、装夹方式、刀具及切削用量进行正确而合理的选择。

精度及技术要求分析主要包括以下内容。

(1)分析精度及各项技术要求是否齐全，是否合理。

(2)分析每道工序的加工精度能否达到图样要求，若达不到，需采取其他措施(如磨削)弥补时，则应给后续工序留有余量。

(3)找出图样上有位置精度要求的表面，这些表面应在一次安装下完成加工。

(4)对表面粗糙度要求较高的表面，应确定相应的工艺措施(如磨削)。

4. 零件图的数学处理

零件图的数学处理主要是计算零件加工轨迹的尺寸，即计算零件加工轮廓的基点和节点的坐标，或刀具中心轮廓的基点和节点的坐标，以便编制加工程序。

7.2.2 数控加工工艺的制订

在进行了零件图的工艺分析之后，在制订数控加工工艺时要确定工序的划分、各工序间的加工余量、加工路线、工件的定位、安装与夹具的选择、刀具的选择、对刀点与换刀点的确定、切削用量的选择、加工方案的确定等。

1. 数控加工工序的划分

划分数控加工工序时推荐遵循的原则有两个。

(1)保证精度的原则

数控加工要求工序尽可能集中，经常粗、精加工在一次装夹下完成，为了减小热变形和切削力引起的变形对工件的形状精度、位置精度、尺寸精度和表面粗糙度的影响，应将粗、精加工分开进行。对既有内表面(内型、腔)，又有外表面需加工的零件，安排加工工序时，应先进行内外表面的粗加工，后进行内外表面的精加工。切不可将零件上一部分表面(外表面或内表面)加工完毕后，再加工其他表面(内表面或外表面)。以保证工件的表面质量要求。对一些箱体零件，为保证孔的加工精度，应先加工表面而后加工孔。遵循保证精度的原则，实际上就是以零件的精度为依据来划分数控加工的工序。

(2)提高生产效率的原则

数控加工中为减少换刀次数，节省换刀时间，应将需用同一把刀加工的部位全部加工完成后，再换另一把刀来加工其他部位，同时应尽量减少刀具的空行程。用同一把刀加工工件的多个部位时，应以最短的路线到达各加工部位。遵循提高生产效率的原则，实际上就是以加工效率为依据来划分数控加工的工序。

实际中，数控加工工序要根据具体零件的结构特点、技术要求等情况综合考虑。

2. 加工余量的确定

加工余量是指毛坯实体尺寸与零件(图样)尺寸之差。加工余量的大小对零件的加工质量和制造的经济性有较大的影响。余量过大会浪费原材料及机械加工工时，增加机床、刀具及能源的消耗；余量过小则不能消除上道工序留下的各种误差、表面缺陷和本工序的装夹误差，容易产生废品。因此应根据影响余量的因素合理地确定加工余量。一般零件的加工通常要经过粗加工、半精加工、精加工才能达到最终的精度要求，因此零件总的加工余量应等于各中间工序加工余量之和。

(1)加工余量的确定原则。采用最小加工余量，以求缩短加工时间，降低零件的加工费用；应有充分的加工余量，防止产生废品。

(2)确定加工余量时还应考虑的情况如下。

① 零件的大小不同，切削力、内应力引起变形的差异。工件大，加工过程中的变形增加，加工余量相应大一些。零件热处理时也会引起变形，应适当增大加工余量。

② 加工方法、装夹方式和工艺装备的刚性可能引起零件的变形。过大的加工余量会由于切削力增大、切削热增加引起零件变形，故应控制零件的最大加工余量。

(3)确定零件加工余量的方法。

① 查表法。查表法是根据各工厂的生产实践和实验研究积累的数据，先制成各种切削条件下的加工余量表格，再汇集成手册。确定加工余量时查阅这些手册，再结合工厂的实际情况进行适当修改。目前我国各工厂普遍采用查表法来确定零件的加工余量。

② 经验估算法。经验估算法是根据工艺编制人员的实际经验来确定加工余量。一般情况下，为了防止因余量过小而产生废品，经验估算法的加工余量数值总是偏大。经验估算法常用于单件小批量生产。

③ 分析计算法。分析计算法是根据一定的试验资料数据和加工余量计算公式，分析影响加工余量的各项因素，通过计算确定零件的加工余量。这种方法比较合理，但必须有比较全面和可靠的试验资料数据，计算工作量较大。

3. 加工路线的确定

(1)加工方法的选择

在数控机床上加工零件，一般有两种情况，一是有零件图样和毛坯，要选择适合加工该零件的数控机床；二是已经有了数控机床，要选择适合该机床加工的零件。无论哪种情况都应根据零件的种类和加工内容选择合适的数控机床和加工方法。

① 机床的选择。数控车床适合于加工形状比较复杂的轴类零件和由复杂曲线回转形成的模具内型腔；立式数控铣床适合于加工平面凸轮、样板、形状复杂的平面或立体零件，以及模具的内、外形腔等；卧式数控铣床适合于加工箱体、泵体、壳体类零件；多坐标轴联动的加工中心则可以用于加工各种复杂的曲线、曲面、叶轮、模具等。

② 粗、精加工的选择。只经过粗加工的表面，尺寸精度可达 IT12 ~ IT14 级，表面粗糙度 *Ra* 值可达 12.5 ~ 50 μm。经粗、精加工的表面，尺寸精度可达 IT7 ~ IT9 级，表面粗糙度 *Ra* 值可达 1.6 ~ 3.2 μm。

③ 孔加工方法的选择。孔加工的方法比较多，有钻孔、扩孔、铰孔和镗孔等。大直径的孔还可采用圆弧插补方式进行铣削加工。

对于直径大于 30 mm 且已铸出或锻出毛坯孔的孔加工，一般采用粗镗→半精镗→孔口倒角→精镗的加工方案。对大直径孔可采用立铣刀粗铣→精铣的加工方案。对于直径小于 30 mm 的无毛坯孔的孔加工，通常采用锪平端面→打中心孔→钻→扩→孔口倒角→铰加工方案。对有同轴度要求的小孔，通常采用锪平端面→打中心孔→钻→半精镗→孔口倒角→精镗（或铰）加工方案。为提高孔的位置精度，在钻孔工步前推荐安排锪平端面和打中心孔工步。孔口倒角安排在半精加工之后、精加工之前，以防孔内产生毛刺。

④ 内螺纹的加工根据孔径大小而定。M5～M20 的螺纹，通常采用攻螺纹的方法加工；M6 以下的螺纹，通常在加工中心上完成底孔加工后，再用其他方法攻螺纹，因为在加工中心上攻螺纹不能随机控制加工状态，小直径丝锥容易拆断；M25 以上的螺纹，可采用镗刀片镗削加工。

由于获得同一级精度及表面粗糙度的加工方法一般有许多，因而在实际选择加工方法时，要结合零件的形状、尺寸和热处理要求全面考虑。例如，对于 IT7 级精度的孔采用镗孔、铰孔、磨孔等方法加工均可达到精度要求，但箱体上的孔一般采用镗孔或铰孔，而不采用磨孔。一般小尺寸的箱体孔选择铰削，当孔径较大时则应选择镗削。此外还应考虑生产率和经济性的要求，以及工厂的生产设备等实际情况。

（2）加工路线的确定

在数控加工中，刀具（严格说是刀位点）相对于工件的运动轨迹称为加工路线。即刀具从对刀点开始运动起，直至加工程序结束所经过的路径，包括切削加工的路径和刀具快退及刀具引入、返回等非切削空行程。

加工路线的确定首先必须保证被加工零件的尺寸精度和表面质量，其次考虑数值计算简单，走刀路线尽量短，效率较高等。

下面举例分析数控机床加工零件时常用的加工路线。

① 车圆锥的加工路线。在数控车床上车外圆锥，假设圆锥大径为 D，小径为 d，锥长为 L，车圆锥的加工路线如图 7-4 所示。

按图 7-4（a）的阶梯切削路线，二刀粗车，最后一刀精车，二刀粗车的终刀距 S 要作精确的计算，可由相似三角形得

$$\frac{\frac{D-d}{2}}{L}=\frac{\left(\frac{D-d}{2}\right)-a_p}{S}\Rightarrow S=\frac{L\left[\frac{D-d}{2}-a_p\right]}{\frac{D-d}{2}}$$

此种加工路线在粗车时刀具背吃刀量相同，但精车时背吃刀量不同；同时刀具切削运动的路线最短。

按图 7-4（b）的相似斜线切削路线，也需计算粗车时的终刀距 S，同样由相似三角形可计算得

$$\frac{\frac{D-d}{2}}{L}=\frac{a_p}{S}\Rightarrow S=\frac{L\times a_p}{\frac{D-d}{2}}$$

按此种加工路线，刀具切削运动的距离较短。

按图 7-4（c）的斜线加工路线，只需确定每次背吃刀量 a_p，而不需计算终刀距，编

程方便。但在每次切削中背吃刀量是变化的，且刀具切削运动的路线较长。

车圆锥的三种加工路线均适合于手工编程。

② 车圆弧的加工路线。车圆弧时若用一刀粗车就把圆弧加工出来，这样吃刀量太大，容易打刀。所以实际车圆弧时，需要多刀加工，先用粗车将大部分余量切除，最后才精车所需圆弧。

图 7-5 为车圆弧的阶梯切削路线，即先粗车成阶梯形状，最后一刀精车出圆弧。此方法在确定了每次车削的背吃刀量 a_p 后，须精确计算出粗车的终刀距 S，即求圆弧与直线的交点。此方法刀具切削运动距离较短，但数值计算较复杂。

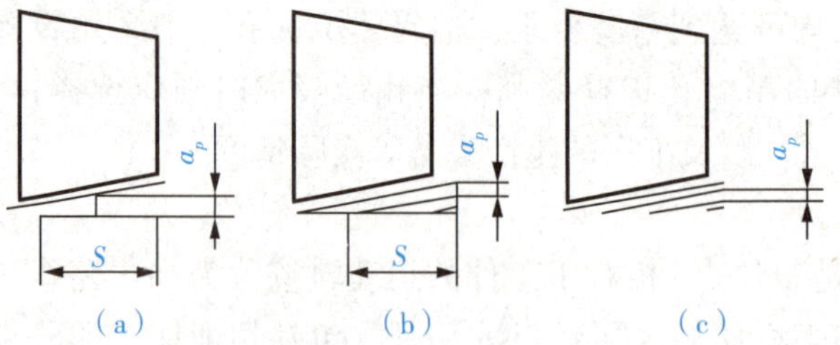

图 7-4　车圆锥的加工路线

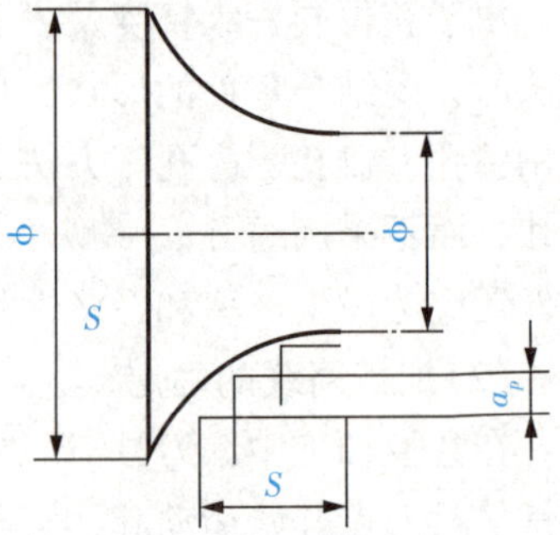

图 7-5　车圆弧的阶梯切削路线

图 7-6 为车圆弧的同心圆弧切削路线，即用不同的半径圆来车削，最后将所需圆弧加工出来。此方法在确定了每次车削的背吃刀量 a_p 后，对 90°圆弧的起点、终点坐标较易确定，数值计算简单，编程方便，经常采用。但按图 7-6(b)加工时，刀具的空行程时间较长。

图 7-7 为车圆弧的车锥法切削路线，即先车一个圆锥，再车一个圆弧。此时要注意，车圆锥时的起点和终点若确定不好，则可能损坏圆弧表面，也可能将余量留得过大。

确定车圆锥时的起点和终点的方法如图 7-7 所示，连接 OC 交圆弧于 D，过 D 点作圆弧的切线 AB。由几何关系 $CD=OC-OD=\sqrt{2}R-R=0.414R$ 知，CD 为车圆锥时的最大切削余量，即车圆锥时，加工路线不能超过 AB 线。由图示关系，可得 $AC=BC=0.586R$，这样可确定出车圆锥时的起点和终点。当 R 不太大时，可取 $AC=BC=0.5R$。此方法数值计算较复杂，刀具切削路线短。

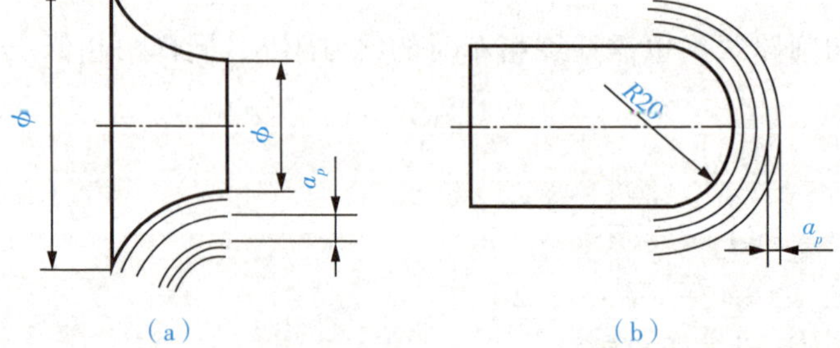

图 7-6　车圆弧的同心圆弧切削路线

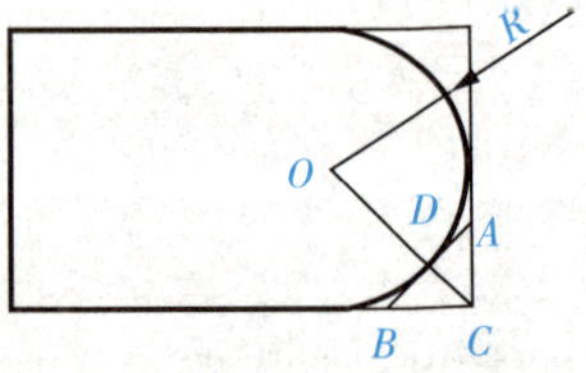

图 7-7　车圆弧的车锥法切削路线

在手工编程中常用同心圆弧加工路线来车圆弧。

③ 车螺纹时的加工路线和轴向进给距离。车螺纹时刀具沿螺纹方向的进给应与工件主轴旋转保持严格的速比关系。考虑到刀具从停止状态加速到指定的进给速度或从指定的进给速度降至零时，驱动系统有一个过渡过程。因此刀具沿轴向进给的加工路线长度，除保证螺纹加工的长度外，还应增加 δ_1（2～5 mm）的刀具引入距离和 δ_2（1～2 mm）的刀具切出距离，如图 7-8 所示，以便保证螺纹切削，在升速完成后才使刀具接触工件，在刀具离开工件后再开始降速。

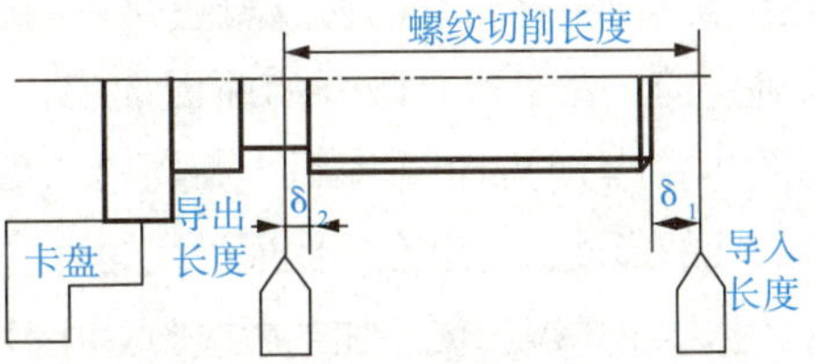

图 7-8　车螺纹时的轴向进给距离

④ 轮廓铣削的加工路线。对于连续铣削轮廓，特别是加工圆弧轮廓时，要注意安排好刀具的切入、切出，要尽量避免交接处重复加工，否则会出现明显的界限痕迹。如图 7-9 所示，用圆弧插补方式铣削外整圆时，要安排刀具从切向进入圆周铣削加工，当整圆加工完毕后，不要在切点处直接退刀，而让刀具多运动一段直线距离，最好沿切线方向，以免取消刀具补偿时，刀具与工件表面相碰撞，造成工件报废。铣削内圆弧时，也要遵守从切向切入、切出的原则，安排切入、切出过渡圆弧。如图 7-10 所示，设刀具从工件坐标原点出发，其加工路线为 1→2→3→4→5，这样安排可以提高内孔表面的加工精度和质量。

⑤ 位置度要求高的孔加工路线。对于位置度要求较高的孔系加工，特别要注意孔的加工顺序的安排，加工顺序安排不当时，就有可能将沿坐标轴的反向间隙带入，直接影响位置精度。如图 7-11 所示，图 7-11(a)为零件图，在该零件上加工 6 个尺寸相同的孔，有两种加工路线。当按图 7-11(b)所示路线加工时，由于 5、6 孔与 1、2、3、4 孔定位方向相反，在 y 方向运动时，反向间隙会使定位误差增加，而影响 5、6 孔与其他孔的位置精度。按图 7-11(c)所示路线，加工完 4 孔后，往上移动一段距离到 P 点，然后再折回来加工 5、6 孔，这样 y 方向运动方向一致，可避免反向间隙的引入，提高 5、6 孔与其他孔的位置精度。

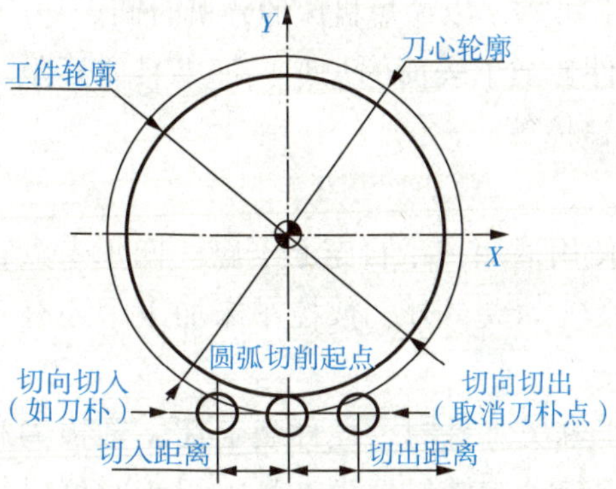

图 7-9　铣削外整圆的加工路线

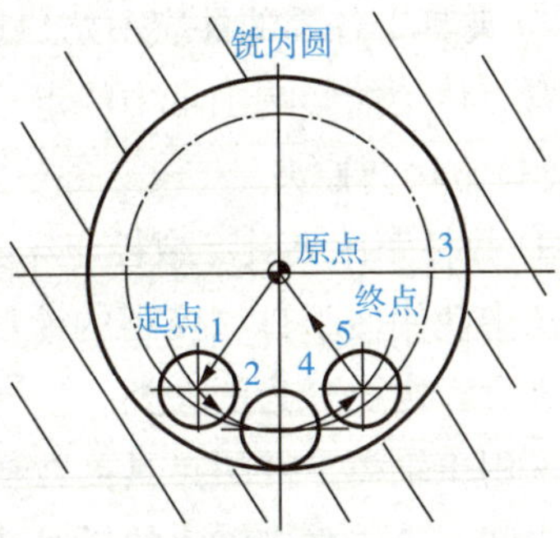

图 7-10　铣削内孔的加工路线

⑥ 铣削曲面的加工路线。铣削曲面时常用球头刀，采用“行切法”进行加工。行切法是指刀具与零件轮廓的切点轨迹是一行一行的，而行间的距离是按零件加工精度的要求来确定的。对于边界敞开的曲面加工，可采用两种加工路线。对于发动机大叶片，当采用图 7-12(a)的加工方案时，每次沿直线加工，刀位点计算简单，程序少，加工过程符合直纹面的形成，可以准确保证母线的直线度。当采用图 7-12(b)的加工方案时，符合这类零件数据给出情况，便于加工后检验，叶形的准确度高，但程序较多。由于曲面零件的边界是敞开的，没有其他表面限制，所以曲面边界可以延伸，球头刀应由边界外开始加工。

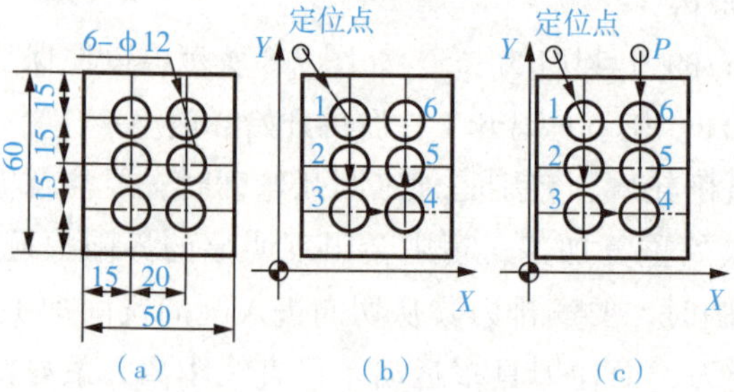

图 7-11　孔加工路线

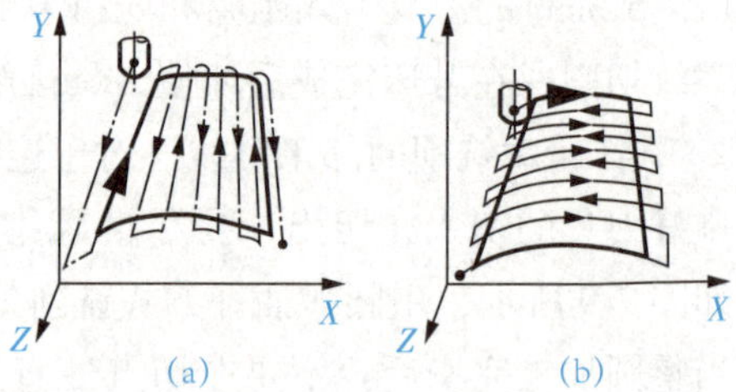

图 7-12　铣削曲面的加工路线

4. 工件的定位、安装与夹具的选择

为了充分发挥数控机床的高速度、高精度和自动化的效能，还应有相应的数控夹具配合。

(1)工件定位、安装的基本原则

① 力求设计基准、工艺基准与编程计算的基准统一。

② 尽量减少工件的装夹次数，尽可能在一次定位装夹后加工出全部待加工表面。

③ 避免采用占机人工调整式加工方案，以充分发挥数控机床的效能。

(2)选择夹具的基本原则

① 当零件加工批量不大时，应尽量采用组合夹具、可调式夹具及其他通用夹具，以缩短生产准备时间，节省生产费用。

② 零件在夹具上的装卸要快速、方便、可靠，以缩短机床的停机时间。

③ 夹具上各零部件应不妨碍机床对零件各加工表面的加工，即夹具要开敞，其定位夹紧元件不能影响加工中的走刀(如产生碰撞等)。

(3)常用数控夹具

① 数控车床夹具。数控车床夹具除了使用通用三爪自定心卡盘、四爪卡盘、大批量生产中使用便于自动控制的液压、电动及气动夹具外，数控车床加工中还有多种相应的夹具，主要分为两大类。

• 用于轴类工件的夹具：数控车床加工轴类工件时，坯件装卡在主轴顶尖和尾座顶尖之间，工件由主轴上的拨盘或拨齿顶尖带动旋转。这类夹具在粗车时可以传递足够大的转矩，以适应主轴高速旋转车削。用于轴类工件的夹具有自动夹紧拨动卡盘、拔齿顶尖、三爪拔动卡盘和快速可调万能卡盘等。车削空心轴时常用圆柱心轴、圆锥心轴或各种锥套轴或堵头作为定位装置。

• 用于盘类工件的夹具：适用在无尾座的卡盘式数控车床上。用于盘类工件的夹具主要有可调卡爪式卡盘和快速可调卡盘等。

② 数控铣床上的夹具。数控铣床上的夹具一般安装在工作台上，其形式根据被加工工件的特点可多种多样，如通用台虎钳、数控分度转台等。

5. 刀具的选择

与普通机床加工方法相比，数控加工对刀具提出了更高的要求，不仅要求刀具的刚性好、精度高，而且要求尺寸稳定，寿命高，断屑和排屑性能好；同时还要求安装调整方便。数控机床上所选用的刀具常采用适应高速切削的刀具材料(如高速钢、超细粒度硬质合金)并使用可转位刀片。

(1)车削用刀具及其选择

数控车削常用的车刀一般分尖形车刀、圆弧形车刀以及成型车刀三类。车削刀具形状与被加工表面的关系如图 7-13 所示。

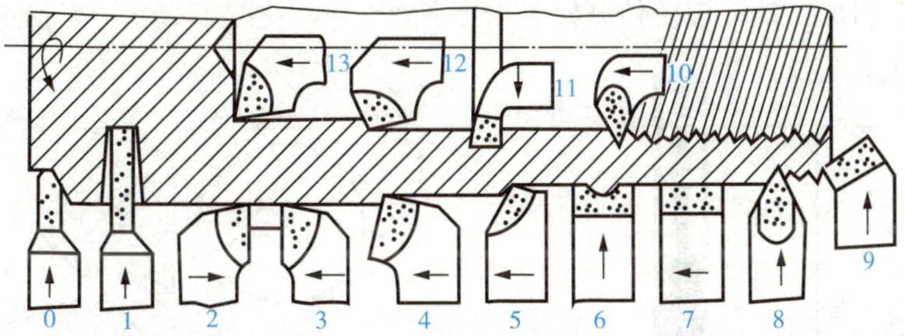

0—圆弧形车刀；1—切断刀；2—90°左偏刀；3—90°右偏刀；4—弯头车刀；5—直头车刀；6—成形车刀；7—宽刃精车刀；8—外螺纹车刀；9—端面车刀；10—内螺纹车刀；11—内槽车刀；12—通孔车刀；13—盲孔车刀。

图 7-13　车削刀具形状与被加工表面

① 尖形车刀。以直线形切削刃为特征的车刀一般称为尖形车刀。这类车刀的刀尖由直线形的主副切削刃构成，如 90°内外圆车刀、左右端面车刀、切槽(切断)车刀及刀尖倒棱很小的各种外圆和内孔车刀。

尖形车刀几何参数(主要是几何角度)的选择方法与普通车削时基本相同，但应结合数控加工的特点(如加工路线、加工干涉等)进行全面的考虑，并应兼顾刀尖本身的强度。

用这类车刀加工零件时，其零件的轮廓形状主要由一个独立的刀尖或一条直线形主切削刃位移后得到，它与另两类车刀加工时所得到零件轮廓形状的原理是截然不同的。

② 圆弧形车刀。圆弧形车刀是较为特殊的数控加工用车刀。其特征是，构成主切削刃的刀刃形状为一圆度误差或轮廓误差很小的圆弧；该圆弧上的每一点都是圆弧形车刀的刀尖，因此刀位点不在圆弧上，而在该圆弧的圆心上；车刀圆弧半径理论上与被加工零件的形状无关，并可按需要灵活确定或经测定后确认。

圆弧形车刀可以用于车削内外表面，特别适合于车削各种光滑连接(凹形)的成型面。

选择车刀圆弧半径时应考虑两点：一是车刀切削刃的圆弧半径应小于或等于零件凹形轮廓上的最小曲率半径，以免发生加工干涉；二是车刀圆弧半径不宜选择太小，否则不但制造困难，还会因刀尖强度太弱或刀体散热能力差而导致车刀损坏。

当某些尖形车刀或成型车刀(如螺纹车刀)的刀尖具有一定的圆弧形状时，也可作为这类车刀使用。

③ 成形车刀。成形车刀俗称样板车刀，其加工零件的轮廓形状完全由车刀刀刃的形状和尺寸决定。数控车削加工中，常见的成型车刀有小半径圆弧车刀、非矩形车槽刀和螺纹车刀等。在数控加工中，应尽量少用或不用成形车刀，当确有必要选用时，则应在工艺文件或加工程序单上详细说明。

(2)铣削用刀具及其选择

① 平底立铣刀(图 7-14)。数控加工中铣削平面零件及其内外轮廓时常用平底立铣刀，该刀具有关参数的经验数据如下：铣刀半径 R 应小于零件内轮廓面的最小曲率半径 R_{min}，一般取 $R=(0.8\sim0.9)R_{min}$。零件的加工高度 $H\leq(1/4\sim1/6)R$，以保证刀具有足够的刚度。粗加工铣刀直径估算如图 7-15 所示。

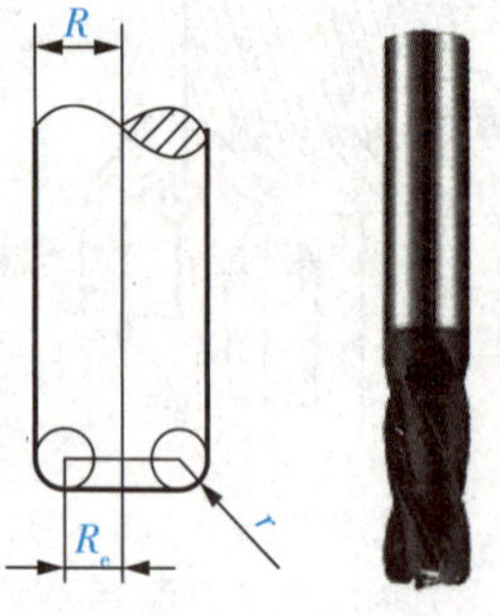

(a)　(b)

图 7-14　平底立铣刀

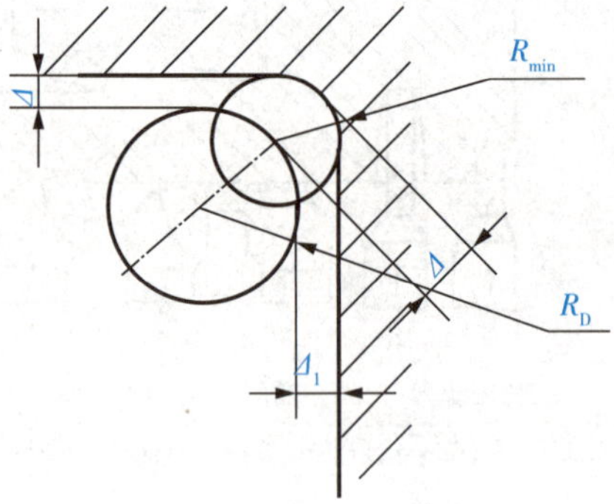

图 7-15　粗加工铣刀直径估算

粗加工内轮廓时，铣刀最大直径 D 可按下式计算

$$D=2R_{\mathrm{D}}=\frac{\left(\Delta\sin\frac{\varphi}{2}-\Delta_1\right)+2R_{min}}{1-\sin\frac{\varphi}{2}} \tag{7-1}$$

式中　D——圆角邻边夹角等分线上的精加工余量；

D_{1-}——精加工余量；

j——圆角两邻边的最小夹角。

用平底立铣刀铣削内槽底部时，由于槽底两次走刀需要搭接，而刀具底刃起作用的半径为 $R_e=R-r$，如图 7-14 所示，即每次切槽的直径为 $d=2R_e=2(R-r)$，故编程时应取刀具半径为 $R_e=0.95(R-r)$，以避免两次走刀之间出现过高的刀痕。

② 常用的其他铣刀。对于一些立体型面和变斜角轮廓外形的加工，常用球形刀、

环形刀、鼓形刀、锥形刀和盘形刀，如图 7-16 所示。

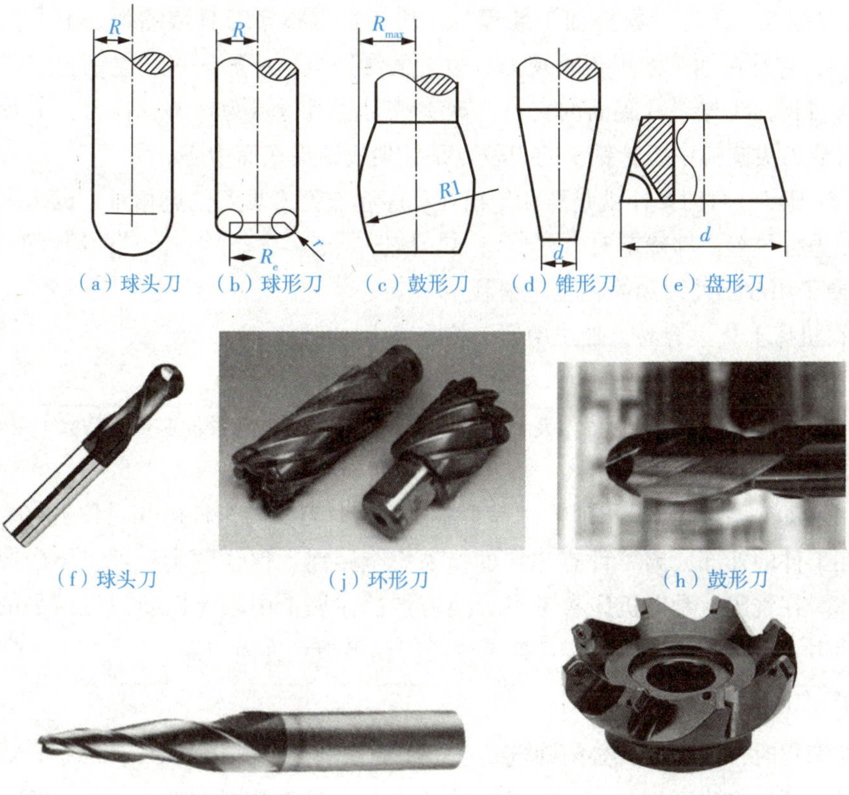

（a）球头刀　（b）球形刀　（c）鼓形刀　（d）锥形刀　（e）盘形刀

（f）球头刀　（j）环形刀　（h）鼓形刀

（i）鼓形刀　（j）盘形刀

图 7-16　常用的其他铣刀

（3）标准化刀具

数控机床上大多使用系列化、标准化刀具，对可转位机夹外圆车刀、端面车刀等的刀柄和刀头都有国家标准及系列化型号。对于加工中心及有自动换刀装置的机床，刀具的刀柄都已有系列化和标准化的规定，如锥柄刀具系统的标准代号为 TSG—JT，直柄刀具系统的标准代号为 DSG—JZ。

在使用前需对所选刀具尺寸进行严格的测量以获得精确数据，并由操作者将这些数据输入到数控系统中，经程序在加工过程调用，从而加工出合格的工件。

① 标准化数控加工刀具从结构上可分为整体式和镶嵌式。镶嵌式又可以分为焊接式和机夹式。机夹式根据刀体结构的不同，又分为可转位和不转位两种。当刀具的工作臂长与直径之比较大时，为了减小刀具的振动，提高加工精度，多采用减振式刀具。内冷式刀具可使切削液通过刀体内部由喷孔喷射到刀具的切削刃部。

② 标准化数控加工刀具从制造所采用的材料上可分为高速钢刀具、硬质合金刀具、陶瓷刀具、立方氮化硼刀具、金刚石刀具和涂层刀具等。

6. 对刀点与换刀点的确定

(1)刀位点。在进行数控加工编程时，往往是将整个刀具浓缩为一个点，这就是“刀位点”，它是在加工上用于表现刀具位置的参照点。一般来说，立铣刀、端铣刀的刀位点是刀具轴线与刀具底面的交点；球头铣刀的刀位点为球心；镗刀、车刀的刀位点为刀尖或刀尖圆弧中心；钻头的刀位点是钻尖或钻头底面中心。

(2)对刀点。对刀操作就是要测定出在程序起点处刀具刀位点相对于机床原点及工件原点的坐标位置，即确定对刀点(也称起刀点)。正确选择“对刀点”的原则如下。

① 便于用数学处理和简化程序编制。

② 在机床上找正容易，加工中便于检查。

③ 引起的加工误差小。

对刀点可以设置在零件上、夹具上或机床上，并尽可能设在零件的设计基准或工艺基准上。

(3)换刀点。换刀点是指加工过程中需要换刀时刀具与工件的相对位置点。换刀点往往设在工件的外部，离工件有一定的换刀安全距离，保证顺利换刀，不碰撞工件和其他物体。在铣床上常以机床参考点为换刀点；在加工中心上以换刀机械手的固定位置点为换刀点；在车床上以刀架远离工件的行程极限点为换刀点。

7. 切削用量的选择

数控编程时，编程人员必须确定每道工序的切削用量并以指令的形式写入程序中。切削用量包括切削速度、背吃刀量及进给速度等。对于不同的加工方法，需要选用不同的切削用量。

(1)切削用量的选择原则

粗加工时，一般以提高生产率为主，但也应考虑经济性和加工成本；半精加工和精加工时，应在保证加工质量的前提下，兼顾切削效率、经济性和加工成本。具体数值应根据机床说明书、切削用量手册，并结合经验而定。

从刀具的耐用度出发，切削用量的选择顺序是：先确定背吃刀量，其次确定进给量，最后确定切削速度。

(2)背吃刀量的确定

背吃刀量由机床、工件和刀具的刚度来决定，在刚度允许的条件下，应尽可能使背吃刀量等于工件的加工余量，这样可以减少走刀次数，提高生产效率。

确定背吃刀量的原则如下。

① 在工件表面粗糙度值 *Ra* 要求为 12.5～25 μm 时，如果数控加工的加工余量小于 6 mm，粗加工一次进给就可以达到要求。但在余量较大，工艺系统刚性较差或机床动力不足时，可分多次进给完成。

② 在工件表面粗糙度值要求为 *Ra*3.2～12.5 μm 时，可分粗加工和半精加工两步进行。粗加工时的背吃刀量选取同前。粗加工后留 0.5～1.0 mm 余量，在半精加工时切除。

③ 在工件表面粗糙度值要求为 $Ra0.8 \sim 3.2\ \mu m$ 时，可分粗加工、半精加工、精加工三步进行。半精加工时的背吃刀量取 1.5 ~ 2 mm。精加工时背吃刀量取 0.3 ~ 0.5 mm。

(3)进给量的确定

进给量主要根据零件的加工精度和表面粗糙度要求以及刀具、工件的材料选取。最大进给速度受机床刚度和进给系统的性能限制。确定进给速度的原则如下。

① 当工件的质量要求能够得到保证时，为提高生产效率，可选择较高的进给速度。一般在 100 ~ 200 mm/min 范围内选取。

② 在切断、加工深孔或用高速钢刀具加工时，宜选择较低的进给速度，一般在 20 ~ 50 mm/min 范围内选取。

③ 当加工精度，表面粗糙度要求高时，进给速度应选小些，一般在 20 ~ 50 mm/min 范围内选取。

④ 刀具空行程时，特别是远距离"回零"，可以选择该机床数控系统设定的最高进给速度。

(4)主轴转速的确定

主轴转速应根据允许的切削速度和工件(或刀具)直径来选择。其计算公式为：$n = 1\,000\ v/\pi D$，其中 v 为切削速度，单位为 m/min，由刀具的耐用度决定；n 为主轴转速，单位为 r/min；D 为工件直径或刀具直径，单位为 mm。计算的主轴转速最后要根据机床说明书选取机床有的或较接近的转速。

(5)数控车削的切削条件

数控车削切削条件见表 7-1。

表 7-1　数控车削切削条件参考表　(m/min)

被切削材料名称		轻切削	一般切削	重切削
		背吃刀量 0.5 ~ 1.0 mm 进给量 0.05 ~ 0.3 mm/r	背吃刀量 1 ~ 4 mm 进给量 0.2 ~ 0.5 mm/r	背吃刀量 5 ~ 15 mm 进给量 0.4 ~ 0.8 mm/r
优质碳素结构钢	10 钢	100 ~ 250	150 ~ 250	80 ~ 220
	45 钢	60 ~ 230	70 ~ 220	80 ~ 180
合金钢		100 ~ 220	100 ~ 230	70 ~ 220
		70 ~ 220	80 ~ 220	80 ~ 200

(6)数控铣削的切削条件

① 数控铣削的最高切削速度见表 7-2。

表 7-2　铣刀刀具材料与许用最高切削速度

序号	刀具材料	类别	主要化学成分	最高切削速度/m/min
1	碳素工具钢		Fe	

（续表）

序号	刀具材料	类别	主要化学成分	最高切削速度/m/min
2	高速钢	钨系 铝系	18W+4Cr+1V+(CO) 7W+5Mo+4Cr+1V	50
3	超硬工具	P种(钢用) M种(铸钢用) K种(铸铁用)	WC+Co+TiC+(Ta(C) WC+Co+TiC+(Ta(C) WC+Co	150
4	涂镀刀具		超硬母材料镀Ti TiNi103 A203	250
5	瓷金	TicN+Nbc系 Nbc系 TiN系	TicN+Nbc+CO Nbc+CO TiN+CO	300

② 铣刀每齿进给量见表7-3。

表7-3 铣刀每齿进给量

工件材料	每齿进给量(mm/z)			
	粗铣		精铣	
	高速钢铣刀	硬质合金铣刀	高速钢铣刀	硬质合金铣刀
钢	0.10～0.15	0.10～0.25	0.02～0.05	0.10～0.15
铸铁	0.12～0.20	0.15～0.30		

③ 铣削时的切削速度见表7-4。

表7-4 铣削时的切削速度

工件材料	硬度(HBW)	切削速度(m/min)	
		高速钢铣刀	硬质合金铣刀
钢	<225	18～42	66～150
	225～325	12～36	54～120
	325～425	6～12	36～75
铸铁	<190	21～36	66～150
	190～260	9～18	45～90
	260～320	4.5～10	21～30

8. 加工方案的确定

在进行了零件加工的工艺分析之后，就可以确定加工方案了。在确定加工方案时，首先应根据主要表面的尺寸精度和表面粗糙度的要求，初步确定为达到这些要求所需要的加工方法，即精加工的方法，再确定从毛坯到最终成形的加工方案。

9. 根据数控加工工艺，填写数控加工工艺卡片

为了使零件在加工过程中能及时检验，也为了使零件的加工有序地进行，对于每个加工零件，在确定了数控加工方案之后，要制订详细的数控加工工艺，并且要填写数控加工工艺卡片，作为零件在加工过程中的工艺文件。

任务评价

评价内容	评价标准	分值	自评	师评
零件图的工艺分析	能够进行零件图工艺性分析	15		
	能够精度及技术要求分析	15		
数控加工工艺的制订	了解加工工序的划分原则	20		
	准确确定加工余量、加工路线和加工方案	30		
	能够根据加工要求选择合适的刀具	20		
总分		100		

任务3　典型零件的数控加工工艺

任务描述

本任务旨在通过几个典型零件的实例，全面介绍数控加工工艺编制方法，特别是车削和铣削零件的数控加工工艺。读者将通过这些实例，深入了解数控加工工艺在实际生产中的应用。

任务分析

要完成此任务，读者需要了解哪些零件适合数控车削加工，并掌握数控车削零件加工工艺的路线和相关计算方法。对于铣削零件，读者需要掌握几何尺寸分析、刀具路径规划、尺寸公差处理方法等关键步骤，并了解工艺和操作清单、钻孔、刀具轴向进给的切入与切出距离的确定等细节。此外，读者还需了解工件的定位与夹紧、刀具

选择、切削用量等关键要素，并能够正确填写加工工序卡。

任务重点与实施

本任务几个实例介绍不同典型零件的数控加工工艺编制方法。

7.3.1 车削零件的数控加工工艺

适合数控车削加工的零件如下。

(1)几何精度要求高的回转体零件。由于数控车床刚性好，对刀精度高，能方便和精确地进行人工补偿和自动补偿，所以能加工尺寸精度要求较高的零件。在有些场合可以以车代磨。此外，数控车削的刀具运动是通过高精度插补运算和伺服驱动来实现的，再加上机床的刚性好和制造精度高，所以它能加工对母线直线度、圆度、圆柱度等形状精度要求高的零件，对于圆弧以及其他曲线轮廓，加工出的形状与图纸上所要求的几何形状的接近程度比用仿形车床要高得多。数控车削对提高位置精度特别有效，且加工质量稳定。

(2)表面粗糙度要求高的回转体零件。数控车床具有恒线速切削功能，能加工出表面粗糙度值小且均匀的零件。在材质、精车余量和刀具已定的情况下，表面粗糙度取决于进给量和切削速度。在卧式车床上车削锥面和端面时，由于转速恒定不变，致使车削后的表面粗糙度不一致，只有某一直径处的粗糙度值最小。使用数控车床的恒线速切削功能，就可选用最佳线速度来切削锥面和端面，使车削后的表面粗糙度值既小又一致。数控车削还适合于车削各部位表面粗糙度要求不同的零件。表面粗糙度值要求大的部位选用大的进给量，要求小的部位选用小的进给量。

(3)表面形状复杂的回转体零件。由于数控车床具有直线和圆弧插补功能，所以可以车削由任意直线和曲线组成的形状复杂的回转体零件。组成零件轮廓的曲线可以是数学方程式描述的曲线，也可以是列表曲线。对于由直线或圆弧组成的轮廓，直接利用机床的直线或圆弧插补功能，对于由非圆曲线组成的轮廓应先用直线或圆弧去逼近，然后再用直线或圆弧插补功能进行插补切削。

(4)带特殊螺纹的回转体零件。普通车床所能车削的螺纹相当有限，它只能加工等导程的直、锥面公、英制螺纹，而且一台车床只能限定加工若干种导程。数控车床不但能车削任何等导程的直、锥和端面螺纹，而且能车增减导程，以及要求等导程与变导程平滑过渡的螺纹。数控车床车削螺纹时主轴转向不必像普通车床那样交替变换，它可以一刀又一刀不停顿地循环直到完成，所以它车螺纹的效率很高。数控车床可以配备精密螺纹切削功能，再加上一般采用硬质合金成型刀片，使用较高的转速，所以车削出来的螺纹精度高、表面粗糙度小。

1. 轴类零件数控车削加工工艺分析

下面以图 7-17 所示轴为例，介绍其数控车削加工工艺。所用机床为 CJK6032-3 数控车床。

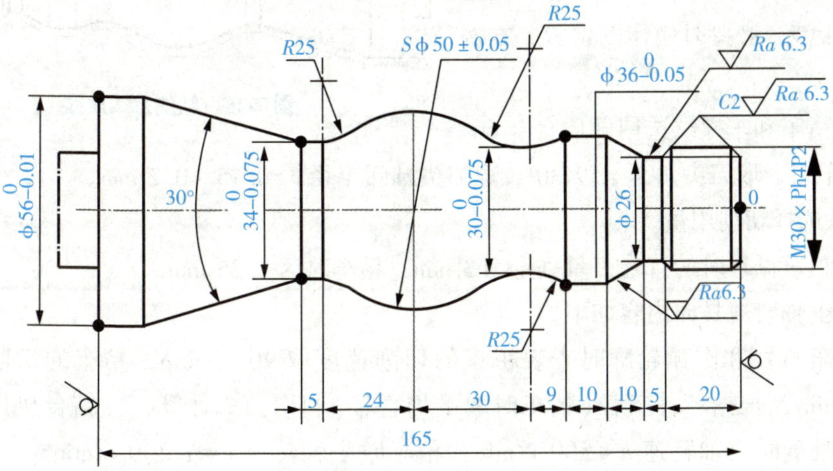

图 7-17　轴

(1)零件图工艺分析。轴零件表面由圆柱、圆锥、顺圆弧、逆圆弧及双线螺纹等表面组成，其中多个直径尺寸有较严的尺寸精度和表面粗糙度等要求；球面 S5 mm 的尺寸公差还兼有控制该球面形状(线轮廓)误差的作用。尺寸标注完整，轮廓描述清楚。零件材料为 45 钢，无热处理和硬度要求。

通过上述分析，可以采取以下几点工艺措施。

① 对图样上给定的几个精度(IT7 ~ IT8)要求较高的尺寸，因其公差数值较小，故编程时不必取平均值，全部取其公称尺寸即可。

② 在轮廓曲线上，有三处为过象限圆弧，其中两处为既过象限又改变进给方向的轮廓曲线，因此在加工时应进行机械间隙补偿，以保证轮廓曲线的准确性。

③ 为便于装夹，坯件左端应预先车出夹持部分(双点画线部分)，右端面也应先车出并钻好中心孔，毛坯选 60 mm 棒料。

(2)确定装夹方案。确定坯件轴线和左端大端面(设计基准)为定位基准。采用左端三爪自定心卡盘定心夹紧、右端活动顶尖支承的装夹方式。

(3)确定加工顺序及进给路线。加工顺序按由粗到精、由近到远(由右到左)的原则确定。即先从右到左进行粗车(留 0.25 mm 精车余量)，然后从右到左进行精车，最后车削螺纹。

CJK6032-3 数控车床具有粗车循环和车螺纹循环功能，只要正确使用编程指令，机床数控系统就会自行确定其进给路线，因此该零件的粗车循环和车螺纹循环不需要人为确定其进给路线。但精车的进给路线需要人为确定，该零件是从右到左沿零件表面轮廓进给，如图 7-18 所示。

(4)选择刀具。

① 粗车选用硬质合金 90°外圆车刀，副偏角不能太小，以防止与工件轮廓发生干涉，必要时应作图检验，本例取 $Kr=35°$。

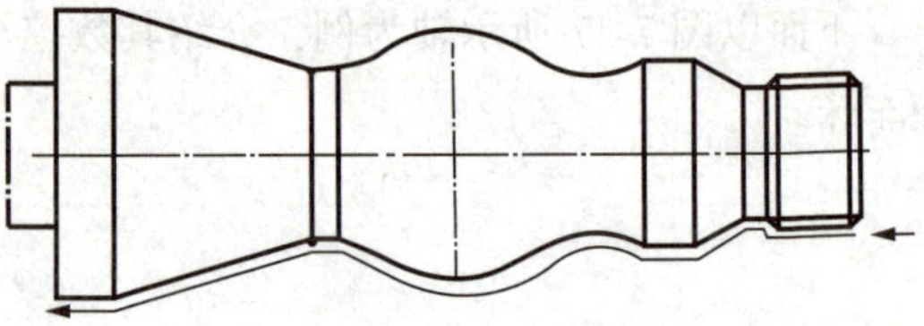

图 7-18　轴的加工路线

② 精车和车螺纹选用硬质合金 60°外螺纹车刀，取刀尖角 $\varepsilon_r=59°30'$，取刀尖圆弧半径 $r=0.15\sim0.2$ mm。

(5)选择切削用量。

① 粗车循环时的背吃刀量确定为 3 mm，精车时为 0. 25 mm。

② 主轴转速具体内容如下。

- 车直线和圆弧轮廓时查表粗车的切削速度取 90 m/min，精车的切削速度取 120 m/min，根据坯件直径(精车时取平均直径)利用公式计算，并结合机床说明书选取，粗车时主轴转速 $n=500$ r/min；精车时主轴转速 $n=1\ 200$ r/min。
- 车螺纹时的主轴转速用公式计算，取主轴转速 $n=320$ r/min。

③ 进给速度。先选取进给量，然后用公式 $V=nf$ 计算。粗车时选取进给量 $f=0.4$ mm/r，精车时选取 $f=0.15$ mm/r，计算得粗车进给速度 $v_f=200$ mm/min；精车进给速度 $v_f=180$ mm/min。车螺纹的进给量等于螺纹导程，即 $f=3$ mm/r。短距离空行程的进给速度取 $v_f=300$ mm/min。

(6)编制工艺文件。

① 数控加工工序卡片见表 7-5。

表 7-5　数控加工工序卡片

(工厂)	数控加工工序卡片			产品名称或代号		零件名称	材料	零件图号
工序号	程序编号	夹具名称		夹具编号		使用设备	车间	
工步号	工步内容	加工面	刀具号	刀具规格	主轴转速/(r/min)	进给量/(mm/r)	背吃刀量/mm	备注
1	粗车循环		T01		500	0. 4	3	
2	精车循环		T02		1 200	0. 15	2. 5	
3	车螺纹循环		T02		320			
编制		审核		批准		共　页		第　页

② 数控加工刀具卡片见表 7-6。

表 7-6　数控加工刀具卡片

产品名称或代号			零件名称		零件图号		程序编号
工步号	刀具号	刀具名称	刀具型号	刀片		刀尖半径 mm	备注
				型号	牌号		
1	T01	硬质合金 90°外圆车刀					
2	T02	硬质合金 60°外螺纹车刀					
3	T02	硬质合金 60°外螺纹车刀					
编制		审核		批准		共　页	第　页

2. 非圆曲面的加工工艺分析

数控车床一般只能作直线插补和圆弧插补。遇到回转轮廓是非圆曲线的零件时，数学处理的方法是用直线段或圆弧段去逼近非圆轮廓。

图 7-19 所示工件，毛坯直径为 $\Phi40$，选用刀具为 90°正偏刀。

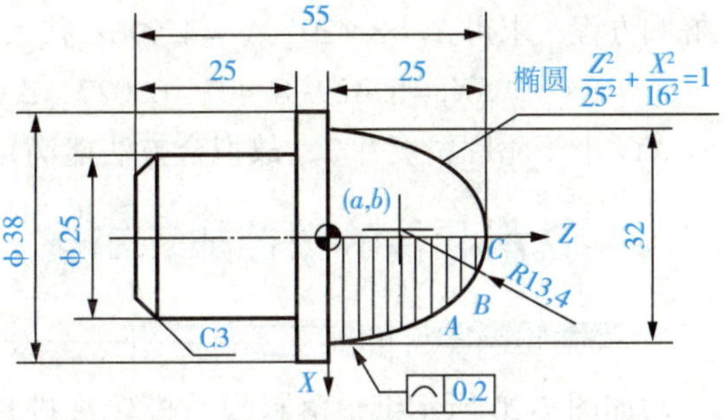

图 7-19　非圆零件的加工

(1) 工艺路线

①夹工件右端，车工件左端。

②粗精车工件左端圆柱 $\Phi38$、$\Phi25_{-0.05}^{\ 0}$。

③调头，用三爪自定心卡盘夹住左端 $\Phi25$ mm 处，工件伸出卡盘外 30 mm。

④车右端面。

⑤粗车外圆至 $\Phi33\times25$。

⑥用车锥法粗车椭圆。

⑦分别用直线、圆弧逼近法精车椭圆。

(2) 相关计算

①椭圆方程。

$$\left(\frac{Z^2}{25^2}\right)+\left(X^2/16^2\right)=1$$

②直线插补点。在 Z 轴坐标上以 2.5mm 为单位，正向等间距取点，通过椭圆方程算出相应的 X 坐标值，见表 7-7。

表 7-7　直线插补点

Z	2.5	5	7.5	10	12.5	15	17.5	20	22.5	25
X	15.92	15.68	16.26	14.66	13.86	12.8	11.43	9.6	6.97	0

③圆弧插补点。从表 7-7 中可以看出，最后三点 X 轴数值差距较大，拟合误差也较大，所以一般在对椭圆进行拟合逼近时，通常对曲率半径较大的部分采用直线拟合计算，对曲率半径较小的部分采用圆弧拟合计算。

先用“不在一条直线上的三个点确定一个圆”的定理，求出该圆的圆心坐标和直径。

设圆心坐标为$(a,\ b)$，半径为 r，则圆的方程有

$$(X-a)^2+(Z-b)^2=r^2$$

$$(9.7-a)^2+(20-b)^2=r^2$$

$$(6.97-a)^2+(22.5-b)^2=r^2$$

$$(0-a)^2+(25-b)^2=r^2$$

用待定系数法解得：$a=-0.86$，$b=11.63$，$r=13.4$。由此可用圆弧插补编程。

④拟合误差的计算。在 AB 两点之间取 $Z_1=21.25$，在 BC 两点之间取 $Z_2=23.75$，代入椭圆方程，求得 $X_1=8.429$，$X_2=4.996$；代入圆方程，求得 $X_1=8.407$，$X_2=4.845$。

$$\Delta X_1=8.429-8.407=0.022,\ \Delta X_2=4.997-4.845=0.151。$$

ΔX_2 小于轮廓精度 0.2，故拟合方法能满足工件的加工要求。

7.3.2 铣削零件的数控加工工艺

1. 平面轮廓零件的加工工艺分析

对如图 7-20 所示纸垫落料模凸模轮廓进行加工。刀具直径为 $\Phi10$，对刀号为 01，切削深度为 5 mm，工件表面 Z 坐标为 0。(给定毛坯为 160×100×20，所有的表面粗糙度 R_a 为 3.2 μm)。

(1)几何尺寸分析

从平面轮廓图中知，所有尺寸的公差没有标注，即为一般公差，选极限偏差为±0.3。数控机床在正常维护和操作情况下是完全可以达到此精度的。

(2)规划刀具路径

根据零件表面粗糙度的要求应有粗、精加工。

根据毛坯、刀具的直径分 2 次进刀进行粗加工，留加工余量 0.2 mm。

加工的起刀点设置在工件轮廓外面，距工件边约 10 mm 并设置刀补。

为保证加工平稳不振动，起刀点与切入点在一条直线上，如图 7-21 所示。

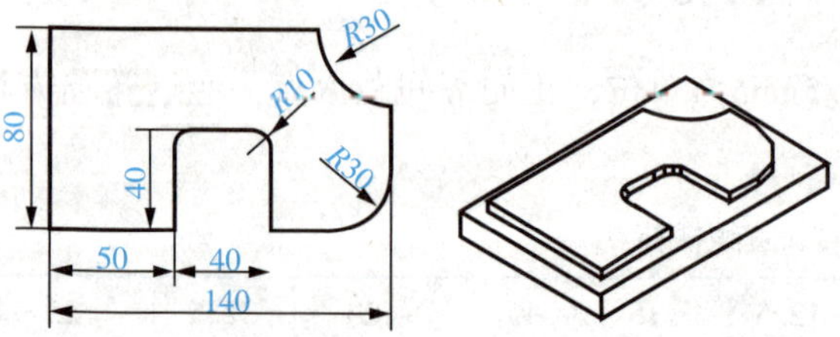

(a) 平面轮廓图　　(b) 加工后的立体图

图 7-20　平面轮廓零件

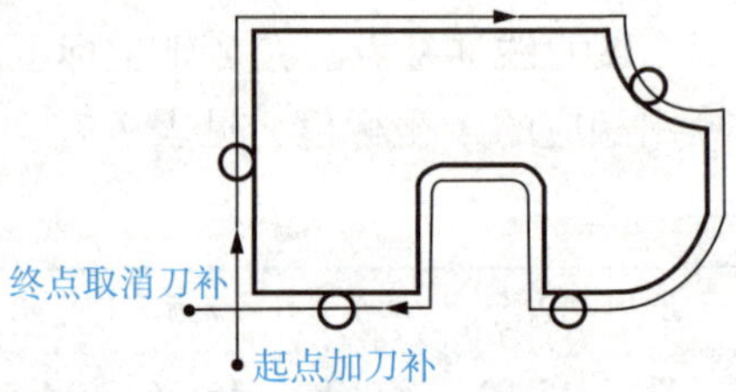

图 7-21　刀具路径的规划

(3)将典型零件的尺寸作变化

将典型零件的尺寸做以下变化(达到 IT7)：$80 \to 80^{+0.03}_{0}$，$40 \to 40^{0}_{-0.039}$，$140 \to 140^{+0.040}_{0}$。当尺寸带有公差时，必须对尺寸公差进行处理。

(4)对尺寸公差处理的方法

对尺寸公差处理的方法有：一是直接换算，将公差换算成几何尺寸，供编程和绘图使用；二是用刀补值来完成对公差的处理。

平面轮廓零件的数控工艺特点是保证轮廓的加工精度和位置要求，合理设置刀补，安排好刀具的切入与切出路线。

2. 钻孔、挖槽的加工工艺分析

如图 7-22 所示的槽形零件，其毛坯四周已加工(厚为 20 mm)，槽宽 6 mm，槽深 2 mm。槽的表面粗糙度为 $Ra3.2$ μm，其余为 $Ra12.5$ μm。

(1)工艺和操作清单

该槽形零件除了槽的加工外，还有螺纹孔的加工。其工艺安排为“钻孔→扩孔→攻螺纹→铣槽”，其工艺和操作清单见表 7-8。

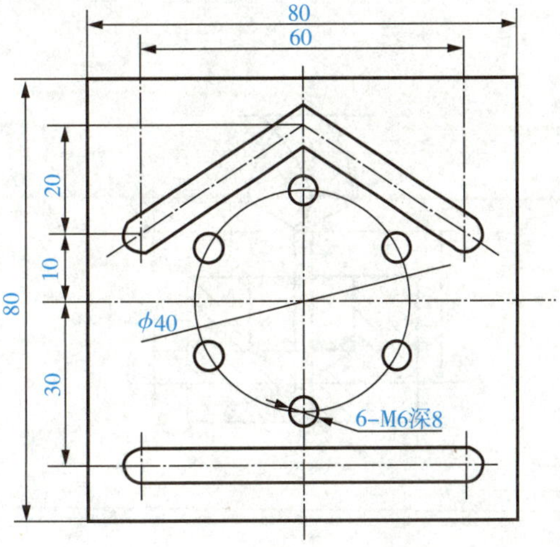

图 7-22 槽形零件

表 7-8 槽形零件的工艺清单

材料	铝	零件号		程序号		
操作序号	内容	主轴转速(r/min)	进给速度(m/min)	刀具		
				号数	类型	直径/mm
1	中心钻	1 500	80	T01	4 mm 钻头	4
2	扩钻	2 000	100	T02	5 mm 钻头	5
3	攻螺纹	200	200	T03	M6 攻螺纹	6
4	铣斜槽	2 300	100、180	T04	6 mm 铣刀	6

(2)钻孔

在数控机床和加工中心上钻孔都是无钻模直接钻孔的。钻孔前最好用中心钻钻一中心孔，或用一刚性较好的短钻头划一个窝，解决铸件毛坯表面的引正。当工件毛坯非常硬钻头无法划窝时，可先用硬质合金立铣刀在欲钻孔的部位先铣一个小平面，然后用中心钻钻孔解决硬表面钻孔的引正问题。

(3)刀具轴向进给的切入与切出距离的确定

钻头钻孔如图 7-23 所示。钻头定位于 R 点，从 R 点以进给速度作 z 向进给，钻到孔底后，快速退到 R 点，图中 A 为切入距离，l 为切出距离。刀具的轴向引入距离的经验数据为：在已加工面上钻、镗、铰孔，$A=1\sim3$ mm；在毛坯表面上钻、镗、铰孔，$A=5\sim8$ mm；钻孔时刀具的轴向切出距离为 1 ~ 3 mm，当顶角 $\theta=118°$时，切入、切出长度 $\lambda=D\cos\theta/2\approx0.3D$。

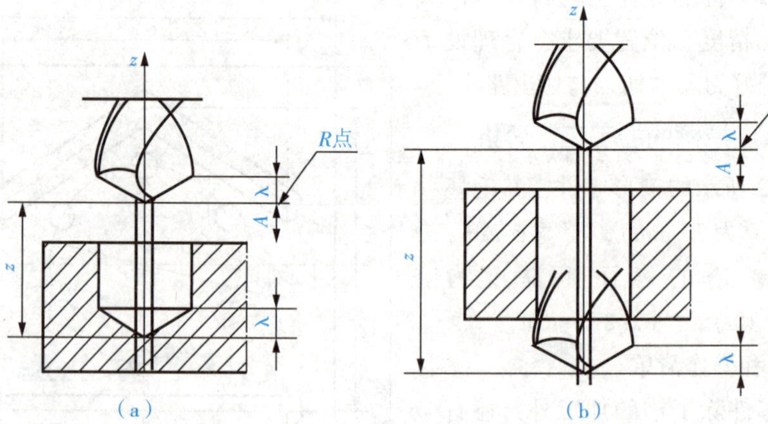

图 7-23　钻孔的切入与切出

钻孔零件的工艺特点是：准确定位，确定孔的加工方案，确定孔的轴向切入与切出距离。

3. 曲面零件的加工工艺分析

图 7-24 为某快餐盒凹模的零件图。快餐盒的主要结构是由多个曲面组成的凹型型腔，型腔四周的斜平面之间采用半径为 20 mm 的圆弧过渡，斜平面与底平面之间采用半径为 5 mm 的圆弧过渡，在凹模的底平面上有一个四周为斜平面的锥台。凹模上部型腔为锥面用于压边，模具的外形结构较为简单，为标准的长方体。工艺分析如下。

(1)数控加工工艺

粗加工整个型腔，去除大部分加工余量。精加工上凹槽和下凹槽，精加工底部锥台四周表面。精加工底部上表面。精加工上、下凹槽过渡平面。

(2)工件的定位与夹紧

工件直接安装在机床工作台面上，用两块压板压紧。凹模中心为工件坐标系 X、Y 的原点，上表面为工件坐标系 z 的零点。

(3)刀具选择

根据工件的加工工艺，型腔粗加工选用 $\Phi20$ mm 波刃立铣刀；上凹槽精加工采用 $\Phi20$ mm 平底立铣刀；下凹槽精加工用 $\Phi6$ mm 球头铣刀；底面锥台四周表面的精加工采用直径为 $\Phi4$ mm 的平底立铣刀(因锥台直角边与底平面交线距离仅为 4.113 mm)；用 $\Phi20$ mm 的平底立铣刀精加工底部锥台上表面和上、下凹槽过渡平面；上下凹槽粗

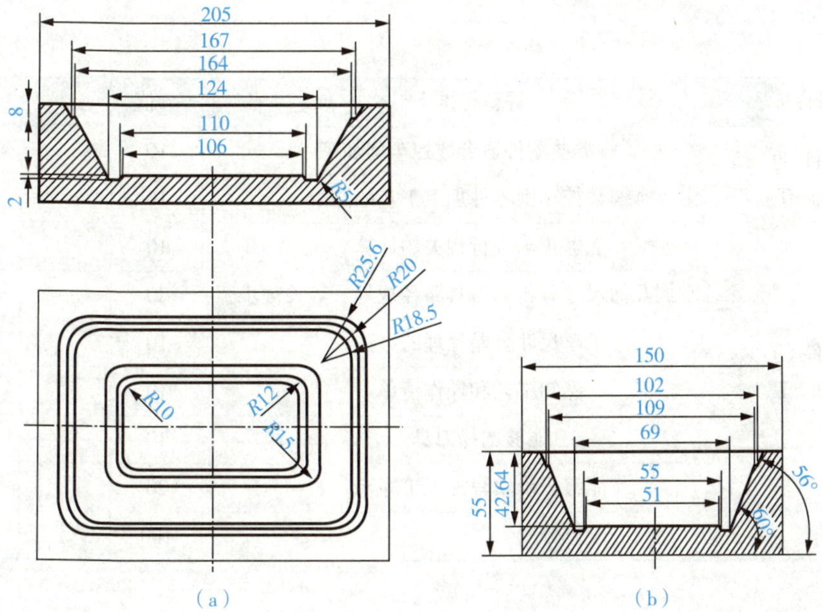

图7-24　某快餐盒凹模的零件图

加工一起进行，精加工采用 Φ6 mm 的球头铣刀。

(4)切削用量加工工序卡(表7-9)

表7-9　快餐盒凹模的加工工序卡

工步序号	工步内容	刀具号	刀具规格	主轴转速/(/min)	进给速度/(mm·/min)	切削深度/mm
1	型腔挖槽粗加工	T01	Φ20 波刃立铣刀	500	200	2
2	上凹槽表面精加工	T04	Φ20 平底立铣刀	600	300	
3	下凹槽表面精加工	T02	Φ6 球头铣刀	1 500	300	
4	底部锥台四周表面精加工	T03	Φ4 mm 的平底立铣刀	1 600	200	
5	底部锥台上表面精加工	T04	Φ20 平底立铣刀	600	300	
6	上、下凹槽过渡平面	T04	Φ20 平底立铣刀	600	300	

曲面零件的工艺特点在于合理利用各种铣刀，确定合理的加工路线以方便程序的编制。

任务评价

评价内容	评价标准	分值	自评	师评
车削零件的数控加工工艺	了解哪些零件适合数控车削加工	10		
	掌握数控车削零件加工工艺的路线	10		
	能够正确进行相关的计算	10		
铣削零件的数控加工工艺	熟练掌握几何尺寸分析、刀具路径规划、等关键步骤	20		
	了解尺寸公差处理的方法	10		
	熟知工艺和操作清单	10		
	能够选择刀具	10		
	能够正确填写加工工序卡	20		
总分		100		

项目小结

本项目涵盖了数控加工工艺的概述、分析及典型零件的加工工艺，包括主要内容、特点、常用方法，以及零件图的工艺分析、数控加工工艺的制订，并通过车削和铣削零件的实例详细介绍了数控加工工艺的具体应用。通过本项目的学习，读者能够掌握了数控加工工艺的核心知识和技能，为未来的数控加工工作打下了坚实基础。

项目习题

1. 什么是对刀点？
2. 什么是刀位点？
3. 何谓换刀点？
4. 数控工艺与传统工艺相比有哪些特点？
5. 数控编程开始前，进行工艺分析的目的是什么？
6. 如何从经济观点出发来分析哪类零件在数控机床上加工合适？
7. 确定对刀点时应考虑哪些因素？
8. 指出立铣刀、球头铣刀和钻头的刀位点。
9. 确定走刀路线时应考虑哪些问题？
10. 简要说明切削用量三要素选择的原则。

项目 8　数控技术的应用

项目导读

数控技术是一种自动控制技术，即应用数字程序实现对各种机构的执行部件进行自动控制和操作。数控技术最初应用于切削加工机床，形成各类数控机床，如数控车床、数控铣床、数控钻床、加工中心等。随着计算机技术的发展，计算机数字控制技术日臻完善，虚拟仿真也得到了应用，这里只提及数控车床和数控铣床的虚拟数控技术应用。除了数控机床外，数控技术还可应用于对工业机械手的自动控制，对检测装置的自动控制，对电加工设备、焊接设备的自动控制，对布料裁剪机、绒线编织机的自动控制等。本项目将通过大量实例介绍数控加工工艺的一般编制方法与技巧。

学习目标

◆ 知识目标

- 熟悉虚拟数控车床和虚拟数控铣床的总体设计及其功能模块。
- 掌握柔性制造系统在板材加工和加工箱体类零件等领域的应用实例。
- 熟悉数控技术在工业机器人中的应用方式和作用。

◆ 技能目标

- 能够运用虚拟数控技术进行虚拟加工环境和虚拟加工过程的构建。
- 能够运用所学知识，设计并优化柔性制造系统的布局和流程。

◆ 素质目标

- 培养学生对新技术的好奇心和探索精神。
- 培养学生对新技术和新方法的探索精神和创新意识。

思政目标

- 促使学生在学习专业课程的同时，不断培养和提高自身高尚道德情操。
- 指引学生养成良好的生活习惯和学习态度，树立终身学习的意识。

任务1　虚拟数控技术

任务描述

本任务旨在全面介绍虚拟数控技术，包括其主要内容、发展历程以及在具体数控车床和数控铣床中的应用。同时，通过探讨虚拟数控车床和虚拟数控铣床的总体设计及其功能模块，读者将能够理解这些技术在现代制造业中的实际应用。

任务分析

要完成此任务，读者首先需要掌握虚拟加工环境和虚拟加工过程的构建原理和实现方法；其次，读者将进一步学习虚拟数控技术的发展历程，了解其在不同历史阶段的演进和变革；最后，读者将重点学习虚拟数控车床和虚拟数控铣床的总体设计及其功能模块，理解这些技术在提高生产效率、降低生产成本和增强产品质量方面的作用。

任务重点与实施

虚拟数控技术是利用计算机模仿真实的数控设备工作环境的一门技术。它以计算机仿真和数控加工技术为基础，集计算机图形、人工智能、并行工程、网络、多媒体和虚拟现实等技术为一体，在虚拟的条件下，对数控设备的工作过程和环境进行全面的仿真。

制造业的发展对产品性能、规格、品种不断提出新的要求，产品的生命周期越来越短，新产品的开发时间是决定性因素。虚拟制造技术（virtual manufacturing technology，VMT）可以模拟产品由设计、制造到装配的全过程，对设计与制造过程中可能出现的问题进行分析与预测，提出改进措施，实现产品从开发到制造整个过程的优化，达到降低产品生命周期、减小开发风险、提高经济效益的目的。而机械加工过程仿真在虚拟制造中占有重要地位，它通过对机床—工件—刀具构成的工艺系统中的各种加工信息的有效预测与优化，为实际加工过程的智能化实现创造了有利条件，同时它也是研究加工过程的重要手段。

数控加工过程隐含在数控程序中，数控程序中的错误不容易被发现，目前常采用计算机图形模拟刀具轨迹显示法和机床试切法对数控程序进行校验，但两者都有缺点。计算机图形模拟刀具轨迹显示法缺少真实感，刀具与工件的干涉和过切难以被发现；试切法成本高，周期长。虚拟数控技术是指数控机床在虚拟环境中的映射，它集制造技术、机床数控理论、计算机辅助设计（CAD）、计算机辅助制造（CAM）和建模与仿真技术于一体，人们能够凭直觉感知计算机产生的三维仿真模型的虚拟环境，在设计新的方案或更改方案时，就能够在真实制造运行之前进行数控机床的虚拟设计，在虚拟环境中进行零件的数控加工，并对数控程序加以检验，检查数控加工过程中可能出现的碰撞、干涉危险，分析零件的可加工性和工序的合理性。采用虚拟数控技术可缩短产品的开发周期，降低生产成本，提高产品质量和生产效率。

8.1.1　虚拟数控技术的主要内容

一个虚拟数控系统包括以下几个模块(图 8-1)。

1. 虚拟加工环境

虚拟加工环境由机床、工件、刀具和夹具构成，可以采用比较底层的 OpenGL 技术对机床、夹具、刀具和工件进行特征造型，也可以采用 Pro/E、SolidWorks、MDT、UG、AutoCAD 等比较成熟的三维造型软件进行特征造型。

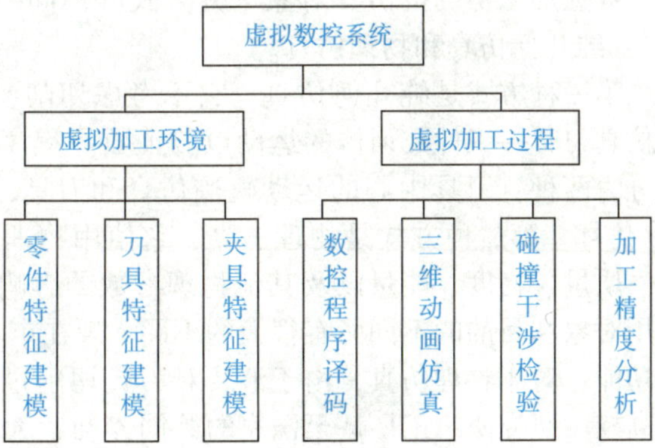

图 8-1　虚拟数控系统

2. 虚拟加工过程

虚拟加工过程包括数控程序译码、三维动画仿真、碰撞干涉检验、加工精度分析 4 个模块。数控加工过程仿真包括几何仿真和物理仿真两个部分。几何仿真将刀具与零件视为刚体，不考虑切削参数、切削力及其他因素对切削加工的影响，只是对数控程序进行翻译，产生刀具位置数据，并以此数据驱动机床运动部件和刀架运动刀具对工件进行虚拟切削，同时检查是否有碰撞、干涉。物理仿真包括加工精度分析，切削过程的热变形，切削力作用下的系统弹性变形、夹紧变形，以及机床的动态、静态分析等。数控程序译码模块负责把手工输入或通过文件导入的数控代码翻译成数控机床的执行动作。三维动画仿真模块主要完成加工过程中的动画，使加工过程的仿真与实际加工更相似。碰撞干涉检验是虚拟数控技术最主要的功能之一，用以检查数控代码的正确性。加工精度分析则进行加工过程中的精度分析，完成虚拟加工中比较高级的功能。

8.1.2　虚拟数控技术的发展历程

随着 CAD/CAM 技术的发展和数控机床性能的提高以及零件复杂程度的增加，数控程序变得越来越长，越来越复杂，数控编程的难度日益增大，数控程序的故障率也日益增高。由于数控程序的质量直接影响零件的加工质量和加工成本，因此在数控程序输入机床正式加工之前都要经过正确性检验。

传统对数控程序的检验方法主要有两种。第一种是人工检验，这种方法完全依靠工程师的个人经验，只能检验简单的数控程序。第二种是以泡沫、蜡模、铝模等材料代替真实材料在数控机床上加工(即试切法)，根据试切加工的结果来修改轨迹一直达到满意为止。这种方法不仅浪费时间、代价昂贵、危险性大，而且常常不能达到令人满意的结果。现代产品要求更新换代快，是多品种、小批量的。生产的趋势降低成本、提高质量、缩短制造周期。这些都使得传统的数控机床试加工的方法越来越不能适应现代数控加工的要求，要求用一种新的手段进行数控程序的检验。

虚拟数控技术是随着计算机技术、CAD/CAM 技术、计算机图形学和系统仿真学等多门学科的发展而发展起来的，是各门学科综合在数控加工技术中的具体应用。当前计算机硬件性能的迅速提升也为数控加工仿真系统提供了强大的硬件基础。利用计算机对数控程序进行图形仿真，检查刀具路径、动态模拟数控加工的全过程，以此检验加工方法和程序的正确性，可以节约大量的财力和时间，获得较好的经济效益。

数控加工仿真按仿真对象考察方式的不同一般可分为两种方式(或者称为两个阶段)：纯几何仿真和物理仿真。

第一种方式是纯几何仿真，它不考虑切削参数、切削力及其他物理因素的影响，只仿真刀具—工件几何体的运动以验证数控程序的正确性。几何仿真由于检验目的不同分为两种：刀具中心的运动轨迹仿真和刀具、夹具、机床、工件间的运动干涉(碰撞)仿真。第二种方式是物理仿真，它使用物理规律模拟被仿真的事件，考虑力、速度、质量、密度、能量以及其他物理参数的影响，因此这种方法比较复杂，而且随着应用对象和目的的不同而有很大的不同。现在市场上的 CAM 软件大部分只提供几何仿真功能。对于物理仿真，由于涉及对刀具切削过程物理规律的研究，费用高，同时需要高校、研究所、工厂甚至国家的共同参与，大部分软件并没有提供相应的功能。但它是将来加工软件发展的一个重点。

8.1.3 虚拟数控车床

机械制造中的车削加工是产品成型的重要手段。通过对车床-工件-刀具构成的工艺系统中的各种加工信息的有效预测与优化，为实际加工过程智能化的实现创造了有利条件。传统加工中加工零件的数控代码在投入实际加工之前通常需要进行试切，这一过程周期长、成本高，且占用加工设备的工作时间。采用计算机建模和仿真技术模拟实际数控加工环境并对加工过程进行仿真分析，可以部分或者完全取消试切环节，从而减少设计、制造周期和费用。利用加工仿真还可以检查数控加工中出现的各种危险，如是否存在刀具与工件、夹具、工作台之间的碰撞、干涉和过切现象，甚至还可以检查工件装夹的不合理及加工参数的不合理等问题，减轻了数控编程和操作人员的劳动强度。

数控车削加工仿真是对所能够完成的各种加工形式中的几何及物理因素的变化情况进行模拟与预测。一个完整的车削加工仿真系统应具有以下的功能。

(1)画面逼真地反映数控车削加工环境和整个加工过程。在仿真系统中可以直观地观察全部加工过程，包括工件的装夹定位、机床调整、切削等。

(2)可以真实描述数控车削加工过程中的物理效应，如车削中的应力、工件和夹具的变形。

(3)能对数控车削加工过程中出现的碰撞、干涉进行检测，并提供报警信息。

(4)对加工过程使用的工装、夹具的实用性给予评价，对待加工产品的可加工性和工艺规程的合理性进行评估。

(5)应当能够对加工精度、加工时间进行精确估算，为虚拟制造技术提供数据支持。

1. 虚拟数控车削加工系统的总体设计

这里提出了一套用于教学的数控车削过程仿真系统。该系统能模拟零件的真实加工过程，对实际加工产品质量进行预测，合理拟定加工工艺规划。该仿真系统通过对数控代码的翻译和解释，提取出仿真过程运动驱动代码，根据给定条件生成相应的刀具模型，通过刀具模型与零件实体模型相交来反映零件的几何切削过程。图8-2为该系统的工作示意图。

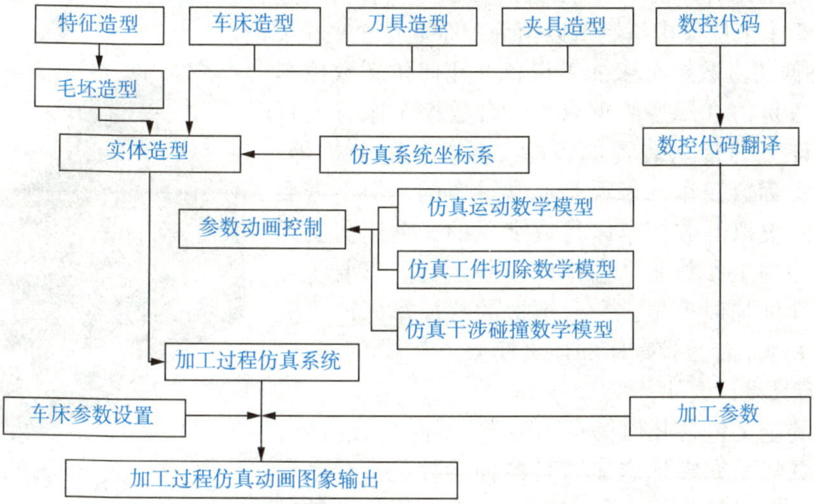

图8-2 数控车削加工过程几何仿真系统工作示意图

本系统能够进行刀具与零件的碰撞、干涉检验及图形显示。几何仿真子系统将实体建模技术与曲线建模技术紧密地联系起来，能够准确、清晰地表达切削加工过程中的各种实体的几何形状(如零件形状、刀具形状、切削刃的几何形状和切削过程中零件形状)。利用计算机模拟数控加工过程，实现加工过程数字化，提前发现在实际加工中可能出现的问题。

在数控车床的仿真设计过程中采用了模块化的设计思想，通过把数控车床的仿真过程分成各个功能相对比较独立的子模块，通过单独完成各个子模块的设计把各子模块连接起来组成一个完整的数控车削仿真系统。数控车床仿真加工系统的总体结构如图8-3所示。

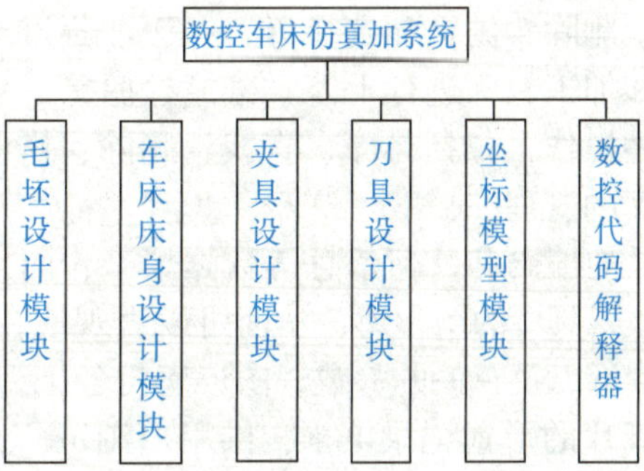

图8-3 数控车床仿真加工系统的总体结构

2. 虚拟数控车削加工系统功能模块

(1)建立几何仿真数控车床模型

对于仿真数控车床进行造型，必须对真实的数控车床加工环境、加工设备及加工零件进行分析并优化处理，以实现仿真数控车床的加工环境，加工设备与加工零件。

① 几何仿真数控车床加工环境。模拟一台数控车床，它的工作环境也应当被模拟。但是又要和真实环境有所区别。车床的真实环境中充满了各种各样的因素。例如真实环境中不可能只有一台车床，且有各种移动的物体等。但在虚拟的数控车床环境中这些就不必表现，应当关注数控车床的运动问题，其余的与所研究的软件功能关系不大。但是假如研究目的中包括模拟原料的运输与产品的输出，那就应包括最佳路线的选择，各种机器的位置优化处理。那么机床周围流动的人员、车辆就不只是增加场景的真实性了，它直接关系着软件本身的功能，对它们的描述就是必需的，并可以进行优化处理。这对于未来广义虚拟制造以至虚拟企业是至关重要的。

② 几何仿真数控车床加工设备。几何仿真数控车床加工设备是仿真模型的重点。一台数控车床有成百个零件。许多的传动装置如齿轮、丝杠、电动机等，对于一台实际数控车床来说是非常重要的，但不需要一一描述。虚拟的数控车床是数字化的，它用与实际加工接近的加工参数驱动虚拟的设备运转。只要将可见的外部部件加以模拟，一台模拟的数控车床即可完成。图 8-4 为一台数控车床的仿真模型。

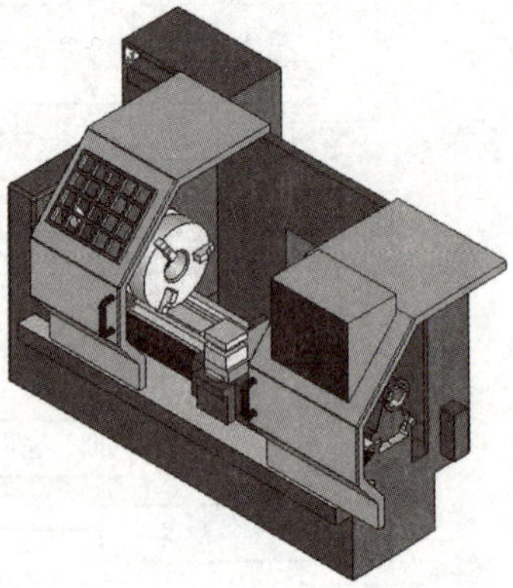

图 8-4 数控车床仿真模型

(2) 刀具设计模块

刀具的定义包含几何信息、种类、名称(或编号)及物理参数等。完整地定义刀具各种参数是十分必要的，因为它可以作为深入研究数控加工过程仿真的基础。目前，数控车床上广泛采用可转位车刀，它由可转位刀片、刀体、刀垫及其他夹紧元件组成。从设计数据库的角度看，把刀片、刀体各视为一个实体集，实体集之间的关系是一种装配关系。其中刀具号、刀片号、刀体号为各自的主关键字，这样就完成了可转位车刀刀具基本数据的管理。在数控机床的加工中，建立刀具系统的目的是能用较少种类的刀具满足多种零件加工的要求，减少刀具冗余，提高加工效率。

为了保证自动化加工系统正常工作，必须综合考虑刀具编码、刀具装配、装卸和刀具数据管理等问题。在数控加工仿真系统中，刀具库为系统提供适合的加工刀具，并实现对各种刀具信息的管理。它能实现对符合 ISO 标准的刀具进行管理，包括刀具的输入、删除、浏览和选择等。对于非标准刀具，允许用户自定义刀具，并能对给定的刀具和加工轮廓进行干涉、碰撞检验等。在定义刀具和加载刀具时，需要对刀具库进行各种操作，包括排序、查找、删除、修改和插入等，所有这些对刀具库的操作称为刀具库的管理。

刀具的编码和几何信息等数据繁杂，而且缺乏直观的效果，应该建立刀具库的图形库，从而可以直观地在计算机屏幕上显示刀具的图形以及有关的参数。图形库将各把刀具型号所对应的图形以幻灯片的形式记录下来，供用户浏览、选择、添加或删除，这样可以使用户操作更容易并一目了然。用户根据显示的图形选中所需刀具的刀具号，确定后就可以由刀具的具体参数生成实际的刀具三维实体模型。图 8-5 为两把虚拟刀具。

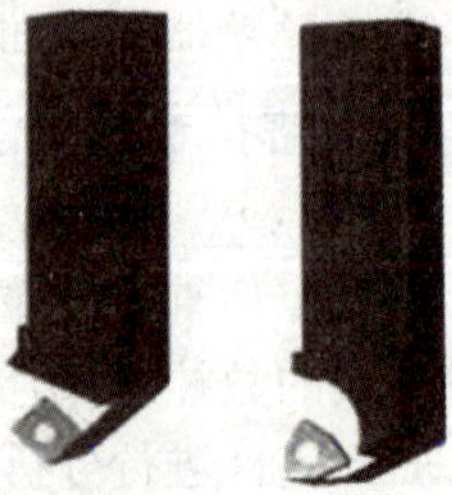

(a) (b)

图 8-5 虚拟刀具图

(3)毛坯设计模块

毛坯设计模块的功能是由使用者构建毛坯的形状、指定毛坯各部分尺寸，最终获得以图像方式显示的设计结果。由于数控车床加工的零件通常是由有共同回转轴线的多段回转体构成的，因此仿真系统采用利用基本轴段组合成毛坯的积木式方法让使用者快速、准确地构建毛坯。使用者首先在系统提供的基本轴段中选取所需的轴段类型，然后在对话框中输入该轴段的各部分尺寸，即可完成一个轴段的建立过程，系统自动更新显示毛坯图形，可以直观地了解当前的毛坯形状。使用者重复上面的操作，最终能够设计出各种形状的毛坯。

毛坯设计完成后需要对设计的结果保存。如果采取直接保存图像的方法会有占用磁盘空间大、数据存取时间长、毛坯形状不能更改，毛坯图形显示速度慢等问题，会严重影响仿真系统的正常工作。因此系统仅保存轴段类型编号以及各部分尺寸，由专用子程序绘制毛坯图形，这种方案具有数据量少、毛坯形状能够任意更改、毛坯图形能够快速显示和按比例缩放等优点。

(4)夹具设计模块

夹具的建模是实现虚拟数控加工过程仿真的一个重要环节。夹具在工作台上的初始安装可通过将夹具坐标系与图形坐标系的原点重叠来实现。实际安装位置可通过对产品相对图形坐标原点进行平行交换得到。夹具建模时坐标系一般是固定的，对不同机床来说其坐标系是不一样的。因此当在工作台上安装夹具时，其在图形坐标系中的位置由相应的坐标变换来确定。

8.1.4 虚拟数控铣床

1. 虚拟数控铣削加工系统的总体设计

数控加工仿真是为数控编程和操作人员提供直观观察和可靠编辑、分析数控代码的手段，它提供完整的加工环境、加工过程及结果分析等内容，一个好的数控加工仿真系统应该满足以下几个方面的要求。

(1)具有与真实数控机床运动完全相同的三维加工仿真功能。

(2)在结构上与实际机床具有一定的可比性、可重用性和可重组性。

(3)仿真系统应当努力追求最先进的算法、最佳的运行效果和实现最强大的软件功能等以满足用户的需求。数控仿真系统要不断提高算法的运算速度、改进图形的显示效果、完善软件系统所具有的功能。

虚拟数控铣削加工系统是在全面分析实际使用的数控铣床的操作方式和编程原理的基础上，采用面向对象的结构化程序设计语言 VC++开发的一套用于数控铣床实验教学的仿真系统。该系统具有与真实数控铣床类似的虚拟控制面板和床身，能够实现加工过程的三维仿真和加工过程的干涉检验，模拟数控铣床的实际操作过程，在仿真环境下进行操作训练，可以方便地获得数控铣床的操作方法和必要的数控知识，解决了实验设备不足的问题，取得了较好的实验教学效果。

虚拟数控铣削加工系统的主要功能包括：机床模型及刀具库的建立；虚拟操作面板的构造；数控代码的编辑、修改及翻译功能；真实反映数控加工过程的动态仿真功能；强大的在线帮助功能等。其系统功能模块框图如图 8-6 所示。

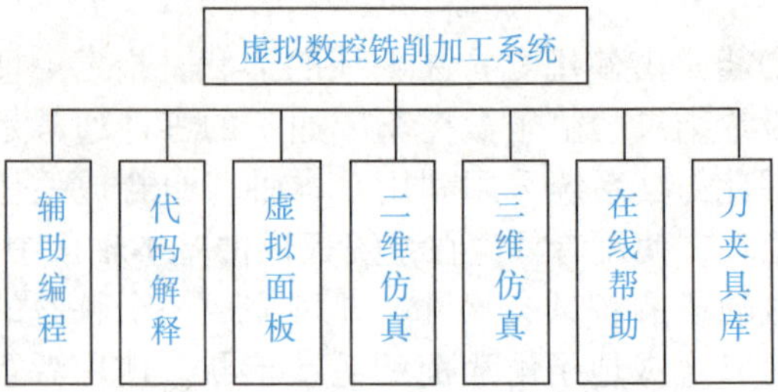

图 8-6　系统功能模块框图

该仿真系统的操作过程是首先进入一个数控加工仿真环境(图 8-7)。

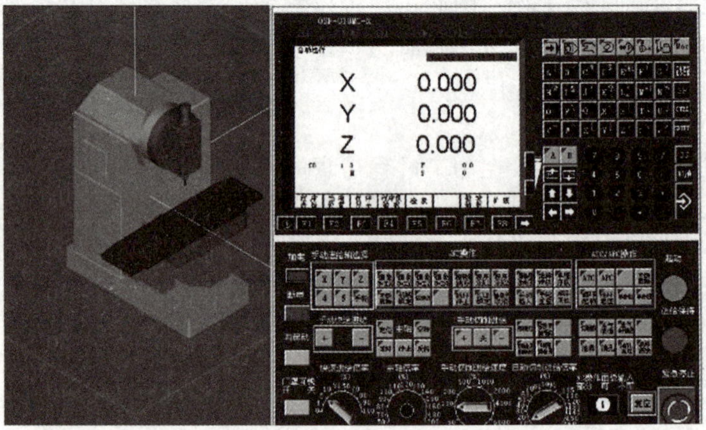

图 8-7　系统整体加工环境图

环境中有特定的数控系统、数控机床、特定的仿真操作面板、刀具库和夹具库。用户通过虚拟操作面板进行各种操作，完成加工仿真的任务。加工时先选择要加工仿真的程序代码，程序代码可由本系统编辑或由外部数控程序文件读入，然后定义毛坯。在手动操作方式下，调节机床工作台进行对刀，可以改变主轴和切削进给的速度，可以选择不同的加工方式来进行二维仿真加工或三维仿真加工。该系统是用 G 代码驱动机床的运动，实现的主要流程如图 8-8 所示。

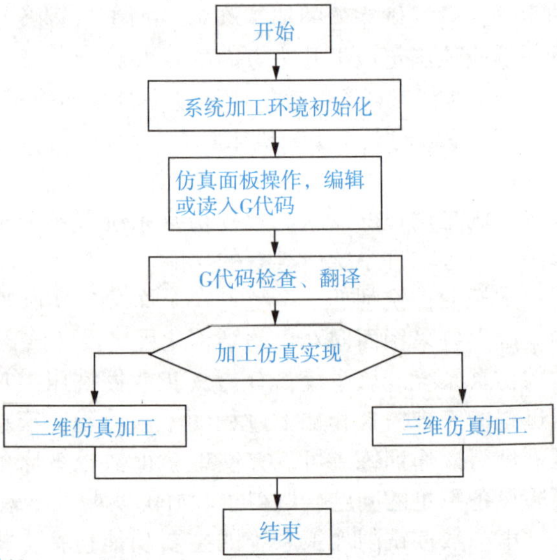

图 8-8　系统实现流程图

2. 虚拟数控铣削加工系统各模块功能

机床模型包括机床的几何模型、

运动模型和机床的一些技术参数。该系统主要是解决机床几何模型的建立，然后通过程序来控制实现各轴的移动及主轴的转动，这里采用模块化设计来建立机床几何模型。机床的模块化设计包含两个过程，一是根据设计要求进行功能抽象，合理创建模块的过程。二是根据设计要求合理选择一组模块，产生机床拼装方案的过程。

进行模块化设计要把机床划分成若干模块，这里考虑三轴数控铣床的运动关系，即主轴的转动、工作台的平动，把数控铣床分成机床主轴、床身、X 向工作台、Y 向工作台和 Z 向工作台。它和实际机床的组成有所不同，对一些与仿真无关的部件，如液压装置、照明电气系统等不予考虑，从而简化仿真模型。

任务评价

评价内容	评价标准	分值	自评	师评
虚拟数控技术的主要内容	了解虚拟加工环境	10		
	准确描述虚拟加工过程	20		
虚拟数控技术的发展历程	了解虚拟数控技术的发展历程	10		
虚拟数控车床	了解虚拟数控车削加工系统的总体结构	10		
	描述虚拟数控车削加工系统功能的主要模块	20		
虚拟数控铣床	了解虚拟数控铣削加工系统的总体设计	10		
	描述虚拟数控铣削加工系统各功能的主要模块	20		
总分		100		

任务 2 柔性制造系统

任务描述

本任务旨在全面介绍柔性制造系统（FMS），包括 FMS 定义、类型与构成、优点以及在实际生产中的应用实例。读者将通过深入了解 FMS 的各个方面，掌握这一先进制造技术的基本概念和应用场景，为后续的学习和实践奠定坚实基础。

任务分析

要完成此任务，读者需要首先掌握柔性制造系统的定义，明确其作为一种高效、灵活的自动化制造系统的特点。接着，读者需要了解 FMS 的类型与构成。在此基础上，读者将进一步探讨 FMS 的优点，如提高生产效率、增强生产灵活性等。最后，通过具体的应用实例，读者将了解 FMS 在不同领域的实际应用，加深对 FMS 的理解和掌握。

任务重点与实施

随着科学技术的发展，人类社会对产品的功能与质量的要求越来越高，产品更新换代的周期越来越短，产品的复杂程度也随之增高，传统的大批量生产方式受到了挑战。这种挑战不仅对中小企业形成了威胁，而且也困扰着国有大中型企业。因为在大批量生产方式中，柔性和生产率是相互矛盾的，只有品种单一、批量大、设备专用、工艺稳定、效率高，才能构成规模经济效益。反之，多品种、小批量生产，设备的专用性低，在加工形式相似的情况下频繁地调整工夹具，工艺稳定难度增大，生产效率势必受到影响。为了同时提高制造工业的柔性和生产效率，使之在保证产品质量的前提下，缩短产品生产周期，降低产品成本，最终使中小批量生产能与大批量生产抗衡，柔性自动化系统便应运而生。

20 世纪 60 年代开始到 20 世纪 70 年代，计算机技术得到了飞速发展，计算机控制的数控机床在自动化领域中取代了机械式或液压式自动机床。在数控机床上只要改变控制程序，即可加工新零件，所需调整的时间很短，灵活性很大，故数控机床非常适用于多品种、中小批量生产领域。数控机床称得上是柔性加工设备，它为柔性制造系统打下了很好的基础。于是近 20 年来，人们就已把自动化生产技术的发展重点转移到中、小批量生产领域。

20 世纪 80 年代以来，在工业化国家中，柔性制造系统作为迈向工厂自动化的第一步，已获得了实际的应用。1982 年美国芝加哥国际机床展览会和日本第 11 届大阪国际机床展览会充分证明，FMS 已从实验阶段进入实用阶段并已开始商品化。据 1988 年统计，国际上以柔性生产方式生产的产品产值已占制造业总产值 70% 以上，美国占 77%，日本占 80%，且有不断增长的趋势。

8.2.1 柔性制造系统的定义

关于柔性制造系统的定义很多，下面列出一些权威性的定义。

美国国家标准局（National Bureau of Standard，NBS）把 FMS 定义为：“由一个传输系统联系起来的设备，传输装置把工件放在其他连接装置上送到各加工设备，使工件加工准确、迅速和自动化。中央计算机控制机床和传输系统，柔性制造系统有时可同时加工几种不同的零件。”

国际生产工程研究协会指出：“柔性制造系统是一个自动化的生产制造系统，在最少人的干预下，能够生产任何范围的产品族，系统的柔性通常受到系统设计时所考虑的产品族的限制。”

欧盟机床工业委员会认为：“柔性制造系统是一个自动化制造系统，它能够以最少的人干预，加工任一范围的零件族工件，该系统通常用于有效加工中小批量零件族，可以不同批量加工或混合加工；系统的柔性一般受到系统设计时考虑的产品族限制，该系统含有调度生产和产品通过系统路径的功能。系统也具有产生报告和系统操作数据的手段。”

在《中华人民共和国国家军用标准》有关“武器装备柔性制造系统术语”中的定义为：“柔性制造系统是由数控加工设备、物料运储装置和计算机控制系统组成的自动化制造系统，它包括多个柔性制造单元，能根据制造任务或生产环境的变化迅速进行调整，适用于多品种、中小批量生产。”

简单地说，FMS是由若干数控设备、物料运储装置和计算机控制系统组成的并能根据制造任务和生产品种变化而迅速进行调整的自动化制造系统。

8.2.2 柔性制造系统的类型与构成

柔性制造系统有以下3种类型。

(1)柔性制造单元。柔性制造单元是由一台或多台数控机床(或加工中心)构成的加工单元，该单元根据需要可以自动更换刀具和夹具，加工不同的工件。柔性制造单元适合加工形状复杂、加工工序简单、加工工时较长、批量小的零件。它有较大的设备柔性，但人员和加工柔性低。

(2)柔性制造系统。柔性制造系统是以数控机床或加工中心为基础，配以物料传送装置组成的生产系统。该系统由计算机实现自动控制，能在不停机的情况下满足多品种的加工。柔性制造系统适合加工形状复杂，加工工序多，批量大的零件。其加工和物料传送柔性大，但人员柔性仍然较低。

(3)柔性自动生产线。柔性自动生产线是把多台可以调整的机床(多为专用机床)连接起来，配以自动运送装置组成的生产线。该生产线可以加工批量较大的不同规格零件。柔性程度低的柔性自动生产线，在性能上接近大批量生产用的自动生产线；柔性程度高的柔性自动生产线，则接近于小批量、多品种生产用的柔性制造系统。

就机械制造业的柔性制造系统而言，FMS由下面3部分组成：多工位的数控加工系统、自动化物料储运系统和计算机控制的信息系统(图8-9)。

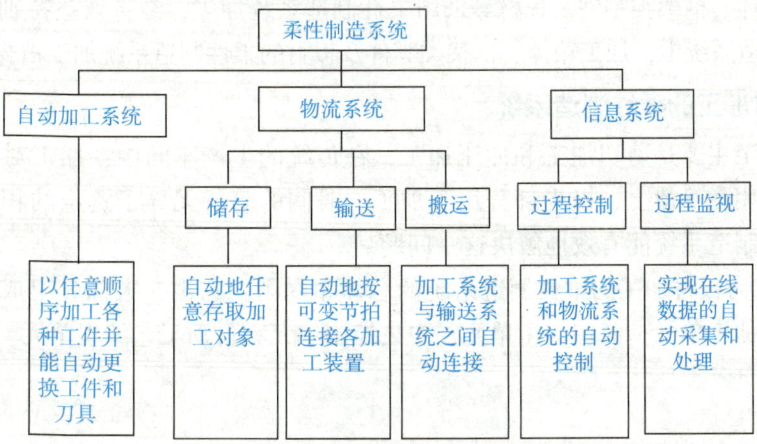

图8-9 柔性制造系统组成框图

(1)自动加工系统。自动加工系统是指以成组技术为基础，把外形尺寸(形状不必完全一致)和重量大致相似、材料相同、工艺相似的零件集中在一台或多台数控机床(或专用机床)等设备上加工的系统。

(2)物流系统。物流系统是指由多种运输装置构成，如传送带、轨道、转盘以及机械手等，完成工件、刀具等的供给与传送的系统。它是柔性制造系统的主要组成部分。

(3)信息系统。信息系统是指对加工和运输过程中所需的各种信息的收集、处理、反馈，并通过计算机或其他控制装置(液压、气压装置等)，对机床或运输设备实行分级控制的系统。

8.2.3 柔性制造系统的优点

柔性制造系统是一种技术复杂、高度自动化的系统，它将微电子学、计算机和系统工程等技术有机地结合起来，圆满地解决了机械制造高自动化与高柔性化之间的矛盾，具体优点如下。

(1)设备利用率高。一组机床编入柔性制造系统后，产量比这组机床在分散单机作业时提高数倍。

(2)生产能力相对稳定。自动加工系统由一台或多台机床组成，发生故障时有降级运转的能力，物料传送系统也有自行绕过故障机床的能力。

(3)产品质量高。零件在加工过程中装卸一次完成，加工精度高，加工形式稳定。

(4)运行灵活。有些柔性制造系统的检验、装卡和维护工作在第一班完成，第二班、第三班可在无人照看下正常生产。在理想的柔性制造系统中，其监控系统还能处理诸如刀具的磨损调换、物流的堵塞疏通等运行过程中不可预料的问题。

(5)产品应变能力大。刀具、夹具及物料运输装置具有可调性，系统平面布置合理，便于增减设备，满足市场需要。

8.2.4 柔性制造系统的应用实例

由于箱体、框架类零件及板材等采用柔性制造系统加工，经济效益特别显著，故现在的柔性制造系统中，加工箱体、框架类零件及板材的柔性制造系统加工占得比重较大。

1. 板材加工的柔性制造系统

钣金加工主要是剪切加工和冲压加工，在传统的生产车间中，加工对象滞留时间的大部分是用在等待上，极少部分用于加工。时间的等待无异于资金的积压，而板材加工的柔性制造系统能有效地解决这一问题。

图8-10为板材加工的柔性制造系统的总体布局图，它由5大部分组成：自动仓库单元、冲压加工单元、剪切加工单元、中央控制单元和自动工艺编程单元。

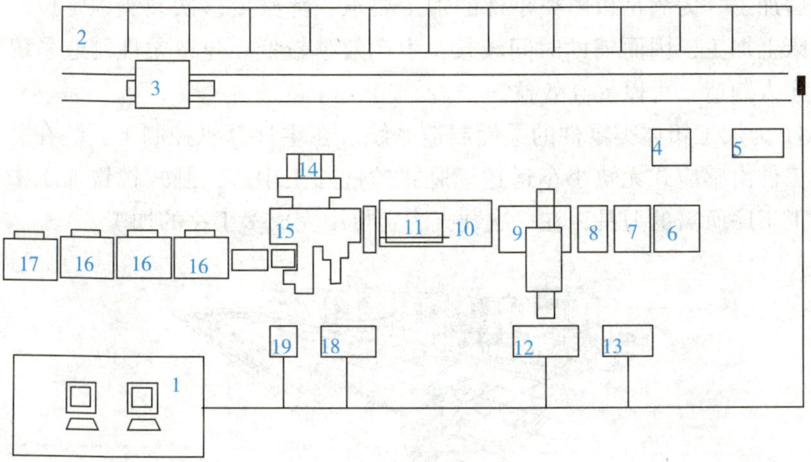

1—中央控制室；2—立体储料库；3—堆垛机；4—进出料台车；5—装卸料台；6—装卸机械手；7—自动定位输送机；8—工作台；9—数控回转头冲床；10—中间滚柱台；11—装卸料机械手；12—TPP 数控箱；13—冲压加工单元控制箱；14—定位机械手；15—数控直角剪切机；16—中小件自动分类输送机；17—大件自动分类输送机；18—RAS 数控箱；19—剪切加工单元控制箱。

图 8-10　板材加工的柔性制造系统的总体布局图

冲压加工单元中的主要加工设备是数控回转头冲床，板材由进出料台车在自动仓库单元与冲压加工单元间传送，板材装料机械手将输入的板材先放入板材自动定位输送机，经初定位后再推至数控回转头冲床，进行冲压加工。

剪切加工单元中的主要加工设备是数控直角剪切机，已冲孔的板材由板材装卸机械手从数控回转头冲床卸下，在剪切加工单元允许进料时，仍由板材装卸料机械手将其装入数控直角剪切机，进行剪切加工。剪切后的零件由板材零件自动分类输送系统分送至料箱。自动分类输送系统由 3 台中小件分类输送机和一台大件分类输送机组成，以适合不同尺寸的零件的分类要求。

自动仓库单元由具有近百个库位的立体储料库、有轨运输车(堆垛机)、进出料台车以及红外数据通信设备等组成，起到储存、输送和搬运板材的作用。

自动工艺编程单元由微型计算机和自动工艺编程软件组成，能完成从零件图形输入直至生成整张板材的数控代码和信息分类。

中央控制单元由工业计算机、通信网络和软件系统组成，起到对板材加工柔性制造系统的管理、监视、协调和控制的作用。

板材加工的柔性制造系统能保证加工的连续性，大大提高了加工设备的使用效率。由于自动化程度高，操作人员可以大为减少。中央控制单元的合理协调和管理，以至可以获得最佳原材料料库存量和产品的存量，减少它们滞留在工厂里的时间，并且可以缩短生产周期，柔性地满足产品变化的需要，改善了中小批量生产的效率。

2. 加工箱体类零件的柔性制造系统

箱体类零件的加工特点是工序多，各孔之间的位置精度较高，零件的加工部位多，常需转位后加工。为满足箱体类零件的加工要求，势必要多次装夹、定位，或要运送至多台机床上加工，因而辅助时间较长，生产效率较低。建造柔性制造系统实现箱体类零件的无人制造，可以提高效益。

图 8-11 为加工箱体类零件的柔性制造系统。在主计算机控制下，装在随行夹具上的被加工工件由感应式无轨小车运送至卧式镗铣加工中心，卧式镗铣加工中心使用配备的各加工工序所需的刀具，在一次装夹、定位中完成多工序的加工。

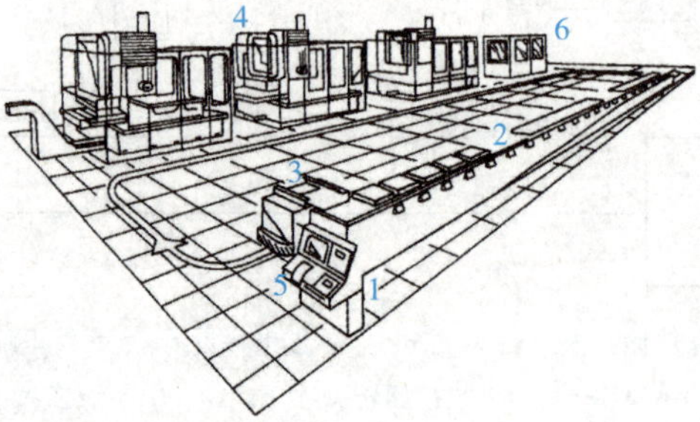

1—主计算机；2—随行夹具与上下料工作站；3—感应式无轨小车；
4—卧式镗铣加工中心；5—生产数据纪录打印；6—零件清洗站。

图 8-11　加工箱体类零件的柔性制造系统

任务评价

评价内容	评价标准	分值	自评	师评
柔性制造系统的定义	了解柔性制造系统的定义	20		
柔性制造系统的类型与构成	了解柔性制造系统的类型与构成	20		
柔性制造系统的优点	了解柔性制造系统的优点	25		
柔性制造系统的应用实例	掌握一个柔性制造系统的应用实例	35		
总分		100		

任务 3　计算机集成制造系统

任务描述

本任务旨在全面介绍计算机集成制造系统（CIMS）。通过学习，读者将深入了解 CIMS 作为信息时代制造业工厂的综合自动化系统的特点、基本构成和主要功能以及 CIMS 为何是高技术制造系统。

任务分析

要完成此任务，读者需要首先掌握柔性制造系统的局限性，了解其在制造加工范围内的高效和自动化特点如何逐渐显露出“自动化孤岛”的缺陷。其次，读者将进一步学习 CIMS 的构成、功能以及实施过程中的关键技术和挑战，包括工程设计、制造工艺、信息流、工厂生产等技术和管理的集成。最后，读者将了解我国 CIMS 的研究与发展情况，以及 CIMS 在提升我国制造业水平方面的重要作用。

任务重点与实施

使用柔性制造系统虽然有较高的经济效益，但它的高效和自动化只是局限在制造加工的范围内，随着制造行业的发展，柔性制造系统越来越体现出“自动化孤岛”的特点。当今制造业的竞争关键在于：加快新产品的开发和产品的上市时间(time，T)；改善质量(quality，Q)；降低成本(cost，C)；完善售前售后服务(service，S)。而柔性制造系统的“自动化孤岛”特点阻碍了 T、Q、C 和 S 的完善，因而降低了市场的竞争力。

1973 年，美国的约瑟夫 · 哈林顿博士首先提出了计算机集成制造(computer integrated manufacturing，CIM)的概念。他认为企业的生产组织和管理应该强调两个观点：企业的各种生产经营活动是不可分割的，需要统一考虑；整个生产制造过程实质上是信息的采集、传递和加工处理的过程。

哈林顿博士强调的一是系统观点，二是信息观点。两者都是信息时代企业组织和企业管理最基本和最重要的观点。可以说，CIM 是信息时代组织和管理企业生产的一种哲理，是信息时代新型企业的一种生产模式。基于这一理论和技术构成的具体实现便是计算机集成制造系统。

计算机集成制造系统是用于制造业工厂的综合自动化系统。它在计算机网络和分布式数据库的支持下，把各种局部的自动化子系统集成起来，实现信息集成和功能集成，走向全面自动化，从而缩短产品开发周期、提高质量、降低成本。它是工厂自动化的发展方向，未来制造业工厂的模式。

(1)计算机集成制造系统是在信息技术、自动化技术、计算机技术及制造技术的基础上，通过计算机及其软件，将工厂制造的全部生产活动——设计、制造及经营管理(包括市场调研、生产决策、生产计划、生产管理、产品开发、产品设计、加工制造以及销售经营)等与整个生产过程有关的物流与信息流实现高度统一的综合化管理，把各种分散的自动化系统有机地集成起来，构成一个优化的完整的生产系统，从而获得更高的整体效益，缩短产品开发制造周期，提高产品质量，提高生产率，提高企业的应变能力，赢得竞争。

(2)CIMS 包括工厂制造的生产、经营的全部活动，应具有经营管理、工程设计和加工制造等主要功能，图 8-12 为它的构成。它是在 CIMS 数据库的支持下，由信息管理模块、设计和工艺模块及制造模块组成。

设计与工艺模块主要包括：计算机辅助设计、计算机辅助工程(computer aided ergineering，CAE)、成组技术(group tedindagy，GT)、计算机辅助工艺规程设计(computer aided process planning，CAPP）、计算机辅助数控编程技术等，目的是使产品的开发更高效、优质并自动地进行。

柔性制造系统是制造模块的主体，主要包括：零件的数控加工、生产调度、刀具管理、质量检测和控制、装配、物料储运等。

信息管理模块主要包括：市场预测、经营决策、各级生产计划、生产技术准备、销售及售后跟踪服务、成本核算、人力资源管理等，通过信息的集成，达到缩短产品生产周期、减少占用的流动资金、提高企业的应变能力。

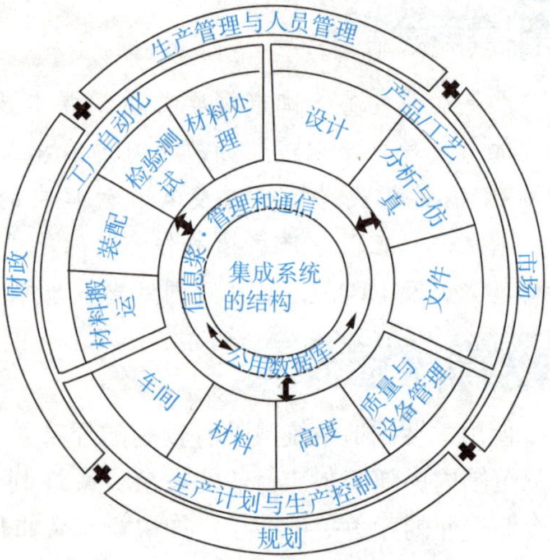

图 8-12　CIMS 基本构成图

公用数据库是 CIMS 的核心，用于对信息资源进行存储与管理，并与各个计算机系统进行通信，实现企业数据的共享和信息集成。

由上述可知，CIMS 是建立在多项先进制造技术基础上的高技术制造系统。为赶上工业先进国家的机械制造水平，我国 863 计划将 CIMS 作为自动化领域中的一个主题项目进行研究，开展了关键技术的攻关工作，确定了若干试点工厂，取得了一批重要的研究成果。CIMS 的实施过程中要实现工程设计、制造工艺、信息流、工厂生产等技术和管理的集成，这种集成不是现有生产系统的计算机化。由于原有的生产系统集成很困难，独立的自动化系统异构同化非常复杂，因此要考虑在实施 CIMS 计划的收益和支出。

任务评价

评价内容	评价标准	分值	自评	师评
计算机集成制造系统	了解 CIMS 的基本构成	50		
	了解我国 CIMS 的研究与发展历程	50		
总分		100		

任务 4　数控技术应用于工业机器人

任务描述

本任务全面介绍数控技术在工业机器人中的应用。工业机器人作为现代制造业中的关键装备，其高效、精确、灵活的特点使得它们成为生产线上的重要角色。本任务将深入探讨如何将数控技术集成到工业机器人中，以提升其运动控制和自动化水平，从而进一步推动制造业的发展。

任务分析

要完成此任务，读者需要掌握数控技术的基本原理、工业机器人的构造与工作原理，以及如何将两者有效结合。这要求读者具备扎实的理论知识，包括数控编程、传感器技术、步进电动机控制等，同时还需要具备一定的实践能力，如工业机器人操作、数控系统调试等。通过本任务的学习，读者将能够了解数控技术在工业机器人中的应用现状和发展趋势，掌握相关技术和方法，为未来的工程实践打下坚实基础。

任务重点与实施

20 世纪人类创造了许多伟大的发明，机器人技术就是其中之一。机器人自 20 世纪 60 年代初问世以来，首先在生产流水线上得到了应用，成为制造业中的关键装备。进而在许多行业中得到了广泛的应用，成为许多产业不可缺少的自动化设备。经过 40 多年的发展，机器人技术已取得长足的进步。目前世界上有多于 75 万台工业机器人正与生产工人一起工作在各行各业中。柔性制造系统内的物流子系统，除了无人化搬运小车外，很大程度上要依赖于工业机器人进行刀具和工件的搬运。

工业机器人由机座、工作构件、驱动系统、传感装置和控制器组成，现代机器人甚至还可以包括人工智能系统，可以实现机器人对工件的自动识别和适应性操作。

机座主要用来支承工作构件、安装驱动装置及其他装置等。若为移动式机器人，机座上还将安装行走机构。工作构件主要用来抓取物体并实现所需运动。一般由手部、腕部、臂部等构成。驱动系统用来驱动工作构件的运动，它可以是液压装置、气动机构或电气传动。传感装置主要用来检测工业机器人的运动位置、状态，并将所测结果反馈给控制系统。控制器是一个计算机数字控制系统，具有较强的运算能力和较大的信息储存能力，是机器人的灵魂，它接收外界的信息和指令，并根据机器人的状态环境等情况，产生控制信号驱动机器人按规定的程序动作和运动。

工业机器人通常按坐标形式分以下几类：直角坐标型机器人(图 8-13(a))、圆柱坐标型机器人(图 8-13(b))、球面坐标型机器人(图 8-13(c))、SCARA 型机器人(即装配机器人，图 8-13(d))和多关节型机器人(图 8-13(e))。

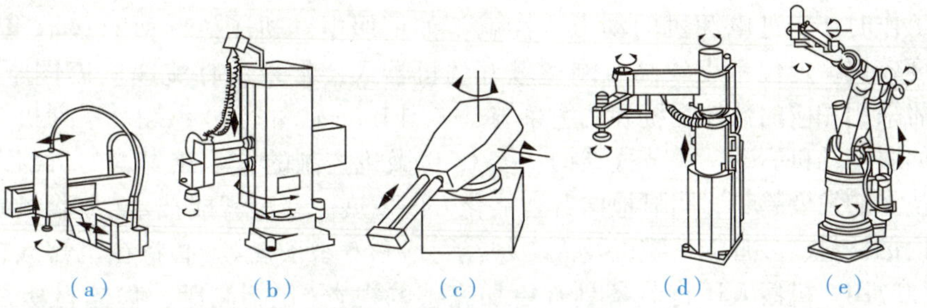

图 8-13　工业机器人的 5 种类型

现以关节型机器人为例，说明数控技术如何用于工业机器人。如图 8-13(e)所示，多关节型机器人的腕、肘、臂等处均可转动，与人相似。转动关节的多少表征了机器人的自由度，它直接影响机器人的运动功能。各个转动关节的协调动作就构成了机器人的合成运动。转动关节由步进电动机驱动，各个转动关节何时转、朝哪个方向转、转多少角度以及以什么速度转动，均由输入控制器的程序规定，并由控制器发出指令，指挥各关节的步进电动机去严格执行。因此，关键是如何组建一套对各关节的步进电动机进行控制和指挥的数控系统以及步进电动机驱动系统。

图 8-14 为某一工业机器人对各关节的步进电动机进行控制和指挥的数控系统原理框图。该系统的控制器采用 CMC 80 工业控制机，将各个传感器分别检测到的机器人各部分的位置以及手指夹紧力等信息送到检测仪，与程序设定值进行比较确定，再经过测量接口电路送到工业控制机进行处理。工业控制机对执行机构发出的指令通过输出接口输出，一部分通过功率放大器，驱动气动电磁阀，以控制手指的夹紧或放松，另一部分经过升降速控制，通过脉冲分配器和功率驱动电路，分别控制和驱动各个步进电动机动作。向步进电动机输入的脉冲数、脉冲频率以及通电顺序即决定了步进电动机的角位移、角速度和旋转方向。工业控制机还有一部分输入是接收光电编码器的信号，步进电动机每走一步(即转一个步距角)，光电编码器发出一个脉冲，并通过方向判别电路告诉计算机步进电动机实际的转角和转向。

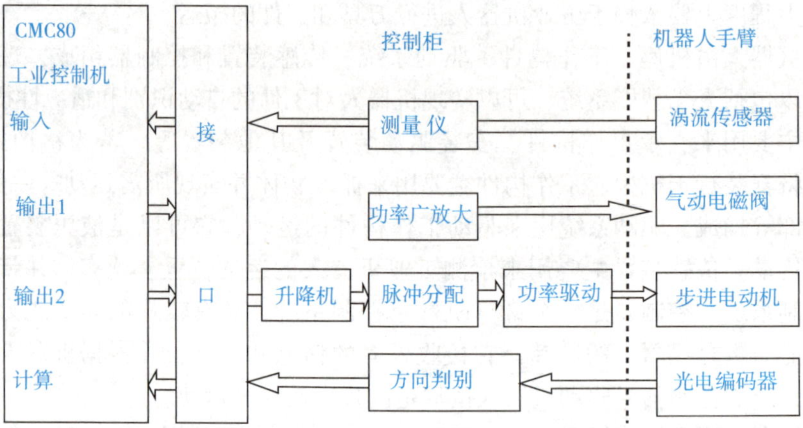

图 8-14　某一工业机器人数控系统原理框图

图 8-15 为该工业机器人一个关节的步进电动机驱动系统原理框图。当机器人在重载快速工作时，步进电动机的动力特性就不如伺服电动机了。因而对握取重量较大、运行速度较快、定位精度较高且刚性较好的机器人，常采用直流或交流伺服电动机，对应地需采用相应的数控系统和调速系统。美国 Unimation 公司 PUMA 系列机器人就是由直流伺服电动机驱动、关节式结构、多 CPU 微机控制的技术较先进的机器人。展望机器人技术的发展趋势，明显地向着智能化方向发展。新型智能技术(如临场感、虚拟现实、记忆材料、多智能系统以及人工神经网络和专家系统等)必将在机器人技术中得到开发和应用。机器人还将装备具有更加完善的视觉(包括测距、物体材质判定等)、听觉、触觉和语音功能以及高度智能化的“大脑”，并且具有智能识别和语音遥控的能

力以及自学习能力。机器人在不久的将来一定会在工业、国防和服务业等方面得到更广泛的应用。

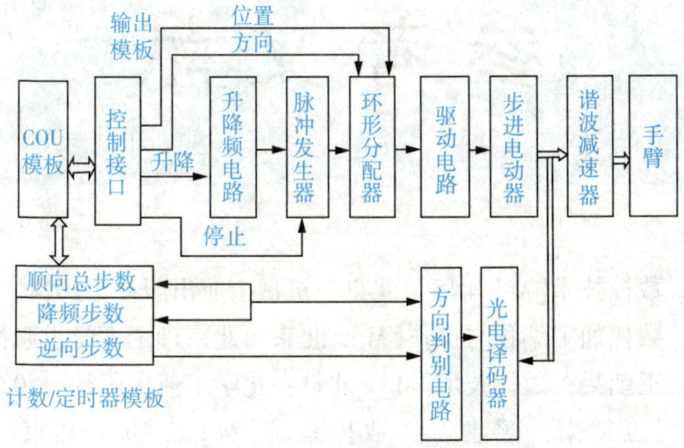

图 8-15　一个关节的步进电动机驱动系统原理框图

任务评价

评价内容	评价标准	分值	自评	师评
数控技术应用于工业机器人	熟知工业机器人的 5 种类型及具体应用	70		
	了解机器人数控系统原理框图	15		
	了解关节的步进电动机驱动系统原理框图	15		
总分		100		

项目小结

本项目内容涵盖了数控技术在现代制造业中的多个重要应用领域。首先介绍了虚拟数控技术；其次介绍了柔性制造系统；再次介绍了计算机集成制造系统；最后介绍了数控技术应用于工业机器人。通过本项目的学习，读者能够深入了解和掌握数控技术提供了丰富的知识和实践指导。

项目习题

1. 试举例说明数控技术的应用范围。
2. 什么是柔性制造单元？常用的有哪几类？各自的组成和特点是什么？
3. 虚拟数控车床与真实机床有何不同？有何现实意义？
4. 柔性制造系统具有哪些基本特征？由哪些子系统组成？
5. 什么是计算机集成制造系统？
6. 简述工业机器人的类型及其动作。

参考文献

[1]朱晓春．数控技术[M].4 版．北京：机械工业出版社，2024.

[2]黄晓敏．数控加工编程与操作[M]．北京：北京理工大学出版社，2024.

[3]唐晓红，王朝兵．数控技术[M]．北京：化学工业出版社，2024.

[4]梁桥康，王耀南，颜建强．数控系统[M].2 版．北京：清华大学出版社，2024.

[5]严育才，张福润等．数控技术[M].3 版．北京：清华大学出版社，2022.

[6]明瑞，陈书涵，李文元等．数控加工技术[M]．北京：化学工业出版社，2022.

[7]赵金凤，陈秋霞．数控技术与操作[M]．上海：同济大学出版社，2022.

[8]梅雪松．数控技术[M].2 版．北京：高等教育出版社，2021.